ブラキストン「標本」史

History of bird specimens collected
by
Thomas Wright Blakiston

加藤 克・著

北海道大学出版会

北海道大学は，学術的価値が高く，かつ，独創的な著作物の刊行を促進し，学術研究成果の社会への還元及び学術の国際交流の推進に資するため，ここに「北海道大学刊行助成」による著作物を刊行することとした。

2009年9月

History of bird specimens collected by Thomas Wright Blakiston

Hokkaido University Press, Sapporo, Japan
ISBN978-4-8329-8209-3
Printed in Japan

北海道大学植物園・博物館の収蔵庫のブラキストン標本(筆者撮影)

ノガン剥製
(北海道大学植物園・博物館所蔵標本)

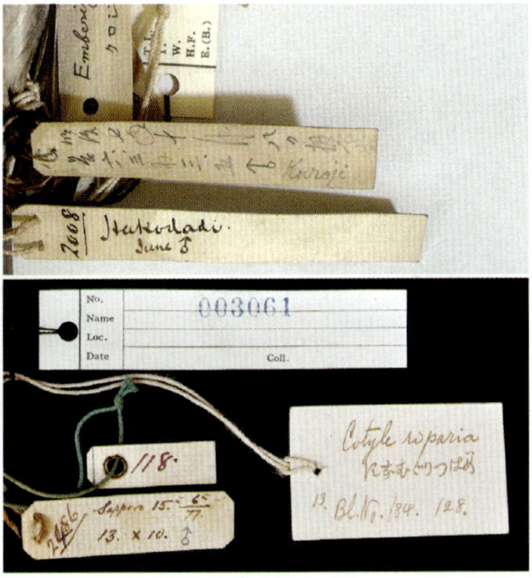

ブラキストン標本に付属するラベル
(北海道大学植物園・博物館所蔵)

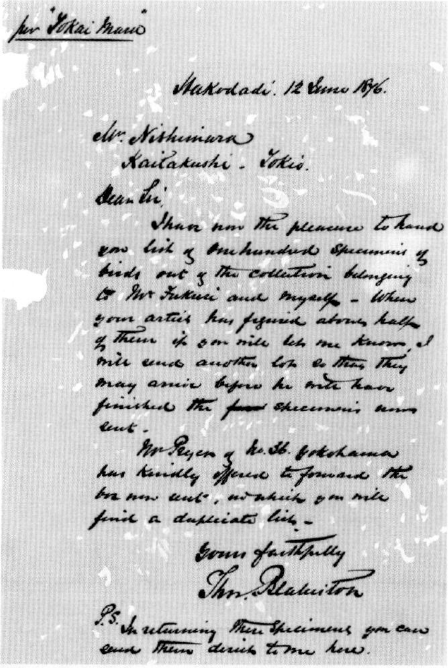

per "Tokai Maru"

Hakodadi. 12 June 1876.

Mr. Nishimura
Kaitakushi - Tokio.

Dear Sir,

I have now the pleasure to hand you list of One hundred Specimens of birds out of the collection belonging to Mr Fukusi and myself - When your artist has figured about half of them if you will let me know, I will send another lot so that they may arrive before he will have finished the ~~few~~ specimens now sent.

Mr Heyen of No. 36 Yokohama has kindly offered to forward the box now sent, in which you will find a duplicate list.

Yours faithfully
Thos. Blakiston

P.S. In returning these Specimens you can send them direct to me here.

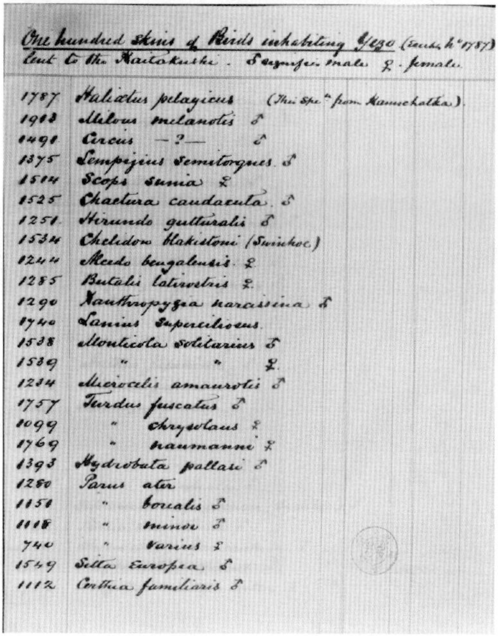

One hundred skins of Birds inhabiting Yezo (excl. No. 1787) sent to the Kaitakushi. ♂ signifies male ♀ female.

1787	Haliaetus pelagicus (This Spec.n from Kamschatka).
1918	Milvus melanotis ♂
1491	Circus —?— ♂
1375	Lempijius semitorques. ♂
1514	Scops sunia ♀
1525	Chaetura caudacuta. ♂
1251.	Hirundo gutturalis ♂
1534	Chelidon blakistoni (Swinhoe)
1244	Alcedo bengalensis. ♀
1285	Butalis latirostris ♀.
1290	Xanthopygia narcissina ♂
1740	Lanius superciliosus.
1538	Monticola solitarius ♂
1539	" " ♀.
1234	Microcelis amaurotis ♂
1757	Turdus fuscatus ♂
1099	" chrysolaus ♀
1769	" naumanni ♀
1393	Hydrobata pallasi ♂
1280	Parus ater
1150	" borealis ♂
1118	" minor ♂
740	" varius ♀
1549	Sitta Europea ♂
1112	Certhia familiaris ♂

ブラキストン書簡と，貸し出し標本のリスト
（北海道大学附属図書館所蔵）

ブラキストン標本を模写して制作された鳥類図
（北海道大学植物園・博物館所蔵）

ブラキストン標本を模写して制作された鳥類図
（北海道大学植物園・博物館所蔵）

ブラキストン標本を模写して制作された鳥類図
（北海道大学植物園・博物館所蔵）

ブラキストン標本を模写して制作された鳥類図
（北海道大学植物園・博物館所蔵）

ブラキストン標本を模写して制作された鳥類図
（北海道大学植物園・博物館所蔵）

ブラキストン標本を模写して制作された鳥類図
（北海道大学植物園・博物館所蔵）

目　次

序論　生物学標本と歴史資料

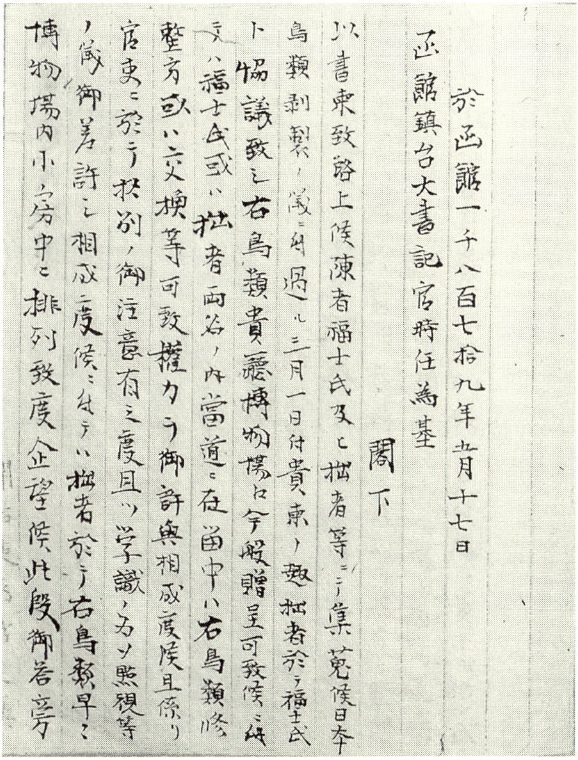
於函館一千八百七拾九年五月十七日
函館鎮台大書記官時任為基
閣下
以書柬致啓上候陳者福士氏及ビ拙者等ニテ集蒐候日本
鳥類剥製ノ儀ニ付過ル三月一日付貴柬ノ趣拙者於テ福士氏
ト協議致シ右鳥類貴廳博物場ヘ今般贈呈可致候ニ付
又ハ福士氏或ハ拙者両名ノ内當道ニ在留中ハ右鳥類修
整方或ハ交換等可致權力ヲ御許與相成度候且係り
官吏ニ於テ格別ノ御注意有之度且ツ学識ノ為メ照視等
ノ儀御差許シ相成度候ニ付テハ拙者於テ右鳥類早ゝ
博物場内小房中ニ排列致度企望候此段御答旁

ブラキストンが開拓使に鳥類標本を寄贈したことを示す史料
（「文移録」北海道立文書館簿書 3736）

序章では，本書をつらぬく視点である“動物学標本”も歴史資料であり，その情報を丁寧に読み解き，把握することが，資料価値を高めることにつながるというアウトラインを示す。あわせて，主たる検討対象である北海道大学植物園・博物館について触れる。

いかなる研究分野であれ，ある見解を提示するためにはその論拠となる材料が必要となる。歴史学であれば史料と呼ばれるものがそれに該当し，生物学であれば生物体そのものやそこから製作される標本，抽出されるDNAサンプルなどがそれに該当する。「モノ」として存在しない調査・実験データなどもそこに含めることができるだろう。

これらの材料を利用するにあたっては，留意すべき点がある。必要とする材料を自身で入手・作成できる場合は別として，過去に他者によって作り出された史資料，標本などを利用する場合には，その材料が論拠として妥当なものであるか否かについて，史料(資料)批判を行わなければならない。歴史史料であれば，その中に作成者の意志が働いている可能性や偽文書である可能性などについて考慮する必要がある。また，その史料に利用者が必要とする情報が明確に記載されていなければ，さまざまな手法を用いて，そこから作成年代や作成者，目的，意図などを読み取るという作業が必要となる。歴史学においては用いられる材料のほとんどが過去に作成されたものであり，これらの作業は当然のこととなっている。一方，自然科学，中でも生物分類学や生物地理学の分野では，対象となる生物種を自身で採集すると同時に，過去の見解との比較やサンプル数を増やすため，また歴史的変遷を把握するために過去の標本を用いて検討することが多い。自然科学における標本利用に際しては，歴史学における史料利用の場合と同じように資料批判がなされているだろうか。

まず，生物学標本と歴史史料の間には，明確な違いがある。歴史史料の大部分は，「残った」ものであるのに対し，生物学標本は「残した」ものであるという違いである。現在利用できる歴史史料は，その作成者や所有者が権利や記録のために所持・保存していたものが偶然あるいは必然的に「残った」ものである。これに対して生物学標本は，基本的に生物学者によって，生物学のために採集・収集された標本を，生物学のために必要なものとして「残した」ものである。つまり，歴史史料が歴史学のために作成されたものでも保存されたものでもないのに対し，生物学標本は生物学のために製作され，生物学のために保存されてきたものであるという違いである。歴史史料に歴史学者が求める情報が必ずしも記述されていないことは当然のことであるが，生物学標本に生物学者が求める情報が記載されていないということはない。逆に標本に採集地や採集日などの基本的情報が付属していない場合は，学術的に価値の低いモノとして扱われ，捨象されることにもつながる。いわば，生物学標本は製作された段階で，学術資料としての洗礼を受け，すでに資料批判が行われているという前提で利用されているといってもよかろう。

しかし，それらの標本を保存管理，利用に供する場に立てば，その前提は必ずしも確固としたものではないことに気づく。ある標本が，ある生物学者によって採集された上で，その存在について報告がなされ，かつそこに記載されている標本であるということが明示されているという例はごく限られており，大部分は報告されない状態で保存されている。この場合，その標本が有する学術情報は，標本に付属するラベルが唯一の根拠として用いられることになる[(1)]。標本採集者が所有している標本を用いる場合は，1枚のラベルが付属しており，それが唯一絶対の情報となる。しかし，広く利用される標本は，採集・研究者から博物館や研究所などの機関に寄贈され，所蔵されている場合が多い。この場合，標本には採集者によるラベルと，機関における管理用のラベルの2枚が付属することとなるが，ラベル間で情報が食い違うことがある。責任ある標本保存機関としては，本来あってはならないことだが，採集者によるラベル情報は，採集者にさえ理解できればよいという記述方法がなされている場合があり，それを誤解して記載することは，人間が行う行為である以上不可避である。例えば，採集者のラベルに採集日が「5/7/25」とあったとしよう。採集者の活動時期が大正から昭和初期である場合，この標本の採集日はどのように理解できるだろうか。「昭和5年7月25日」，「1925年5月7日」，「1925年7月5日」などさまざまに解釈することができる。この標本の採集地と採集者の活動場所，他の標本との対比などを行えば，この問題は適切に処理できる可能性はある。しかし，ひとたび誤って記載され，もともとあったコレクションとしての形ではなく，博物館の標本庫の中で，他の採集者が寄贈した同じ種の標本と同じケースに入れられた場合，注意深い管理者や利用者がいなければ，修正される機会が訪れることはまずない。まだこの場合であれば，採集者のラベルと保存機関のラベル２枚が付属するのみであって，それらを比較することで，記載の矛盾・齟齬の可能性に気づき，もともとの所蔵者である採集者のラベルに基づいて記述すべきと判断することができるかもしれない。しかし，標本が所蔵機関に収められる経緯はそれほど単純なものではない。収集を行った研究者が，自身で採集するのではなく，「標本採集人」(2) と呼ばれる専門の採集家に依頼して入手した場合，採集人と研究者のラベルの２枚が付属する場合がある。また，自身が専門としない種や科の標本を他の研究者に譲ることは頻繁に行われるので，譲られた標本には，採集人，当初の所蔵者，寄贈を受けた所蔵者と順にラベルが付け加えられることになる。この場合には「採集日」と「寄贈日」が混在する可能性もあるし，本来の採集人がラベルを付与せず，依頼者が採集人の名前を記載しないラベルを付与した場合，寄贈を受けた人物のラベルの採集人欄には依頼者の名前が記載され，本来の採集者の情報が失われる。誰が採集した標本であろうが，生物学標本として利用するにあたってはさほど問題は生じないが，採集日・採集場所と，「採集者＝依頼人」の居所に矛盾が生じ，記載された正しい情報に疑念を抱かせる可能性はある。それぞれのラベルが，いつ，誰によって付与されたものなのかが明確になっていれば，より正しい情報を求めることができるかもしれないが，明確にならない場合が大多数である。また，明確になっていたとしても，寄贈や保存管理の過程でラベルの欠落が生じ，根拠となるべき情報が得られない場合もある。かくして，学術資料として生み出された標本も，採集・管理・寄贈・保存という歴史を有することで，さらなる資料批判が必要な歴史資料となる場合があるのである。

史資料群が本来有していた価値や情報を失わないために，文書館を中心とした資料管理学ではその史料が保存されていた配列などの情報をも記録し，常に元の状態に復元できるような保存方法が検討されてきているし，歴史学においても寸断された史料をつなぎ合わせ，その史料の有していた価値を復元する作業が継続されてきている。しかし，生物学ではコレクション総体よりもコレクションを構成する個別の種・科の標本利用が主なものであるために，一度その総体が紹介されれば，それが誤っていたとしても，個別の標本の記載情報に誤りがなければ問題視されることはあまりない。しかし，個別の標本の記載が誤っている場合，単純な誤りでなければ，コレクション総体の傾向をつかんだ上での検証・修正が必要となるのであり，総体を適切に把握しておくことは重要なことである。当然のことながら，誤りを犯さないために所蔵機関は所蔵・登録にあたって綿密な調査を行った上で管理しており，提示されている情報は妥当なものと考えられる。また，近年採集者側としても無用な混乱を生じさせないように，標本情報の記載方法や管理方法についてのテキスト(3)が刊行されるようになっており，大多数の標本については，問題が生じることはない。しかし，本書で対象とする北海道大学植物園・博物館(4)(以下「北大植物園・博物館」と表記する)などの歴史の古い機関の所蔵標本を利用する場合には，注意が必要である。

北大植物園・博物館は，1877(明治10)年に開拓使によって設立された札幌仮博物場を起源とし，札幌農学校から現在の北海道大学に至る大学博物館として活動してきている。米国主導の北海道開拓の基盤のひとつとして設置された博物館には，関東大震災や戦災に巻き込まれて消失した本州の動物学標本とは対照的に，農学校における教育・研究のために収集され続けてきた学術標本が現存しており，所蔵する標本群の学術的・歴史的価値は極めて高いものである。

この博物館は，歴史の大部分が大学の動物学教室との関係によって成り立ってきたこともあり，所蔵資料の多くを動物学標本が占める。しかし，明治中頃までは開拓使時代の影響を受け，民族・考古・歴史・産業分野の収集も盛んであったし，昭和前期に活躍した名取武光によって収集された民族資料・考古資料の価値は，現在のどの博物館と比較しても劣るものではなく，総合博物館として活動してきたといえる。この日本でも有数の博物館は，120年以上もの間，数人の教官とそれを支える技術スタッフによって運営されてきたが，専任の教官はおおむね1名であり，担当分野も鳥類，考古・民族，哺乳類など一貫しているわけではない。総合博物館でありながら，その対応する範囲すべてをカバーできない運営体制は，次のような問題を引き起こした。まず，ごく初期を除けば，博物館の資料管理責任者は，すべての分野を担当するコレクションマネージャーではなく，専門分野を持つ研究者であった[5]。そのため，それぞれ専門分野の資料・標本を収集し，研究を進めていたが，分野の異なる資料の管理にはそれほど注意を向けなかったと考えられる。また，その研究の過程で収集された重要な資料も，後継者が分野の異なる研究者であれば，同じ運命をたどることになる。幸いなことに，「博物館」という機関として収蔵庫が設けられていたこと，サポートを行う技術スタッフが存在したことで，資料の散逸は防がれたが，管理運営体制の問題により情報の引き継ぎは必ずしも適切になされたとはいえない。また，このような情報の引き継ぎに生じる問題を避けるための資料管理台帳の作成は，それぞれの時代に行われていた模様であるが，これも管理責任者の異動により作成し直されるなど，一貫した台帳は1960年代になるまで用いられることがなかった。時代ごとに管理台帳が作成されたことで，ひとつの標本・資料に複数の博物館ラベルが付属することとなり，それらのラベル間での情報の齟齬が生じ，いずれが妥当な情報であるかについての混乱も生じている。このような歴史的経緯を持つ標本群は，すでに「歴史資料」と呼ぶべきものであり，そこに記載されている情報を無批判に利用することは危険な行為となる可能性がある[6]。今後所蔵標本が利用に供されるためには，北大植物園・博物館の標本管理史や，そこに含まれるコレクションの成立史などが明らかとされ，その結果と個別の標本の有する情報とが合致していることが確認される必要がある[7]。

本書はその一環として，北大植物園・博物館所蔵鳥類標本の約１割を占めるブラキストン採集標本を題材として検討を試みるものである。ブラキストン標本は，幕末から明治にかけて函館に滞在した英国商人トーマス・ライト・ブラキストンが採集・入手した日本産鳥類標本のコレクションである。ブラキストンはこれらの標本に基づき，日本産鳥類目録を刊行するとともに，本州と北海道の間に存在する津軽海峡を境に動物相の違いがあることを見出した人物である。この発見により，津軽海峡は生物地理学上「ブラキストン線」と呼ばれるようになった。ブラキストンは，この学術上の功績に加え，開拓前後の函館で商業上・自然科学上の功績と，若干の問題を残したことでも有名であり，数多くの人物史が著され，ここで題材とするブラキストン標本についてもさまざまな形で紹介されている。しかし，ここにはいくつかの問題点がある。まず，ブラキストンについて歴史的に検討する場合，その重点は歴史史料に置かれ，ブラキストン標本について述べるにあたっては1,300点を超える鳥類学標本を個別に調査することなく，史料に記述された情報や生物学者によるコレクション総体の紹介に基づいて記述されている。しかし，史料上に残された情報には，個別の標本との確認・照合を行っていないために生じる混乱が散見されるし，生物学者による紹介も厳密な資料批判を行ったものではないという問題点がある。本書で明らかとするように，生物学者の紹介の中でこれまで「ブラキストン標本」として扱われてきた標本群の中には，明らかにブラキストンの採集によるものではない標本が多数含まれており，また付属するラベルについてもブラキストンが本来付与したラベルとは別のラベルが，ブラキストン自筆のラベルであるとみなされてきた。この誤りは，十分検証されることなく歴史学の分野で通説として位置づけられて現在に至っており，いずれの分野においても早急に是正されるべき問題である。

本書は，ブラキストン標本を「歴史資料」として位置づけ，個別の標本とその総体について批判的に考察を行い，標本群の成立と寄贈・移管過程，移管先である博物館における管理体制を明らかとし，従来の見解について検証する。同時に，個別の標本に付属する情報のうち，誤って付与された情報を修正し，学術標本として適切な情報を提示することとする。さらに，標本群の成立過程の中でなされた標本の利活用の状況の解明を通じて，「歴史資料」となった生物学標本が本来の役割である生物学分野のためだけではなく，それ以外の分野にとっても価値を有しているという点についても言及する。また，補論としてブラキストンの周辺で活動した通詞，野口源之助という人物が果たした役割についても紹介することとしたい。周辺情報を含んだ，ブラキストン標本群総体が持つ価値を明らかにすることで，個別の標本が有する情報をさらに深めることになり，同時にこのコレクションの特徴を明確にすることで，北大植物園・博物館における標本管理史の一端を解明することにもつながるものと期待している。

近年，博物館や博覧会を題材として，近代国家へと舵を切った明治の社会を描く試みが多くなされており，そこでは博物館は国家や皇室の権威高揚のため，近代化促進や殖産興業の一方策として位置づけられ，評価されている。ブラキストン標本の所蔵機関である北大植物園・博物館は，開拓使の札幌博物場時代は他の博物館と同じように開拓促進のための陳列施設として位置づけられていた。一方，W・S・クラークが，札幌農学校には博物館が必要であると提言し，小規模ではあったが設立された札幌農学校の博物標本室の目的は教育研究を支援するための標本管理施設であった。開拓使が廃止されたことで，札幌博物場は札幌農学校へと移管され，博物標本室と合併された後は，収集資料の中心が調査・研究の結果採集された動物標本や考古資料へとシフトし，中でも鳥類標本は陳列のためではなく調査研究に適した仮剝製が数多く製作されるようになった。このことは，見せるための博物館から使うための博物館への転換と評価でき，明治期の日本には根付かなかったといわれる大学博物館として活動をしてきたといえるのである。この点で，本書の主たる検討対象である北大植物園・博物館は，同時期に設立された他の博物館と一線を画する存在であるといえる。また，本書における検討は，博物館の設置者や運営者がどのように考え，活動していたのかを明らかにすることではなく，所蔵・製作された標本や資料がどのように扱われてきたのかを明らかにすることで，当時の博物館の姿を描くことを意図している。政治家や運営者が博物館をどのように考えていたにせよ，博物館の職員たちは，標本・資料を収集・管理・保存し，研究を重ね，展示を行っていたはずである。逆にいえば，上層部の意向が実現したか否かは，標本や資料から裏付けられると考えられる。高所から博物館を評価するだけではなく，博物館の内側に入って，活動の実態を積み重ねて評価することも，それぞれの博物館の新たな一面を見出すことにつながるはずである。検討の中でいくつかの博物館の姿も現れてくるが，このような視点を有する本書は異質な博物館史を描くことが予想される。

本書では，頻繁に引用・参照する文献および論文は巻末の文献目録にまとめ，本文中では著者名と刊行年次のみで表記することとする。

(1) 標本情報は，標本ラベルだけではなく，採集者のフィールドノートや博物館と標本寄贈者とのやりとりの資料，博物館の管理台帳などにも記載されている。欧米のミュージアムでは標本そのものよりもこれらの資料を重視しており，適切に保管されているが，日本ではこれらの存在について軽視されてきたために，利用できる機会は限られる。
(2) 標本採集人として著名な人物に，折居彪二郎という人物が挙げられる。折居は山階芳麿や黒田長礼といった動物学者の依頼を受け，東アジア各地の鳥獣を捕獲し，標本を製作した(加藤・市川 2001)。
(3) 松浦編(2003)などが近年出版されている。
(4) 正式名称は北海道大学北方生物圏フィールド科学センター植物園であり，「博物館」という名称は機構上存在しないが，古くから「札幌博物館」,「北大博物館」として親しまれてきており，通称として「植物園・博物館」を用いている。
(5) 明治中期の教官であった小寺甲子二は，札幌農学校で博物学を担当しており，考古資料を含めたあらゆる分野の調査・研究にあたっていたと考えられる。また，小寺の後を継いだ村田庄次郎は鳥類学者として知られるが，農学校の職に就く前は開拓使東京仮博物場の鳥獣剝製作製人という経歴を有しており，また本書で頻繁に引用することになる『札幌農学校所属博物館標本採集日記』をまとめたこと，博物場全体の展示案内である『札幌博物館案内』(村田編 1910)の編集などにかかわっており，広い分野にかかわっていたと考えられる。
(6) ここで問題になるのは，北大植物園・博物館の標本管理体制の不備ではない。標本の情報管理の重要性という視点は博物館学，標本管理学が発達したことで述べることができる。博物館の職員がその時代の状況に応じた適切な管理を実施してきたからこそ，標本が利用できるのであり，現在的視点から過去の活動を低く評価しているものではないことを付記しておきたい。
(7) 北大植物園・博物館の標本管理史については，加藤ら(2009, 2010)，加藤(2008)を参照されたい。

第1章　ブラキストン標本の変遷と現状

1. トーマス・W・ブラキストンとブラキストン標本
2. ブラキストンによる標本寄贈時期とその点数，分散先について
3. ブラキストン標本付属のラベル
4. ブラキストン標本の現状

おわりに

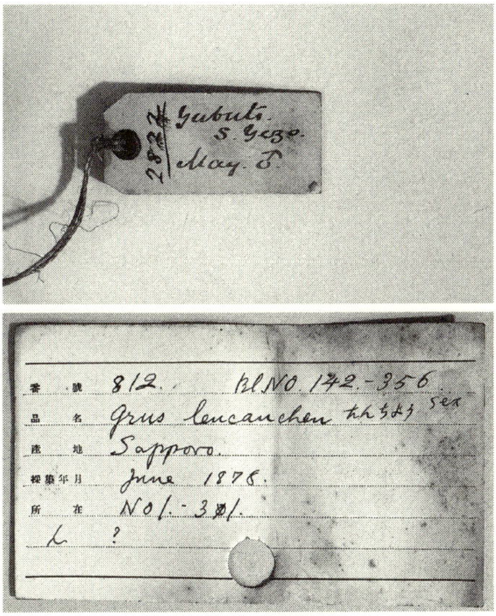

ブラキストンが利用していた標本ラベル（上）と，博物館で作成された目録カード（下）
（北海道大学植物園・博物館所蔵）

本章では，ブラキストン標本がどのような過程を経て，北大植物園・博物館に収蔵されたのかを検討し，ブラキストンの標本が持つラベルの特徴や記載について明らかとする。この結果から，混入した可能性のある標本を除外し，日本に残されたブラキストン標本の現状を示す。

1. トーマス・W・ブラキストンとブラキストン標本

ブラキストン(Thomas Wright Blakiston：1832-1891；写真1-1)は1863(文久3)年，開港間もない函館[1]に居を定めた英国商人である。彼が導入した蒸気機関による製材工場は極めて異質な存在であったようで，ブラキストンは函館で「木挽きさん」とも呼ばれていたとされる。また，ブラキストンはジェームズ・マルとともにブラキストン・マル商会を設立し，函館戦争時に政府軍への物資供給や人員輸送にあたり，商業上成功を収めていたが，同時に雇用人とのトラブルや証券発行問題で政府との関係は必ずしも良好なものではなかったようである。これらの商業上の功績はすでに多くの文献によって紹介されており，詳細についてはそれに譲ることとしたい。

商人として来日したブラキストンは，「キャプテン・ブラキストン(ブラキストン大尉)」と呼ばれたように，その前職は軍人であった。ブラキストンは，父ジョン・ブラキストンの影響を受け，王立陸軍士官学校に入学した後，クリミヤ戦争に出征した。帰国後，カナダ探検に向かったパリサー探検隊に同

写真1-1　ブラキストン(北海道大学植物園・博物館所蔵)

行して地磁気・気象観測を担当し，さらにアヘン戦争・アロー号事件後の1860(万延元)年，広東守備隊の指揮を命ぜられた。軍人としての功績を積み，大尉に昇進したブラキストンであったが，これを最後に軍の任務から離れることとなった。ブラキストンが活躍したヴィクトリア朝期は自然科学への関心が高く，多くのアマチュア自然史学者が存在しており，商人として諸外国に赴いた彼らは現地で収集・研究活動を進めるとともに母国の博物館に標本を寄贈していた。その一人であったブラキストンも，クリミヤでの自然観察やカナダでの観測時に行っていた鳥類調査報告を専門誌に投稿しており，また揚子江周辺の測量調査は英国王立地学協会で報告され，その結果は高く評価されたとされる(2)。その後，商人へと転身し，来日したブラキストンであったが，鳥類学への関心は薄れることはなく，商売のかたわら鳥類採集・研究を続けることになったのである。

ブラキストンが来日した頃の函館は，外国人の居住は認められたものの，自由に行動することができる範囲が定められており，採集に熱中したブラキストンは頻繁にその規定を破り，問題を起こしていた。この規定のため，自由に動くことができないブラキストンを支えたのが，福士成豊であった。福士は，函館の船大工の息子として生まれ，西洋式船舶の建造のため欧米人から英語を学んでいた(3)が，そこで出会ったのがブラキストンであった。福士はブラキストンから英語とともに気象観測や測量の技術を学び，その機材をも譲り受け，後に開拓使でその技術と英語力を生かすことになるが，同時にブラキストンが進めていた日本産鳥類標本の収集・製作に協力し，ブラキストンをして「福士氏及ビ拙者等ニテ集蒐(ママ)候日本鳥類剝製」(4)といわしめたほどであった。ブラキストンは，福士の他，横浜に居住していたプライヤーや北洋でラッコの密猟をしていたとされるスノーらの協力を得て日本各地の鳥類を採集し，それにかかわる論文や目録を発表した。この結果，ブラキストンは北海道と本州の間に存在する津軽海峡を境に明確な動物相の相違が存在することを見出し，その功績をたたえて津軽海峡に「ブラキストン線」という名前が残されることになったものである。

「ブラキストン線」の解明の根拠となった鳥類標本群は，当初英国の研究者を通じて博物館に寄贈されていたが，海難事故により標本を失ったこともあり，ブラキストンは標本すべてを開拓使へ寄贈し，それらは函館博物場(5)に展示・保管されることとなった。その後，開拓使の廃止にともない博物場は函館県，北海道庁，函館区へとその管轄が変更され，1881(明治24)年には函館商業学校附属の商品陳列場となった。さらに同校廃止にともないブラキストンの標本は分散して保管されることとなったが，1908年に東北帝国大学農科大学(現在の北海道大学)教授で，大学博物館の主任でもあった八田三郎によって改めてまとめられ，現在に至るまで北大植物園・博物館に「ブラキストン標本」として保管されている。

以上が，ブラキストンとその標本群の概要というべきものであるが，現時点において次のような問題が存在していることに注意しなければならない。

- ブラキストンが標本を寄贈した年次とその点数について，文献・史料によって異同がみられること
- 函館博物場から現在の北大植物園・博物館に標本群が収められるまでの過程について，文献・史料によって異同がみられること
- ブラキストンが寄贈した標本点数は諸文献において，最大で1,338点と考えられている。1932(昭和7)年に犬飼哲夫を中心として目録が作成され，1,331点が確認されているが，2004(平成16)年における博物館の標本管理台帳には，疑問符付きの標本を含めて1,348点と所在不明の2点がブラキストン標本として登録されており，それらの標本情報からみてもブラキストンが寄贈した以外の標本が多数含まれていると考えられること
- ブラキストン標本として管理されている標本には，多数の標本ラベルが付属しているが，一部の標本において，付属しているラベル間で採集地や採集日の情報が齟齬していることがあり，いずれの情報が正しいものか判断に苦しむ場合があること

ブラキストンの採集した鳥類標本を個別の生物学標本として考えた場合，その移管過程などについての情報はさほど重要ではないかもしれないが，この標本群が動物学史上に果たした役割を考えるならば，すでにこれらが歴史

的資料としての価値を有していることは明らかである。このような価値を有する以上，単品としての標本管理だけでなく，標本群の移管過程，保管状況などの情報を明確にし，混入した標本を除外するなど，標本群としての管理が実施されるべきである。また，個別の標本を利用するにあたっても，上述したように標本付属のラベル情報に混乱が見受けられる以上，その検討・整理を行う必要がある。標本群総体の問題にせよ，個別の標本の問題にせよ，批判的に再検討を行い，改めて適切な情報が提示されなくてはならない状況にあるのである。次節以降において，標本群の検証を通じて上記の問題点について考察を進めることとしたい。

なお，ここで現在の北大植物園・博物館の名称の変遷についてまとめておきたい。北大植物園・博物館は，1877(明治10)年に開拓使が札幌仮博物場として設置した博物館が起源である。1882年に現在の地に新館が建設された時点で札幌博物場となり，開拓使の廃止後に札幌農学校に移管，農学校の博物標本室と統合され札幌農学校所属博物館となった。その後1907年に札幌農学校が東北帝国大学農科大学となった時点で，札幌博物館という通称が用いられるようになり，北海道帝国大学農学部博物館，北海道大学農学部博物館と名称が変更され，2001(平成13)年より農学部附属植物園と統合したことで，北大植物園・博物館となる。本書では時代ごとの名称を適宜使用することとするが，すべて同じ博物館のことである。

2. ブラキストンによる標本寄贈時期とその点数，分散先について

ここでは，前節でみた標本群が有する問題点の一部について，史料・文献を用いて検討することとする。

ブラキストンが開拓使に鳥類標本を寄贈した時期およびその点数については次の史料が知られている。第一は北海道立文書館所蔵開拓使簿書群に含まれる史料であり，これらには1879(明治12)年５月に1,314点を寄贈したという記載がある(6)。第二は『開拓使事業報告』の1880年１月に1,338点を寄

贈したという記載である。ブラキストンに関する報告の多くは，1932(昭和7)年に犬飼哲夫らによって作成された目録に掲載された標本点数が1,331点であることから後者の記事に基づいているが，北島(1985)や関ら(1990)は後者の記載を誤りとする。編纂物の記載である後者の記事よりも一次史料である前者の記事を重視すべきであることはいうまでもなく，1879年にブラキストン標本が寄贈されたことは間違いないのだが，現在ブラキストン標本と考えられるものは1,314点を上回っていること，またそれらには採集時期が1880年以降，つまりブラキストンが寄贈したとされる時期以降に採集されたものが100点以上含まれていることから，両者ともに検討を要する。

1879(明治12)年に開拓使が依頼した鳥類標本寄贈に対するブラキストンの承諾書には「右鳥類貴廳博物場江今般贈呈可致候ニ付テハ福士氏或ハ拙者両名之内當道ニ在留中ハ右鳥類修正方或ハ交換等可致権力ヲ御許可與相成度候」(7) とあり，1879年に標本を寄贈した後に，ブラキストンによって追加・差し換えなどが行われたことが予想される。寄贈の開始時期を1879年とし，その点数が1,314点であったとしても，寄贈という行為がその時点で終了したわけではない可能性があるのである。対して，『開拓使事業報告』にみる1880年1月1,338点寄贈という記事であるが，『函館新聞』の同年1月31日付記事に，「本港在留英商トウマス，ブレキストン氏が多年の間に集めたる剝製の鳥類千三百三十八羽を當仮博物場へ寄贈したる事は予て本誌に掲載したりしが，今度開拓長官より右の報酬として北海道実測図を贈与せられたり」とあり，こちらも同時代史料で裏付けることができる。『開拓使事業報告』の寄贈日は寄贈開始日ではないものの，1880年1月までに小規模な追加・差し換えが実施されて寄贈が一段落し，開拓使による謝礼の時点で1,338点が寄贈されていたという事実を記載したものである可能性は否定できない。寄贈という言葉の解釈については慎重にならねばならないが，前者と同様に，『開拓使事業報告』の記事もある特定の時期の状態を示す史料として検討の価値を有するものであろう。しかし，このいずれの史料をも信頼できるものとして扱ったとしても，現存する標本群には1880年以降採集のものが多数含まれており，1883年にブラキストンが離日するまでにはかなりの標本が追加されたものと考えられ，ブラキストンが最終的に何点の標本を函館に残していったのかは明らかにはならない。この点については，後段で標本ラベルについて検討する際に考察することとしたい。

次に，ブラキストン標本がどのような過程を経て現在の北海道大学に移管されたか，またその際の標本点数について触れられている報告を年次順に挙げ，その問題について確認する（下線部は引用者）。

①谷津（1908）

東北帝国大学農科大学動物学教授八田三郎氏は（略）ブラキストンの標本を此度皆同博物館[8]にて保管する事となりたり，同標本は貴重なるにも係らず従来は函館博物館内に蔵しあり，其より同館廃止の際総計千百五十二の内庁立函館中学校へ九百八十九，札幌中学校へ七十五，北海道師範学校へ八十九と分配して保管しありしを此度相合併したる（後略）

②Inukai（1932）

Near the end of his stay these specimens including 1338 individuals were presented to the Kaitakushi in 1880. The collection was first kept in the small local museum in Hakodate and later some part was removed to the new museum in Sapporo 1881. The specimens in Hakodate were given over to the Hakodate commercial school in 1890 but after the abolition of the school in 1895 they were divided into three to be given to the Hakodate middle school, the Sapporo middle school and the Sapporo agricultural college. In 1908 they were again all gathered in the college and since then they have been kept in the college museum (now the University Museum).

③芳賀（1958）

ブラキストンは明治十三年開拓使に一三三八点の剝製を日本在住の記念として寄贈した。この標本ははじめ函館博物場に保管されたが，明治二十三年に函館商業学校に移管になり，明治二十八年同校の廃校によって札幌農学校，函館中学校，札幌中学校の三校に配分保存された。その後八田三郎教授の努力により，明治四十一年九月にブランスキン（ママ）鳥類標本全部を北大博物館に移管保存するようになった。

この他，北海道大学農学部博物館発行のパンフレット(1975年頃〜)などもほぼ同様の内容であり，犬飼の記載に基づいて記載されているものと考えられる。

④彌永(1979)

鳥・獣類の剝製三百二十四種千三百三十八点を寄贈したものである。標本は最初は開拓使所管の函館博物館に所蔵されたが，道庁になって函館区に払い下げられ，函館商業学校へ移管された。(略)明治二十八年，一部を函館中学校に残し，他は札幌中学校(現，札幌南高等学校)と札幌農学校へ分散されたが，札幌農学校の八田三郎教授は(略)標本全部を東北帝国大学農科大学に集めた。これが現在北海道大学農学部附属博物館に，ブラキストンが寄贈したときより七点だけ少ない千三百三十一点が保管されているのである。

やや煩雑になったので，整理することとする。

谷津：函館中学校(989点)，札幌中学校(75点)，北海道師範学校(89点)の1,152点(合算すると1,153点になる)。

犬飼：ブラキストン寄贈1,338点のうち，1881(明治14)年に札幌の博物館に一部が移管され，残りは1895年に函館中学校，札幌中学校，札幌農学校に分散された。1908年にまとめられ，1932(昭和7)年に目録が作成された段階で255種1,331点が確認された(目録の記載点数を合計すると1,342点，標本点数1点に対して，採集地情報が2通り記載されているものもあり，さらに追加される可能性もある)。

芳賀・彌永：函館中学校，札幌中学校，札幌農学校に分散していたものが1908(明治41)年にまとめられ，1,331点が確認された。

1932(昭和7)年に犬飼によってブラキストンの小伝(Inukai 1932)が執筆され，同時に犬飼・山階芳麿・名取武光によって標本目録(Yamashina et al. 1932)が作成された後は，ブラキストン標本の現存点数(1,331点)は犬飼の小伝に従って記載され，その実態は確認されていないものと推測される。また，札幌農学校・札幌中学校・函館中学校への分散という記載もそれ以降の報告類と共通しており，犬飼の記述が与えた影響が大きいものと考えられる。しかし，現在の北海道大学に標本群がまとめられた時期にほど近い谷津の記述によれば，札幌中学校・函館中学校・北海道師範学校への分散ということになっており，また点数も1,150点あまりと犬飼以降の文献に記載される標本点数に比べ，著しく少ないものとなっている。この点についてどのように考えるべきであろうか。

まず，標本点数の増加についてであるが，『札幌農学校所属博物館採集日記』(以下本書では『採集日記』と略)という史料が北大植物園・博物館に所蔵されている。この史料は，1886(明治19)年頃から1910年頃までに博物館が収集した標本・資料の情報がまとめられている標本台帳である。この『採集日記』の記載から，「明治33年12月27日受入　ブラキストン氏採集　函館中学校より保管換(転換)」された標本が136点存在したことが知られる。この明治33(1900)年は八田三郎が札幌農学校に赴任する前のことであり，この標本群については八田の業績を紹介する谷津の報告に含まれなかった可能性が高い。この136点を谷津の紹介した1,150点あまりに加えると約1,300点となり，これを標本点数の増加の理由とみなしうるだろう。

次に，分散した標本の保管先の混乱について検討する。標本が上述した1900(明治33)年の移管とは別に，1908年に函館中学校から移管されたことは「函館中学校の保管に係るブラツキストン氏採集鳥類標本は今回道庁の命令に依り札幌帝国農科大学内へ保管することとなり，去る十日同地を発送せりと」(9)という新聞記事から確認される。次に，札幌中学校，北海道師範学校，札幌農学校の問題であるが，一部の標本のラベルには「札中」,「北師」と記されたものがある。「札中」の記載を有するものは70点,「北師」の記載を有するものは86点あり，谷津の述べる札幌中学校75点，北海道師範学校89点にほぼ合致する。年代の近い谷津の記載と合致することから考えて，分散して保管されていた施設は，函館中学校・札幌中学校・北海道師範学校とみなしてよかろう。それではなぜ犬飼は北海道師範学校ではなく札幌農学校としたのだろうか。

犬飼報告の情報源は八田三郎，函館図書館長岡田健蔵，河野常吉の三氏から受け継いだ史料が中心である(犬飼 1943)。犬飼が利用したと考えられる史料のうち，市立函館図書館所蔵「ブラキストン廿年祭関係資料」[10]に含まれる1911(明治44)年の新聞記事には「二十八年同校(函館商業学校：引用者注)廃せられて中学校を開かるゝに及び博物史学の参考品は農科札中函中の三校に分與せられ」[11]とあり，犬飼はこれに基づいて函館商業学校から分散した先を記載したものと推測される。上述したように，1900年の時点で札幌農学校には標本群の一部が移管されており，分散先と考えることもあながち間違いではないが，函館商業学校の廃校の時点で札幌農学校に移管された事実はなく，この新聞記事は正確なものとはいえない。犬飼が1932(昭和7)年に標本群を調査した際に，ラベルの「北師」，「札中」という記載を確認したか否かを判断する手段はないが，1932年以降には「北師」という情報がないものとされたにもかかわらず，改めてラベルに記載したとは考えづらく，「北師」の記載は当初よりあったものに違いないので，犬飼は「北師」を札幌農学校と考えたか，このラベルの記述を捨象して，後段で検討する札幌農学校所属博物館のラベルを有する一部の標本(前掲1900年に移管された136点)の存在と新聞記事の情報によったものと推測される。

次に，犬飼の「later some part was removed to the new museum in Sapporo 1881」という記載，つまり札幌博物場の新築に合わせたと考えられる標本の移動についてである。この標本の移動については，犬飼以外は触れておらず，その実態はまったく不明であったが，犬飼の利用した八田旧蔵資料の発見によってその経緯が判明し，またこの移動が行われなかったことも確認された(第3章参照)。

ブラキストン標本の寄贈・移管に関する文献や史料にみる問題点について，ここまでの考察を整理することとしたい。

ブラキストンは1879(明治12)年5月に，開拓使の依頼に応じて1,314点の鳥類標本を開拓使所管の函館博物場に寄贈したが，それは最終的なものではなく，それ以降においても標本の追加および差し換えが実施されていた。1880年1月の段階で寄贈点数は1,338点となっていたと推測されるが，その後においても標本の追加および差し換えは行われていたと考えられる。

ブラキストン標本群は函館博物場の管轄換えにより，1890(明治23)年に函館商業学校の管理下に入ったが，その廃校にともない1895年頃にその後身である函館中学校および札幌中学校，北海道師範学校に分割されて保管されることになった。その後，1900年12月に函館中学校所蔵の標本群のうち，136点が札幌農学校所属博物館に移管され，4箇所に分割されて保管されることになった。1908年に東北帝国大学農科大学教授八田三郎によって函館中学校，札幌中学校，北海道師範学校に保管されていた1,150点あまりが札幌博物館にまとめられた。ここで，以前から所蔵していた136点を加えて標本数は1,300点弱となり，これが1908年時点でのブラキストン標本の全容と考えられる。

1932(昭和7)年に犬飼らによって，ブラキストン標本の目録が作成され，その時点で1,331点が確認されたとされるが，目録掲載の標本点数は1,342点超となっており混乱がみられるし，30点から40点の標本数の増加についてはまったく触れられていない。また，目録には，ブラキストン来日前，離日後の採集日情報を有する標本が含まれている(写真1-2)。この問題については，「The collection consists in 1331 individuals covering 255 forms. Unfortunately some of the original specimens were lost when they were sent to some exhibition held in Tokyo.　They were replaced by new ones which are indicated in the list with a date of collection later than 1885.」[12]とし，失われたものを新しい標本で補ったとするが，それをブラキストン標本と扱うべきかどうかの検証は行われておらず，またそれが何点存在するのかについての言及もない。「ブラキストン標本」の目録であるにもかかわらず，ブラキストンが寄贈したものではない標本が含まれていることは問題があるだろう。また，現在博物館に登録管理されているブラキストン標本点数は1,350点(所在未詳2点を含む)となっており，さらに増加しているが，その理由は明らかにはなっていない。

以上のように，これまでブラキストン標本について触れられてきた文献の根拠となった史料は，ある時期の状況を示すのみで最終的な状況を示していない可能性があるにもかかわらず，それが結果としてみなされ，正確な記録

15 Chloris sinica minor (TEMMINCK & SCHLEGEL)
Small Japanese Greenfinch
Ko-kawarahiwa
6
1877–1882
Hokkaido (Sapporo, Atsu-usu-betsu), Hondo (Yokohama)

16 Carduelis spinus (LINNAEUS)
Siskin
Mahiwa
5
1875–1897
Hokkaido (Hakodate, Sapporo)

17 Carduelis flammea exilipes (COUES)
Hoary Redpoll
Ko-benihiwa
1
?
?

写真 1-2 犬飼らによる目録の一部。16 のマヒワにはブラキストンの死後にあたる 1897(明治 30)年採集標本が含まれている。また，各種の標本点数(マヒワであれば「5」)を合算すると 1,342 点を超す。

が伝達されていない可能性があること，さらに標本群の移管過程や移管された標本点数についても問題があることは明らかである。次節以降で，史料のみからでは明らかとならない問題について，現存する標本の調査を通じて検討することとしたい。

3. ブラキストン標本付属のラベル

北大植物園・博物館所蔵ブラキストン標本に関する問題を解決するために，同館の市川秀雄と筆者が，ブラキストン標本として登録されているすべての標本の調査を行うこととしたが，事前調査において次の問題点が判明した。ブラキストン標本は，生物学標本である以上，正しい採集日・採集地情報が求められるが，付属するラベル間で記載が齟齬している例が多数見受けられた。現在利用している標本管理台帳に記載されている標本情報は，付属するラベルの情報のうちのいずれかが記されているが，依拠するラベルが一定ではなく，その精度に問題があることが確認された。ラベル間の情報の齟齬は，新しいラベルを付与する際に生じた誤写によるものである可能性が高いため，各々のラベルがいつ，誰によって付与されたのかを明らかとして，いずれのラベルがより正しい情報を示すものであるかを確認する必要がある。本調査にあたっては付属するラベルを分類し，記載されている情報をラベルごとに整理して収集することとした。

調査の結果，ブラキストン標本群には，大まかに分類して9種類のラベルが付属していることが確認された。これらのラベルには，さまざまな記載があり，また移管過程の相違によって生じたと考えられる付属状況の差異も見受けられる。これらを整理し，それぞれの標本が，ブラキストンの手元から現在の北大植物園・博物館に収蔵されるようになった過程と，その過程の中でどのように管理されてきたのかを明らかとし，同時に「ブラキストン標本」として位置づけるためにどのラベルが指標となるのかについて検討することとしたい。以下，ラベルを種類ごとに考察し，そのラベルの有する歴史を明らかとしてゆく。

3.1　ラベル1

ラベル1(写真1-3)は現在も北大植物園・博物館で利用しているラベルであり，1960(昭和35)年頃から利用され始めたものである。このラベルは現在利用している標本台帳に登録するために付与されたもので，ブラキストン標本とされる標本群においては，ラベルの記載事項は標本番号のみであり，種名

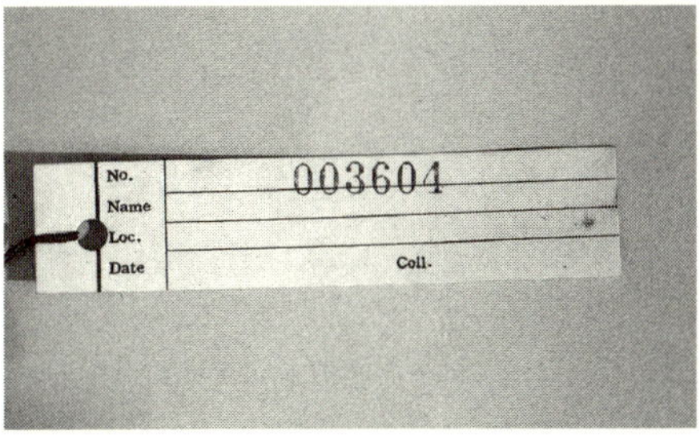

写真1-3　ホオアカ【3604】付属のラベル1

や採集データなどは記載されていない。ブラキストン標本とされているもののうち，1,345 点[13] にこのラベルが付属している。

3.2　ラベル 2・3

ラベル 2(写真 1-4)は表面に管理用と考えられる数字，採集地・採集日・計測値などの情報が英語表記でなされている。裏面には同内容の情報が日本語表記で記載されているものもあるが，すべてに記載されているわけではなく，表面が主となるものと考えられる。計測値は「C(センチ)」単位で記載されているものもあれば，「インツ(インチ)」単位で記載されているものもあり，またラベルの長さも一定していないので，必ずしも同一人物によって利用されたものではないようであるが，記載方法はほぼ共通しており，ある特定の意図に基づいて作成されたものである。

ラベル 3(写真 1-5)はラベル 2 を短くしたような形で若干幅が広い。記載内容はラベル 2 表面にみられる英語表記がなされているが，裏面の日本語表記が 1 枚もない点が違いとして挙げられる。

以上のような特徴を有するラベル 2 およびラベル 3 は次のような理由から，同一の存在によって付与されたラベルであると考えられる。第一に，ラベル 2 の付属する標本 982 点にはラベル 3 が付属しておらず，逆にラベル 3 の付

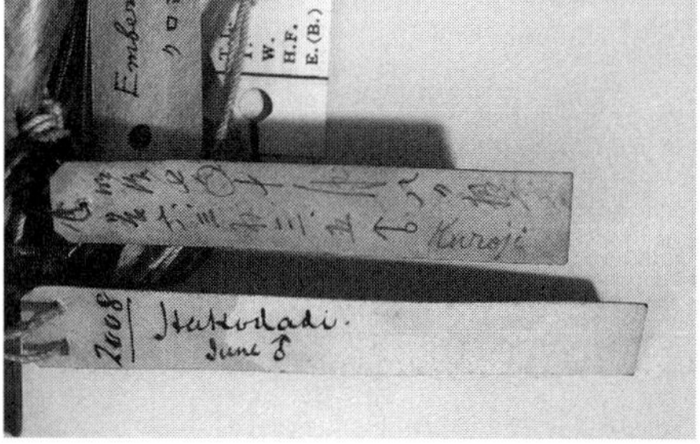

写真 1-4　クロジ【3389】付属のラベル 2。上のラベルは日本語の情報，下のラベルには「2008, Hakodadi, June, ♂」の記載がある。

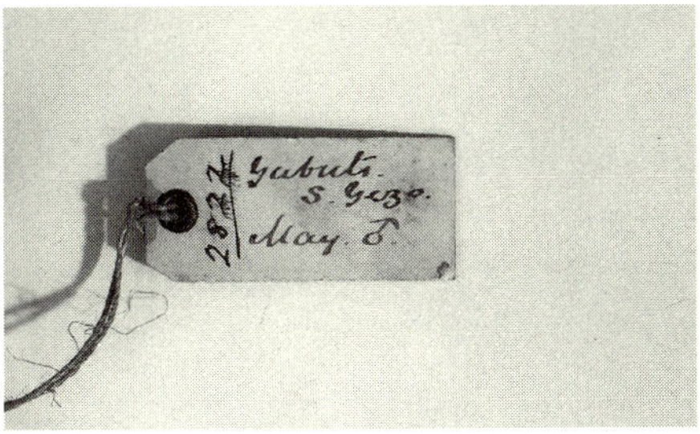

写真1-5　シマアオジ【3385】付属のラベル3

属する194点にはラベル2は付属していない。なお，コゲラ【3667】はラベル2およびラベル3が付属しているが，管理番号と考えられる数字はラベル3にのみ記載されている。記載されている番号(2765)は後にみるようにラベル2とラベル3の過渡期にあたり，ラベル2がメモ代わりに利用されたものと考え，ここではラベル3付属標本とみなしておく(本書において【　】で括った数字は，北大植物園・博物館の現在の標本管理番号を示す)。また，トラツグミ【3313】にはラベル2が2枚付属しており，1枚は「2354，Sapporo，19th Aug 1877」，1枚は「1102，Hakodadi Japan　♂，March」とある。前者は標本の脚部をまとめるのにも利用されており，より信頼のおけるラベルと考えられるため，ここでは前者のデータを採る。

第二に，ラベル2に記載されている管理番号は，最も小さいもので1001であり2698まで欠番はありつつも連続して付与されている。なお，この他に2800番台を持つものが5点(2884，2885，2887，2889，2890)ある。対してラベル3の管理番号は，最も小さいもので2725であり，3217まで同様に連続している[(14)]。この連続性から考えて，ラベル2の利用後，ラベル3を利用するようになったものと考えて間違いない。ラベル2の2800番台の番号は現存するラベル3では欠番となっており，またこの5点の数字がごくまとまっていることから，残されていたラベル2を再利用したものと考えてよいだろう。以上の点から，ラベル2およびラベル3は英語による情報記載を行った人物によって付与された一連のラベルとみなしてよいものと考える。

それでは，このラベルはいかなる人物によって作成・付与されたものであろうか。まず，計測値が記載されていることに注目すると，剝製が製作されてから計測したものをラベルに記入することは考えづらく，採集者によってラベルが付与されたものか，あるいは採集者のデータに基づいてラベルを後に付与したものと考えなければならない。そこで，表1-1をみていただきたい。

この表は，ラベル2・ラベル3が付属する標本を，先にみた管理番号に基づいて1000番台から100番刻みで分類し，そこからこのラベルに採集年次が記載されている標本を抽出し，年次ごとの点数を一覧にしたものである。管理番号は採集の年代に従って付与されていることは明らかであるが，必ずしも採集年次の順番に整理して管理番号を付与したというわけではなく，採集地ごとにまとめて管理番号が付与される傾向がある(15)。管理番号は採集情報よりも後に記載されており，剝製の製作あるいは収集協力者からの入手の後，管理登録の順に番号が付与されたものと考えるべきであろう。このような管理を実施した存在はブラキストン以外には考えづらく，これらのラベルはブラキストンあるいはその協力者，標本採集・製作者によって付与されたものと考えてよい。

国立科学博物館に所蔵されている福士成豊旧蔵の鳥類標本を調査した結果，ここにもラベル2およびラベル3の存在を確認することができた。ラベル2が付属していたものは4点あり，ヤマゲラ(16)(1877年4月15日採集)，アカショウビン(17)(1879年6月23日採集)，ヒヨドリ(18)(1881年2月13日採集)，ムクドリ(19)(1881年4月5日採集)になる。対してラベル3が付属していたものは1881(明治14)年以降採集のもので，1900年代に至るまでラベル3と同様のものが利用されていた(写真1-6(20)・1-7(21))。

様式がまったく同じものであること，1881(明治14)年前後に利用ラベルの変更が実施されたという共通点から考えても，ラベル2およびラベル3はブラキストンと福士成豊によって付与されたものであるとみなすことができる。さらに，福士標本以外にもこのラベルが利用されている例がある。ブラキストンと共同で日本の鳥類目録を発表したプライヤーは，採集した標本をブラ

表 1-1　ラベル 2・3 付属標本の採集年代

	1864	1871	1872	1873	1874	1875	1876	1877	1878	1879	1880	1881	1882	1883
1000	2		7											
1100														
1200														
1300			1	1	3									
1400		1		1	27	1								
1500					50	1								
1600					49	4								
1700					21	29								
1800					2	50	1							
1900						28	15							
2000						1	56							
2100							22	39						
2200								59						
2300								70	1					
2400								86						
2500							5	5	30					
2600									23	7				
2700										(2)		(6)		
2800											1	4(1)	(23)	
2900													(21)	
3000													(11)	
3100													(35)	
3200														(1)

行の「1000」は，ラベル 2・3 の管理番号 1000～1099，「1100」は 1100～1199 を示し，各採集年次の標本数を表している。

括弧内の数字はラベル 3 が付属する標本点数である。

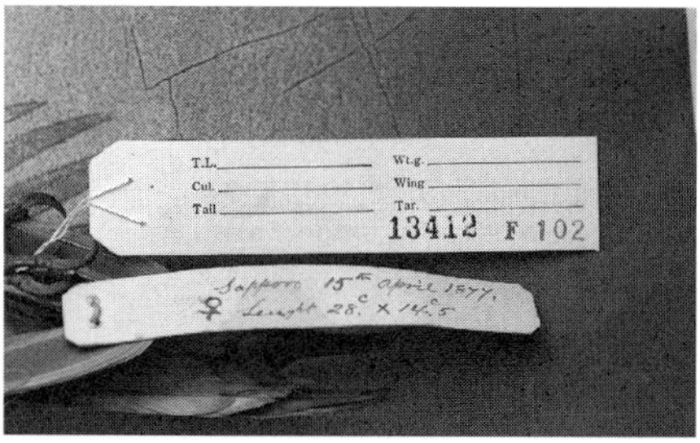

写真 1-6　国立科学博物館所蔵，福士標本のラベル 2

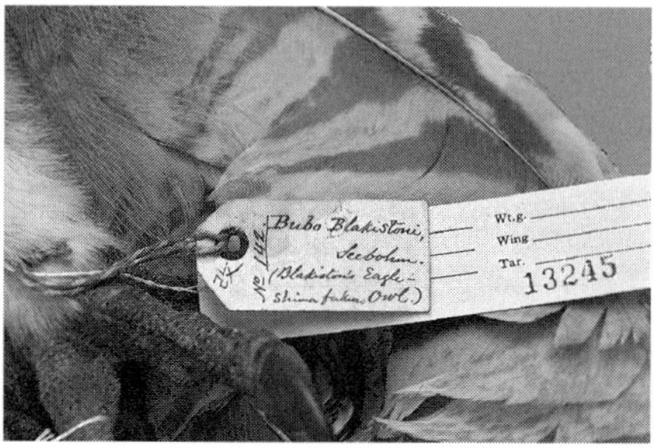

写真 1-7　国立科学博物館所蔵，福士標本のラベル 3

キストンと交換していたが，それ以外に英国のシーボームにも標本を送っていた。現在シーボームコレクションは英国自然史博物館に所蔵されているが，その中に含まれる，プライヤーが 1886 年に採集した 1 点の標本にもラベル 3 が付属していることが確認される[22]。これらのことから，ラベル 2 およびラベル 3 はブラキストンが活動していた頃にその協力者たちが共通して利用していたラベルであり，付属するラベルの中で最も古いもの，情報利用にあたって依拠すべきラベルである。つまり，このラベルが付属している 1,176 点の標本はブラキストンから函館博物場に寄贈されたものであるとみなしてよい。なお，福士標本やプライヤーの標本ラベルには先にみた管理番号が記載されていないことから，管理番号はブラキストン独自のものであると考えられる。この裏付けについては，次のラベル 4 に関する検討とあわせて行うこととしたい。

3.3　ラベル4

ラベル4(写真1-8)は1,348点中1,218点(紐やラベルの断片が存在していて，付属していたと考えられるものも含む)に付属している。記載事項がわかるものは1,205点で，2から1314までの数字が重複することなく連続して付与されている。この「1314」という数字は先にみた，1879(明治12)年1月の開拓使への寄贈の点数と合致し，最初の寄贈の際に付与されていたものであるようにも思われる。しかし，表1-2をみていただきたい。

この表はラベル4にみられる数字をラベル2・ラベル3の検討の際と同じく100番単位で分類し，その採集年次(23)ごとの点数を一覧にしたものである(24)。一見して理解できるように，番号は採集年代順に付与されているわけではなく，また小さい番号が1880(明治13)年以降の採集の標本に付与されており，ブラキストンが最初に寄贈した1,314点に付与されていたラベルと考えることはできない。ブラキストン離日後の採集になる2点についても検討を加える必要があろう。

ラベル4に「322」という記載を持つキセキレイ【3137】は1885(明治18)年7月23日札幌採集である。この標本には，先にみたラベル2・3は付属しておらず，北大植物園・博物館で利用していたラベルのみが付属している。ラベル4は他の標本では脚部に結び付けてあるが，この標本には単に足にくぐらせているだけである。ここから，キセキレイ【3137】に付属するラベル4は，博物館の収蔵庫内で外れてしまったものをブラキストン標本ではない標本に

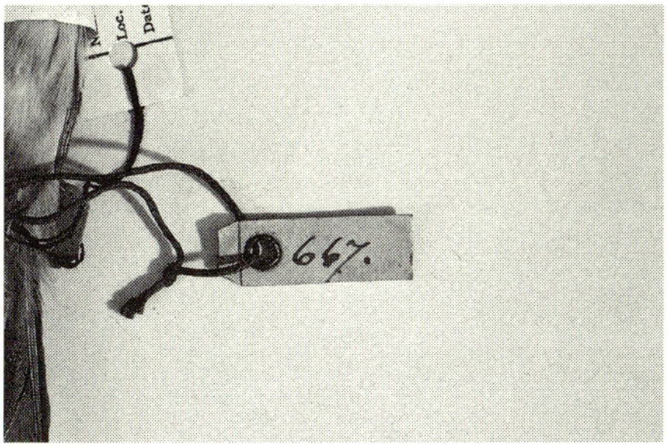

写真1-8　ホオアカ【3604】付属のラベル4

表 1-2　ラベル 4 付属標本の採集年代

	1864	1871	1872	1873	1874	1875	1876	1877	1878	1879	1880	1881	1882	1883	1884	1885～
1			1		10	5	15	17	1	1	1	13	1			1
100					9	8	4	15	5				4			
200					4	9	3	28	6				12			
300			1	1	8	3	3	13	4			2	25			1
400					9	7	3	19	8			2	5			
500					4	10	1	43	2				4			
600				1	6	11	3	36	1			1	5			
700			1		8	5	4	21	8	2			3			
800	2	1			28	14	4	8	2			1	6			
900					30	9	14	17	6	1			2			
1000					17	6	17	9	3			2	4			
1100			3		11	16	7	6	4	5			1			
1200			2		3	6	15	1	2			2	7			
1300					2	3	2	1								

行の「1」は，ラベル 4 の記載番号 1～99，「100」は 100～199 を示し，各採集年次の標本点数を表している。

誤って付与した可能性が高い。同じくラベル 4 に「87」の記載を持つミヤマカケス【3325】は，「38-9-25，蛇田郡産」という和紙に記載された採集情報を有する。これもラベル 2・3 は付属しておらず，採集年次からもブラキストン採集標本とみなすことはできない。この標本のラベル 4 も先にみたキセキレイ【3137】と同様に足にくぐらせているだけのものであり，誤って付与された可能性が高い。この 2 点を除外すれば，このラベルはブラキストンが日本で採集を行った時期の標本にのみ付属していることになる。

ラベル番号記載の傾向として，おおよそ種ごとに連続して番号が付与されているが，その種配列はブラキストン（Blakiston and Pryer 1880）の分類によるものではない。ブラキストンが分類することなくラベルを付与する必要があったとは考えづらいこと，ラベル番号の分布からみて「1314」以降の数字を持つラベルは最初からなかったものと考えられることから，このラベル 4

はブラキストンの最初の寄贈点数にあわせて作成されたラベルで，1883(明治16)年以降に点数確認のために付与されたものと考えられた。しかし，表1-3をみていただきたい。

この表は，日本を離れたブラキストンから，標本とフィールドノートの寄贈を受けたアメリカ国立自然史博物館(USNM)のスタイネガーが報告した日本産鳥類に関する論文(Stejneger 1886a 他)に引用されている，ブラキストンが日本に残してきた標本をリストにし，それに該当する現存標本を対照させたものである。スタイネガーは，ブラキストンの標本をふたつの番号を用いて記述している。ひとつは「Blakiston's No.」，もうひとつは「Hakodadi Museum No.」[25]である。表から，「Blakiston's No.」が上述したラベル2・3の管理番号と合致することが確認でき，また，「Hakodadi Museum No.」がラベル4の番号と合致することが確認できることから，このラベル4が函館博物場における標本管理番号であることが明らかとなった。さらに，この番号についてブラキストンが把握していたという事実から，このラベル4はブラキストンの離日後に函館博物場が独自に付与したものではなく，滞在中にブラキストンが関与して付与されたものであることも間違いない。このラベルが他の標本群に付与されていないことからみて，ブラキストン標本を管理するためだけに付与されたものと考えられ，このラベルが付属することがブラキストン標本であることを示すものといえよう。

しかし，ここで問題になるのが，このラベル4に記載されている番号のうち，最も大きいものが「1314」である点である。ブラキストンが函館に寄贈した標本点数は，1880(明治13)年１月の段階で1,338点となっており，3年後の離日までには，さらに多くの標本が寄贈されていた形跡があるにもかかわらず，その増加分が加えられていないだけでなく，減少しているのはなぜであろうか。

これまで，ブラキストン標本については，ブラキストンが海難事故により標本を失うことを恐れたため，すべての標本を函館に残し，帰国したとみなされてきた。しかし，ブラキストンは帰国後にスタイネガーに自身の標本を寄贈しているし，第4章で明らかとするように，一度函館博物場に収めてい

表 1-3　スタイネガーの報告にみるブラキストン標本と現存標本の比較

	スタイネガーの記載				
表 ID	BL.No.	Hakodate No.	種名	採集地	採集日
1	1110	179	キバシリ	函館	1873年 2月 1日
2	1112	180	キバシリ	函館	1873年 3月24日
3	2387	181	キバシリ	札幌	1877年 5月 6日
4	2388	182	キバシリ	札幌	1877年 5月 8日
5	2559	183	キバシリ	札幌	1879年 4月
6	2785	222	キバシリ	札幌	1881年11月 3日
7	2164	295	シマエナガ	函館	1877年 2月12日
8	2165	296	シマエナガ	函館	1877年 2月12日
9	2380	299	シマエナガ	札幌	1877年 5月 5日
10	2381	300	シマエナガ	札幌	1877年 4月21日
11	2163	記載なし	シマエナガ	函館	1877年 2月12日
12	2905	429	エゾオオアカゲラ	札幌	1882年10月12日
13	754	748	エゾオオアカゲラ	函館	1861年10月21日
14	1608	749	エゾオオアカゲラ	千歳	1874年11月10日
15	1611	750	エゾオオアカゲラ	幌別	1874年 8月25日
16	2338	751	エゾオオアカゲラ	札幌	1877年 4月21日
17	2344	754	コアカゲラ		4月
18	2765	755	コゲラ	札幌	1879年 6月23日
19	1010	1053	ダイサギ	函館	
20	2255	1053	ダイサギ	函館	1877年 5月 2日
21	2521	1054	ダイサギ	函館	4月
22	1426	1059	サンカノゴイ	久根別	1874年 4月 6日
23	2904	1250	エゾオオアカゲラ	札幌	1882年 6月 2日
24	2877	188？	エゾオオアカゲラ	札幌	1881年11月27日

BL.No. は，スタイネガーの報告にみるものと，ラベル 2・3・9(後述)の番号を比較している。標本の情報はラベル 2・3 およびそれに類するものに基づく。

下線部は，情報の混乱がみられる部分である。

ID 3 のキバシリは，現在確認することができない。ID 19 の Hakodate No. は ID 20 に「1053」があるので，スタイネガーの誤記と考えられる。ID 13 についてはラベル 9 の考察で検討する。

北大植物園・博物館標本						
BL.No.	ラベル 4 記載	種名	採集地	採集日	標本番号	表 ID
1110	179	キバシリ	函館	2 月	3149	1
1112	180	キバシリ	函館	3 月	3150	2
該当なし						3
2388	182	キバシリ	札幌	1877 年 5 月 8 日	3151	4
2559	183	キバシリ	札幌	1878 年 4 月 7 日	3147	5
2785	222	キバシリ	札幌	11 月	3148	6
2163	295	シマエナガ	函館	1877 年 2 月 12 日	3269	7
2165	296	シマエナガ	函館	1877 年 2 月 12 日	3272	8
2380	299	シマエナガ	札幌	1877 年 5 月 5 日	3270	9
2381	300	シマエナガ	札幌	1877 年 4 月 21 日	3267	10
2163	295	シマエナガ	函館	1877 年 2 月 12 日	3269	11
2905	429	エゾオオアカゲラ	札幌	1882 年 6 月 4 日	3643	12
757	748	エゾオオアカゲラ	函館	10 月	3638	13
1608	749	エゾオオアカゲラ	千歳	1874 年 11 月 10 日	3638	14
1611	750	エゾオオアカゲラ	■■村	1874 年 8 月 25 日	3641	15
2338	751	エゾオオアカゲラ	札幌	1877 年 4 月 21 日	3640	16
2344	754	コアカゲラ	札幌	1877 年 4 月 29 日	3669	17
2765	755	コゲラ	札幌	1879 年 6 月 23 日	3667	18
1010	1052	ダイサギ	函館		4248	19
2255	1053	ダイサギ	函館	1877 年 5 月 2 日	39024	20
2521	1054	ダイサギ	函館	4 月	4247	21
1426	1059	サンカノゴイ	函館有川村	1874 年 4 月 6 日	4252	22
2904	1250	エゾオオアカゲラ	札幌	1882 年 6 月 2 日	3642	23
2887	188	エゾオオアカゲラ	札幌	1881 年 11 月 27 日	3644	24

た標本を手元に戻し，英国へ持ち帰っていることも確認される。ブラキストンが目指していたものは，学術上有益となるように標本を管理することであり，自身が帰国するにあたって保存管理上函館博物場よりも適当な機関への保存を意図したことは十分に考えられる。その際，函館博物場には当初の約束であった 1,314 点の標本だけは残し，それ以外を持ち帰ったものと推測される。ブラキストンと函館博物場との関係，ブラキストンが函館から持ち帰った標本については第 4 章で詳細に検討することとするが，このラベル 4 の存在によって，ブラキストンが最終的に函館に残した標本点数は 1,314 点であると考えられるのである。

なお，このラベル 4 が付属していたと考えられるものの，紐のみ残っている標本が 13 点ある。ラベル 4 の紐は特徴的なので，これらもブラキストン標本と位置づけることが可能だろう。また，ラベル 2・3 が付属するにもかかわらずラベル 4 が付属していない標本もある。これらの標本にもともとラベル 4 が付属していなかったとするならば，ブラキストンの寄贈した標本点数は 1,314 点を超えるのかもしれない。しかし，ブラキストンが帰国後も標本情報を利用するためにラベル 4 を付与していったことから，ブラキストンの標本にこのラベルが付属されないままであったとは考えられず，欠落したものと考えるべきである。この点については本章 3.11 で検討することとする。

3.4　ラベル 5

ラベル 5 は和紙を短冊状にしたラベルであり，431 点に付属している。しかし，和紙を用いているという理由だけでまとめてあり，その記載内容は多様である。

まず，第一のグループとして，ラベル 2・3 にみられた採集地・採集日・計測値などが記載されているものがある。これらの記載方法はラベル 2・3 と共通であり，採集段階で付与されたメモと考えてよいと思われる。第二のグループは和名が記されているもので，特徴として挙げられることは現在のところ見出せない(26)。第三のグループは「五拾号」などといった漢数字で記載されている分類番号である(写真 1-9)。この数字はブラキストン(Blakiston and Pryer 1880)の種番号と合致し，ブラキストンが製作にかかわったとされる標本棚の抽斗に貼り付けられているラベル(写真 1-10)の番号とも合致する。ラベル 2 よりも後に付与されたことがわかる[27]ため，開拓使への寄贈に際してブラキストンが整理のために付与したか，受け入れた博物場が収蔵のために付与したものと考えられるが，後者である可能性を次の標本が示唆する。ノスリ【4286】には「明治十九年二月，函館，勧業課長崎献」，オオバン【4161】には「十九年八月五日，亀田郡中川村，函館区地蔵町十四番地高島精一献，♀」と記された和紙のラベル(ラベル 5 に含まれる)が付属している。採集情報から，これらの標本がブラキストンの採集によるものではなく，函館博物場の収集標本であることは明らかであるが，後者には「百五拾壱号」

写真 1-9　クロジ【3389】付属のラベル 5。分類番号のあるタイプ「二百七拾四号」

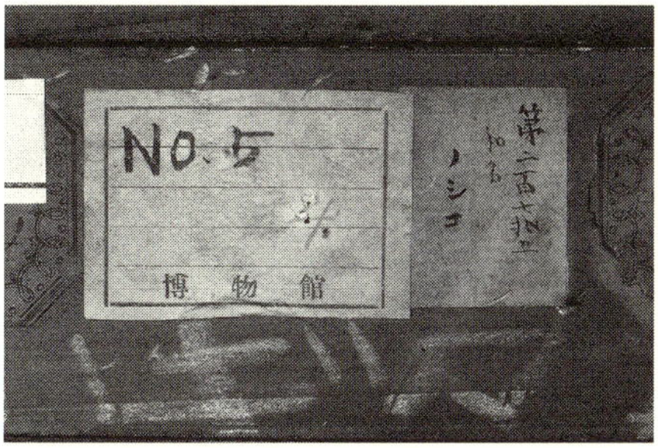

写真 1-10　標本棚に貼られているラベル。右：ラベル 5 分類に合致「第二百七拾五　和名　ノシコ」

と記されたもう1枚のラベル5が付属している。ここから，漢数字の分類番号の記載されたラベル5は，ブラキストンによって付与されたものではなく，1886(明治19)年以降に函館博物場あるいはその後の管理者によって，ブラキストンの分類体系を利用して整理するために利用されていたものであることが理解される。

第四のグループは，第三のグループと同じく漢数字が記載されているが，分類番号と合致しないものである。27点の標本にこのラベルが確認される。このラベルは，第2章で明らかとするブラキストンから開拓使東京出張所への標本貸し出しの際に利用されたラベルである。

以上の点から，ラベル2・3形式の採集データのあるものおよび標本貸し出しの際に利用されたラベルが付属するものはブラキストン標本として位置づけることは可能だが，和紙を利用したこのラベル群は分類が困難であり，扱いには留意しなければならない。

3.5　ラベル6

ラベル6(写真1-11)は札幌農学校所属博物館の名前が印刷されたラベルである。このラベルには管理番号が書き込まれており，その番号は『採集日記』の類別番号と合致している(表1-4)。『採集日記』の当該番号の「原由」欄には，「33.12.27　ブラキストン氏採集　函館中学校ヨリ保管転換」という記述があり，標本名および類別番号，一部に記載のある標本情報の合致から考えて，このラベルが付与されている標本は1900(明治33)年に函館中学校から移管された136点に含まれるものと考えて間違いない。「札中」，「北師」

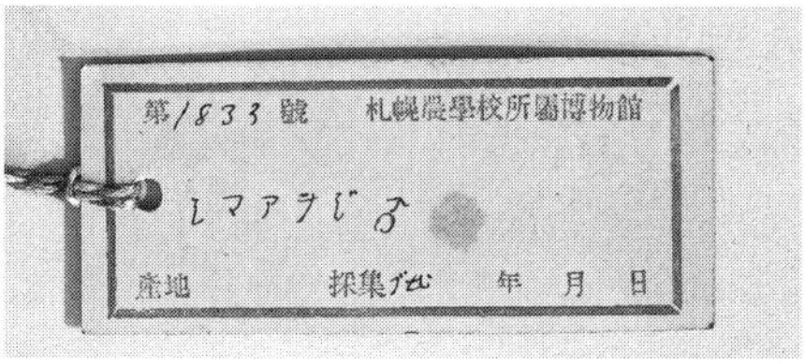

写真1-11　シマアオジ【3383】付属のラベル6

表1-4 『採集日記』記載のブラキストン標本と現存標本の比較

『採集日記』			北大植物園・博物館標本			
類別番号	標本名	採集地	標本番号	標本名	採集地	注
1802	アカハラ		3152	アカハラ	函館	
1803	ツグミ		3129	ツグミ	札幌	
1804	ツグミ		3120	ツグミ	札幌	
1805	ノゴマ	渡嶋国函館	3083	ノゴマ	函館	
1806	カワラヒワ	渡嶋国遊楽部	3078	カワガラス	遊楽部村	(1)
1807	ノビタキ	渡嶋国函館	3105	ノビタキ	函館	
1808	ノビタキ		3110	ノビタキ	登別	
1809	キビタキ	石狩国札幌	3310	キビタキ	札幌	
1810	サメビタキ	石狩	3297	サメビタキ	札幌	
1811	ヒヨドリ		3289	ヒヨドリ		
1812	コヨシキリ	石狩国札幌	3546	コヨシキリ	札幌	
1813	コヨシキリ	渡嶋国函館	3543	コヨシキリ	函館(函館港)	
1814	ビンズイ	石狩国札幌	該当なし			
1815	タヒバリ	石狩	3586	タヒバリ	札幌	
1816	タヒバリ	石狩	3568	タヒバリ	札幌	
1817	タヒバリ	石狩	3580	タヒバリ	札幌	
1818	タヒバリ	石狩	3573	タヒバリ	札幌	
1819	ヒガラ	渡嶋国函館	3200	ヒガラ	函館	
1820	コガラ	渡嶋	3241	コガラ	函館	
1821	シジュウカラ	石狩国札幌	3748	シジュウカラ	札幌	
1822	シジュウカラ	渡嶋国函館	3749	シジュウカラ	函館	
1823	ゴジュウカラ	石狩国札幌	3228	シロハラゴジュウカラ	札幌	
1824	ゴジュウカラ	石狩	3224	シロハラゴジュウカラ	札幌	
1825	シマエナガ雄	渡嶋国函館	3269	シマエナガ	函館(函館港)	
1826	ホオジロ雌	渡嶋	3498	ホオジロ	函館	
1827	ホオジロ	石狩国札幌	3489	ホオジロ	札幌	
1828	ホオアカ雄	石狩	3381	ホオアカ	札幌	
1829	ホオアカ雌		3366	ホオアカ	勇払	
1830	アオジ雌	石狩国札幌	3702	アオジ	札幌	
1831	アオジ雄		3714	アオジ	白老	

『採集日記』			北大植物園・博物館標本			
類別番号	標本名	採集地	標本番号	標本名	採集地	注
1832	オオジュリン		3497	オオジュリン	東京	
1833	シマアオジ雄		3383	シマアオジ	鵡川	
1834	カシラダカ		3519	カシラダカ	札幌	
1835	オオジュリン		該当なし			
1836	キセキレイ	石狩国札幌	3141	キセキレイ	札幌	
1837	ヤマセミ(カハテウ)	渡嶋国函館	3449	カワラヒワ	函館	(1)
1838	ウソ	渡嶋	3716	ウソ	函館	
1839	ウソ		3724	ウソ	東京	
1840	ベニマシコ	石狩国札幌	3206	ベニマシコ	札幌	
1841	ベニマシコ	石狩	3209	ベニマシコ	札幌	
1842	ハギマシコ	渡嶋国函館	3438	ハギマシコ	函館	
1843	ハギマシコ	渡嶋	3433	ハギマシコ	函館	
1844	ニュウナイスズメ	石狩国札幌	3416	ニュウナイスズメ	札幌	
1845	ニュウナイスズメ	石狩	3410	ニュウナイスズメ	札幌	
1846	アトリ	渡嶋国函館	3470	アトリ	函館	
1847	ムクドリ	石狩国札幌	3345	ムクドリ	札幌	
1848	ムクドリ	渡嶋国函館	3347	ムクドリ	函館	
1849	コムクドリ	石狩国札幌	3363	コムクドリ	札幌	
1850	コムクドリ		3352	コムクドリ	札幌	
1851	キレンジャク雄	石狩国札幌	3255	キレンジャク	札幌	
1852	キレンジャク		3253	キレンジャク	札幌	
1853	サンショウクイ		3294	サンショウクイ	東京	
1854	イワマキツバメ		3067	イワツバメ	函館	(2)
1855	ショウドウツバメ		3047	ショウドウツバメ	札幌	
1856	ヨシゴイ		4258	ヨシゴイ	函館	
1857	オオソリハシシギ		3840	オオソリハシシギ	勇払	
1858	オオソリハシシギ		3838	オオソリハシシギ	掛澗村	
1859	コシャクシギ		3896	コシャクシギ	勇払	
1860	ムナグロ		3782	ムナグロ	函館	
1861	ムナグロ		3911	ムナグロ	札幌	
1862	オジロシギ		3872	アオアシシギ	函館	

『採集日記』			北大植物園・博物館標本			
類別番号	標本名	採集地	標本番号	標本名	採集地	注
1863	イカルチドリ		3769	シロチドリ	函館(函館港)	(3)
1864	トウネン		3955	トウネン	浜中	
1865	キアシシギ		3917	キアシシギ	函館	
1866	キアシシギ		3915	キアシシギ	函館	
1867	イカルチドリ		3761	イカルチドリ	函館	
1868	イソシギ		3884	イソシギ	札幌	
1869	ウズラシギ		3791	ウズラシギ	根室国厚臼別	
1870	ヒバリシギ		3963	ヒバリシギ		
1871	ハマシギ		3810	ハマシギ	勇払郡鵡川	
1872	シギ sp.		3794	タシギ	漁	(4)
1873	シギ sp.		3799	タシギ		
1874	タシギ		3978	タカブシギ	函館	(3)
1875	タシギ		3975	タカブシギ	札幌	(3)
1876	オオジシギ		3985	オオジシギ	札幌	
1877	オオジシギ		3800	タシギ	函館	(5)
1878	カワセミ		3188	カワセミ	高島	
1879	カワセミ		3185	カワセミ	札幌	
1880	アカゲラ雄		3652	エゾアカゲラ	札幌	
1881	アカゲラ雌		3656	エゾアカゲラ	札幌	
1882	エゾオオアカゲラ雄		3638	エゾオオアカゲラ	函館	
1883	エゾオオアカゲラ雌		3643	エゾオオアカゲラ	札幌	
1884	ヤマゲラ雄		3676	ヤマゲラ	函館	
1885	ヤマゲラ雌		3674	ヤマゲラ	札幌	
1886	ヤマセミ雌		3028	ヤマセミ	札幌	
1887	アカショウビン雄		3183	アカショウビン	門別沙流	
1888	ヒクイナ		4185	ヒクイナ	函館(函館港)	
1889	クイナ		4171	クイナ	札幌	
1890	クイナ		4172	クイナ	札幌	
1891	ヨタカ		3173	ヨタカ	函館(函館港)	
1892	ハリオアマツバメ		3166	ハリオアマツバメ	勇払郡勇払村	
1893	ツツドリ雄		3615	ツツドリ	函館	

『採集日記』			北大植物園・博物館標本			
類別番号	標本名	採集地	標本番号	標本名	採集地	注
1894	ツツドリ雌		3613	ツツドリ	函館(函館港)	
1895	チゴハヤブサ		4278	チゴハヤブサ	佐留太	
1896	ミヤマカケス		3330	ミヤマカケス	附部山	
1897	クマゲラ雌	渡嶋国銭函	3036	クマゲラ	函館	
1898	ハシブトガラス雌		3040	ハシブトガラス	函館	
1899	ハシボソガラス雄	渡嶋国宿野辺	3759	ハシボソガラス	宿野辺	
1900	ハシボソガラス雌		3753	ハシボソガラス	小樽	
1901	ヤマセミ雄	石狩国札幌	3029	ヤマセミ	札幌	
1902	オオタカ雌	渡嶋国函館	4273	オオタカ	函館(函館港)	
1903	アカエリヒレアシシギ		3936	アカエリヒレアシシギ	函館(函館港)	
1904	ホウロクシギ		3887	ホウロクシギ	函館(函館港)	
1905	シラヒゲウミスズメ	千嶋国	4198	シラヒゲウミスズメ	千島	
1906	トキ		4240	トキ		
1907	ハヤブサ	渡嶋国函館	4271	ハヤブサ	函館	
1908	ミヤマカケス	石狩国札幌	3334	ミヤマカケス	札幌	
1909	アオバト		34403	アオバト	長崎	
1910	ウトウ		4232	ウトウ	函館	
1911	ケイマフリ雄		ウミガラス【4226】カ			
1912	ヒシクイ雌		4140	ヒシクイ	厚臼別	
1913	オオハム雌		4144	シロエリオオハム	函館(函館港)	
1914	アビ？雌		4123	アビ	函館	
1915	ヒメウ		4105	ヒメウ		
1916	ヒドリガモ雄		4318	ヒドリガモ	函館	
1917	ヒドリガモ雌		4324	ヒドリガモ		
1918	ハシビロガモ雄		4064	ハシビロガモ	函館	
1919	オナガガモ		4334	オナガガモ	青森	
1920	ホシハジロ雄		4090	キンクロハジロ	函館	(6)
1921	ビロードキンクロ雄		46166	ビロードキンクロ脚部	青森	
1922	ビロードキンクロ雌		4091	ビロードキンクロ	函館	
1923	クロガモ？雌		4114	コクガン	函館(函館港)	(3)
1924	カルガモ雄		4036	カルガモ	函館	

『採集日記』			北大植物園・博物館標本			
類別番号	標本名	採集地	標本番号	標本名	採集地	注
1925	オシドリ雄		4327	オシドリ	函館(函館港)	
1926	オシドリ雌		4329	オシドリ	函館	
1927	カワアイサ		4100	ウミアイサ	後別村	(3)
1928	ミコアイサ		4087	ミコアイサ		
1929	コガモ		4342	コガモ	函館	
1930	トモエガモ雄		4034	トモエガモ	東京	
1931	シジュウカラガン		4118	シジュウカラガン	函館	
1932	ウミネコ		4000	ウミネコ	函館	
1933	ユリカモメ雌		3987	ユリカモメ	函館	
1934	ウミガラス		4214	ウミガラス	千島ウルップ	
1935	ダイサギ		4247	ダイサギ	函館	
1936	ウミスズメ雄		4212	ウミスズメ	千島占守	
1937	スズメ		3396	スズメ	函館	

「類別番号」は『採集日記』の管理番号，北大植物園・博物館標本はこの類別番号に対応するラベル6を持つ標本である。

(1)本文参照。
(2)ラベル6に「イワマキツバメ」とあり。
(3)同定誤りか。
(4)ラベル6に類別番号なし。
(5)過去にジシギとして登録されていたものを再同定した。
(6)過去にホシハジロとして登録されていたものを再同定した。

なお，『採集日記』の採集地欄の情報について触れておく。前行に「石狩国札幌」「渡島国函館」とあるものに対して，次行で「〃」とあるものは「石狩」「渡島」としてある。この表をみる限り「〃」が示すものは国名だけではないようである。しかし，意図的に国名および町村名が同じであることを示す「〃　〃」という記述がなされている部分もあり，ここでは国名のみの記述としてある。

の記載を持つ標本にはこのラベルが付属しておらず，その裏付けとなろう。

現存する標本のうち，このラベル6が付属し，かつ『採集日記』の類別番号と合致する番号を持つものは表1-4にみる133点(ラベルに番号記載のないタシギ【3794】を含む)である。ラベル6が外れた状態で標本群に含まれている可能性もあるが，現在登録されている標本の中に可能性のあるものはなく，移管された時点から3点減少していることになる(28)。なお，問題になるものについて検討しておくと，『採集日記』類別番号「1806」のカワラヒワと同じ番号をラベル6に持つ標本はカワガラス【3078】である。『採集日記』のカワラヒワには「渡嶋国遊楽部」という採集地情報がある。一方カワガラス【3078】も同じく「遊楽部」の採集地情報を持つので，『採集日記』の標本名誤記と考えられる。『採集日記』類別番号「1837」は「カハテウ(ヤマセミの異名)」であるが，該当するラベル番号を持つ標本はカワラヒワ【3449】である。これも同じ採集地情報を持つことから，「カワ(カハ)」で始まる鳥名を誤って記載したと考えたい。その他は同定の誤りや見解の相違の範囲に含むことができるだろう。

このラベル6は札幌農学校所属博物館のラベルであり，ブラキストン標本のみに付与されているわけではない。従来ブラキストン標本とみなされてきた標本のうち，この133点以外にラベル6が付属している10点について検討し，ブラキストン標本であるかどうかを確認しなければならない。

・ショウドウツバメ【3051】

この標本のラベル6には「スナムグリ」と記載されており，裏面に「1812」という番号が記されている。この番号は裏面に記されていること，すでに該当する標本が存在することから，『採集日記』の類別番号と考えることはできない。おそらく，番号が付けられないまま保管されていた標本に，後になって番号が付与されたものだろう(29)。この標本にはラベル2・4が付属していることから，この標本そのものがブラキストン標本の1点であることは間違いないが，『採集日記』に記載される1900(明治33)年移管の標本に含まれるものではない。

・ヨタカ【3178】

この標本のラベル6には「1733，ヨタカ，石狩札幌，講，33年9月23日」と記されており，ブラキストン標本を記載日に購入した可能性もないわけではない。しかし，『採集日記』の1733番ヨタカの記載をみると，「33年12月15日受入」とあり，その前後に記載されている標本とともに受け入れられたことが理解されることから，ラベル記載の日時は採集日とみるべきであろう。この標本にはラベル2・3・4は付属しておらず，ブラキストン標本と考えることはできない。

・キレンジャク【3251】

この標本のラベル６には「1708，キレンヂャク，♀，後志ヲタルナイ，村田，33年４月26日」と記されており，札幌農学校時代の博物館スタッフであり，かつ『採集日記』の記者と考えられる村田庄次郎(荘次郎)の採集によるものと考えられる。『採集日記』の当該番号は採集地「後志国小樽内川村」とあるのみで，標本名などの記載はない。これにもラベル２・３・４は付属しておらず，ブラキストン標本と考えることはできない。

・メボソムシクイ【3550】

この標本のラベル６には「1583，メボソ，♂，札幌，村田，31年９月29日」と記載がある。『採集日記』の当該番号では「30年９月29日」とあり混乱がみられるが，『採集日記』のこの前頁は明治31(1898)年の記載が主なものであり，次の頁は30年から32年へと年次が急に変わっている。『採集日記』にはこの他にも年次に不審な点が数多くあり，年次についてはラベルの記載を信用すべきと考える。いずれにせよ採集者は村田であり，ブラキストン標本と考えることはできない。これもラベル２・３・４は付属していない。

・ヒバリ【3630】

この標本のラベル６には「1706，ヒバリ，♂，後志ヲタルナイ，村田，33年４月26日」と記載がある。先にみたキレンジャクと同様『採集日記』の標本名は空白となっているが，採集地は合致する。村田採集であると同時にラベル２・３・４は付属しておらず，ブラキストン標本と考えることはできない。

・エゾアカゲラ【3649】

この標本のラベル６には「1711，アカケラ，♂，石狩厚別，村田，33年４月27日」と記載がある。『採集日記』の標本名欄は空白となっているが，採集地は「石狩国厚別村」とあり，データは合致する。村田採集であり，ラベル２・３・４も付属せずブラキストン標本とは考えられない。

・アリスイ【3661】

この標本のラベル６には「1567，アリスイ，♂，札幌，村田，31年５月４

日(26日を修正してある)」と記載がある。『採集日記』の当該番号の記載と合致し，村田採集であることは間違いない。これにもラベル2・3・4は付属していない。

・ウミネコ【3996】

この標本のラベル6には「1660，ウミネコ，銭函村，32年9月15日」とあり『採集日記』では「購入資料」となっている。ラベル2・3・4も付属しておらず，ブラキストン標本とみなすことはできない。

・ホオジロガモ【4078】

この標本にはラベル6は付属しているが，記載はまったくない。ラベル2・4は付属しておりブラキストン標本と考えられるが，『採集日記』に記載された標本群とは別のルートを経由したものと思われる。

・カイツブリ【4127】

この標本のラベル6には「1797，カイツムリ，小樽内川，33年9月」とあり，『採集日記』の当該番号をみると，採集年次は記載されていないが，「34年10月」に受け入れられたことがわかり，ラベル6の記載年次は採集日であると考えられる。この標本にはラベル2・3・4は付属しておらず，ブラキストン標本と考えることはできない。

以上，ラベル6付属の標本のうち，『採集日記』記載のブラキストン採集標本に含まれないものを検討してきたが，ショウドウツバメ【3051】，ホオジロガモ【4078】の2点を除く8点はブラキストン標本ではないことがわかった。それでは，なぜこの8点がブラキストン標本に含まれているのだろうか。その理由は，多くのブラキストン標本に付属するラベル7がこれらの標本に付属していること，それに押されている「ブラキストン標本」の印(写真1-12)によるものと考えられる。この特徴は本章3.4でブラキストン標本から除外されるとみなしたノスリ【4286】，オオバン【4186】にもいえることである。次にそのラベル7について検討する。

3.6　ラベル7

ラベル7(写真1-13)はブラキストン標本として管理されてきた1,348点中

写真 1-12　「ブラキストン標本」印

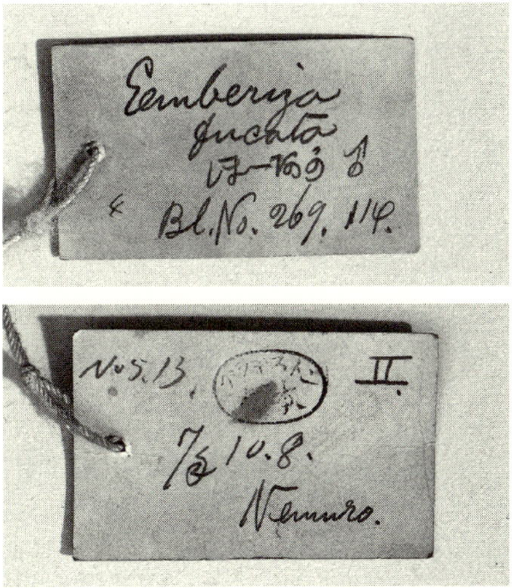

写真 1-13　(上)ホオアカ【3369】, (下)クロジ【3389】付属のラベル 7

1,027点に付属している。記載事項は学名，和名，採集日，採集地，「Bl. No.」という種ごとの分類番号である(30)。このラベルは「ブラキストンのラベル」(31)，「ブラキストン自筆のラベル」(32)と呼ばれるラベルであり，ブラキストン標本としての指標とみなされてきたようである。しかし，上述したように，このラベルはブラキストン採集でないことが明らかな標本にも付属しており，その扱いには慎重にならねばならない。以下，このラベルの有する特徴を検討し，付与した人物，付与された時期を明らかとしたい。

ラベルの付属状況について検討してみると，このラベル 7 の付属状況にはある特徴がある。第一に，先にみたラベル 6 の付属する標本のうち，『採集日記』に合致する 133 点にはラベル 7 は付属していない。第二に，「札中」および「北師」という記載は，ラベル 2・3・4 か，分類できないラベルにあるが，これらの記載のある標本にはラベル 7 は付属していない。ここから，ラベル 7 の付属している標本は，函館中学校に保管されていた標本のうち，1908(明治 41)年に札幌博物館に移管された標本群であると判断してよかろう。しかし，函館中学校から移管された標本数は谷津(1908)の記載から 989 点であると考えられるのに対し，このラベルは 1,027 点に付属しており，38 点増加している。これまでの検討からもわかるように，札幌農学校所属博物館のスタッフによって採集された標本にもラベル 7 は付与されており，移管されてから誤って付与されたことが予想される。

次に，ラベルに記載されている内容から検討してみたい。「Bl.No.」として記載されている分類番号を例示すると，エゾライチョウ【4153】には「Bl. No.155.380」とある。ガンカモ類を中心として後半の分類番号が記載されていないものも存在するが，大部分は上記のようなものである。この意味するところは，「Bl.」は当然のことながら，ブラキストンを示すものであり，次の数字はブラキストンの目録(Blakiston and Pryer 1880)にみる分類番号である。一方，ピリオド以降の数字はシーボームの著書(Seebohm 1890)の分類番号であることがわかった。この分類番号からは次のように判断されよう。「Bl.」と記載する以上，このラベルの作成者はブラキストン以外の存在で，ブラキストンの分類について知識を有している存在であり，かつシーボームの分類にも通じている存在である。また，いうまでもなくシーボームの著書の刊行年次である 1890(明治 23)年以降に利用されたラベルである。八田三郎・村田庄次郎の編纂した「北海道産鳥類目録」(八田・村田 1906)が，シーボームおよび飯嶋魁の目録(飯島 1891)の配列に従って記載されていることから，このラベルは八田・村田の分類基準に則して作成されたものと考えてよかろう。

さて，このラベルが八田・村田によって作成されたものであれば，他の記載内容についても彼らの基準が確認できるはずである。ラベル 7 に記載されている学名は，犬飼らの目録(Yamashina et al. 1932)において「Specific Names Adopted by Blakiston」として掲載されているものに合致し，犬飼らはこのラベル7の学名をブラキストンによるものと考えたようである。ラベル7とブラキストンの利用した学名，シーボームの利用した学名を比較してみよう。アカハラでみると，ラベル7では「*Merula chrysolaus*」，ブラキストンでは「*Turdus chrysolaus*」，シーボームでは「*Merula chrysolaus*」であり，イソシギでみるとラベル7では「*Totanus hypaleucus*」，ブラキストンでは「*Tringoides hypoleucus*」，シーボームでは「*Totanus hypaleucus*」であるように，一貫してシーボームの学名に従っていることがわかる。ここからも，このラベル7はブラキストンによって付与されたものではなく，八田・村田らによって付与されたものであるとみなしうる。

ラベルが付与された時期としては函館中学校から札幌博物館に最終的に移管されたのは1908(明治41)年10月であり，博物館所蔵標本が混入していることから考えればこれ以降の付与になるとみなしてよい。「札中」，「北師」および1900年の函館中学校からの移管標本に付属していないことから，それらと統合されて保管される前に付与されたものであり，1908年に標本棚ごと移管された後，他のグループと統合される前にいくばくかの標本が標本棚の中に混入し，それらにもあわせてラベル7が付与されたのだろう。

以上の検討から，犬飼らは，八田・村田によって付与されたラベル7をブラキストンの付与したラベルであると誤認し，そのラベルの付属によってブラキストン標本の選別を実施したことはまず間違いない。犬飼が目録に利用した標本写真(第3章写真3-11)でもこのラベル7がめだつように撮影されているし，犬飼の教示によって報告をまとめた高倉ら(1986)もこのラベル7をブラキストンのラベルとしている。しかし，このラベルはブラキストンによって付与されたものではなく，このラベルの付属のみをもってブラキストン標本であると判断してはならない。また，このラベルに記載されている採集日および採集地情報は，ブラキストンを中心とした採集者グループによって付与されたと考えられるラベル2・3と齟齬している事例が看過できないほど多くみられることに留意しなければならない(付表3参照)。単純な誤写にとどまらず，採集地がまったく異なる例，ラベル2・3にない情報が加えられた例などがある。八田・村田がいかなる理由からこのような情報を書き加えたのか不明である(33)以上，信頼されるべきはラベル2・3の記載情報であるが，犬飼がこのラベル7をブラキストン自筆ととらえたため，1932(昭和7)年の目録や博物館の標本台帳もほぼこのラベル7の情報に基づいて管理されてきており，情報の混乱を引き起こしている(34)。

3.7　ラベル8

ラベル8(写真1-14)は235点の標本に付属しており，記載事項は学名と和名である。傾向としては，標本群に満遍なく付与されているわけではなく，特定の種について分類するために付与したもののようである。このラベルは他の収蔵標本にはみられず，作成者についても不明であるが，付与された時期を示す記載がある。ワシカモメ【4006】には「*Larus glaucescens* Naumann, ワシカモメ」とあり，裏面に「*Larus avegae* に非ずや(Y.Y)」とある。この裏面の記載は山階芳麿のものであり，山階が博物館標本を調査した1930年代に記載されたものであろう。この点からすれば，このラベル8はそれ以前に付与されたものとなる。

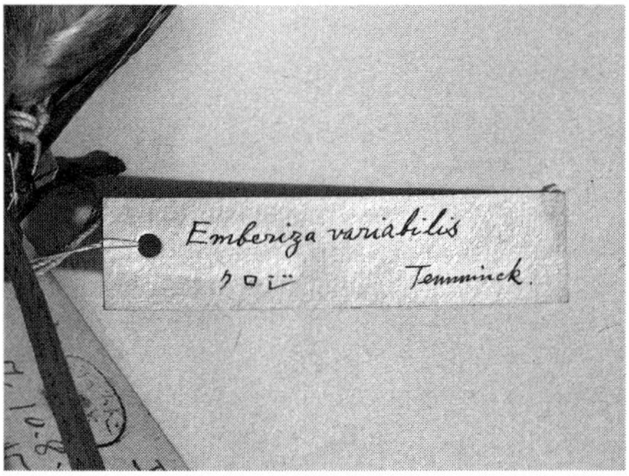

写真1-14　クロジ【3389】付属のラベル8

3.8　ラベル9

ラベル9(写真1-15)は，39点の標本に付属する金属のラベルであり，番号が彫り込まれている。このラベルだけでは何らの情報も得ることができないが，スタイネガーの報告から次のことがわかる。

ラベル4の検討時に用いた表1-3のID 13に，Blakiston's No.「754」，Hakodadi Museum No.「748」のエゾオオアカゲラ(函館，1861年10月21日採集)が掲載されている。現存する標本でこれに該当するものは，ラベル4(＝Hakodadi Museum No.)に「748」を持つエゾオオアカゲラ【3638】である。Blakiston's No.がラベル2・3に記載されている管理番号に合致することはすでにみた通りであるが，現存するラベル2は「1001」から始まっており，それ以前のBlakiston's No.を持つこの標本には，ラベル2・3は付属していない。この標本には採集情報が記載されている分類できないラベルが付属しており，スタイネガーの記載情報と情報は合致する。ここでこの標本に付属するラベル9をみると「757」と刻印されている。スタイネガーにみる「754」とは異なるものの，このラベル9がラベル2の使用以前に用いられた番号を管理するラベルであった可能性を示唆する。そこで，スタイネガーの報告で1000未満のBlakiston's No.を持つ標本を探せば，ゴジュウカラの項に，「Blakiston's No.755，雄，函館，1861年10月20日採集(Stejneger 1886b)」という標本の存在が確認できる。ラベル9に「755」を持つ標本を

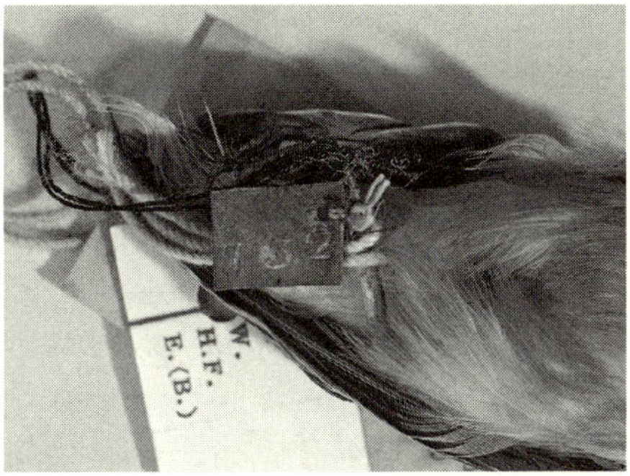

写真1-15　キセキレイ【3139】付属のラベル9。「732」の刻印がある。

検索すると，ゴジュウカラ【3226】を見出すことができる。これには採集情報がまったくなく，ラベル 2・3 も付属していないが種は合致する。また，第 2 章で確認するブラキストンの標本リストの中にも「766」という番号を持つジョウビタキが存在していたことが知られる。表 1-5 掲載のラベル 9 付属標本の中に，「766」を持つジョウビタキ【3088】が確認されることから，先にみたエゾオオアカゲラの番号をスタイネガーの誤記とし，このラベル 9 は，ラベル 2 使用以前のブラキストン管理番号のラベルであると考えることができる。なお，ラベル 9 付属標本の採集日の 1861(文久 1)年は，ブラキストンが来日する前のことであるが，広東守備隊在任中のこの時期，ブラキストンは避暑のため函館を訪れている。ラベル 9 付属標本群は，函館に居を定める前の一時訪問の際に採集された標本である可能性が高い。

ラベル 9 が付属する 39 点の標本の中で，ウソ【3722】(函館，採集日不明)にのみ，「1055」の番号を持つラベル 2 に類似したラベルが付属しているのが若干問題となる。このラベルは，管理番号が付与されているためにラベル 2 として分類しているが，裏面にはブラキストンとの共同経営者のマル「Marr」の飾り文字がわずかに確認されるラベルで，番号記載がなければ分類できないラベルとして扱われるものである。ラベル 9 付属の標本のうち，採集地情報が判明するものは，これらの分類できないラベルが付属していることで情報が得られるので，「1055」の番号記載がなければ他の標本と扱いは変わることがない。ブラキストン・マル商会が設立されたのは 1867(慶応 3)年のことで，このラベルはそれ以降の利用になると考えられるので，このウソ【3722】が他のラベル 9 付属標本と同じように 1861 年頃の採集によるものであれば，1867 年以降に標本情報を改めて書き込んだ際に「1055」の番号を誤って記載したものであろうし，1867 年以降の採集であるとすれば，ラベル 9 が誤って付属したものと考えられる。

3.9 その他のラベル

以上，ブラキストン標本群に付属するラベルのうち，相当数が付属しており分類可能なものについて考察を進めてきたが，その他にも多様なラベルが

表1-5　ラベル9が付属する現存標本

ラベル9番号	標本番号	標本名	採集地	ラベル4
701	3483	ホオジロ	函館	703
702	3430	ニュウナイスズメ		574
703	3097	ノビタキ		257
704	3425	ニュウナイスズメ		568
713	3068	イワツバメ	函館	110
717	4168	ヒクイナ		1074
721	3376	ホオアカ	函館	657
722	3501	オオジュリン	函館	658
726	3651	エゾアカゲラ	函館	なし
728	3764	コチドリ	函館	831
729	3951	トウネン		1014
732	3139	キセキレイ		なし
733	3192	カワセミ		151
735	4192	ヒクイナ		1075
738	3668	コゲラ		756
742	3939	クサシギ		848
743	4153	エゾライチョウ	函館	793
745	3780	ムナグロ		820
747	3304	キビタキ		449
749	3339	ホシガラス	函館	480
750	4128	カイツブリ		1097
751	3678	ヤマゲラ	函館	761
752	3822	ハマシギ		979
753	3830	ハマシギ		980
754	3249	コガラ		282
755	3226	ゴジュウカラ		167
757	3638	エゾオオアカゲラ	函館	748
759	3474	マヒワ		519
760	3475	マヒワ		520
761	3033	クマゲラ	函館	758
764	3627	ヒバリ	函館	726
766	3088	ジョウビタキ		238
768	3213	ベニマシコ		626
769	3112	ルリビタキ		245
770	3117	ツグミ		345
772	3725	ウソ		610
773	3722	ウソ	函館	611
774	3286	ヒヨドリ		401

付属している。

ラベルの様式はラベル2・3とまったく異なるものの，採集記録の記載内容は同様のラベル(ラベル9付属標本についているものなど)や，プライヤーから送られてきた資料であることを示すラベルがあり，これらについてはブラキストン標本としての指標とみなしうる。これらのラベルが付属する標本にはすべてラベル4やラベル9が付属しており，情報を失わないため，あるいはラベル9のように情報を記入できないラベルを利用していた時期に補助的に用いられたものと考えられる。

次に，明治末から昭和初期頃に北大植物園・博物館で利用されていたと考えられるラベル(35)(写真1-16)の付属する標本のうち，ウミバト【4226】の当該ラベルには「1911」という数字が記載されている。この番号は，ラベル6の検討の際にみた，『採集日記』の類別番号と同じものと考えられ(36)，ラベル6が破損した，あるいは種同定を改めて実施し，ケイマフリからウミバトへと修正した上でラベルを付け替えたものではないだろうか。この標本にはラベル2，ラベル4，「Shimsir，aug，♂」と記載された分類できないラベル(37)がついており，逆にラベル7は付属しておらず，ラベル6が変更されていること以外には『採集日記』から確認できるラベル6付属標本と異なる点はない。

このラベルは他に12点の標本に付属している。他のラベルの付属状況から分類すると，①ラベル2が付属しているものが6点(38)，②分類できない

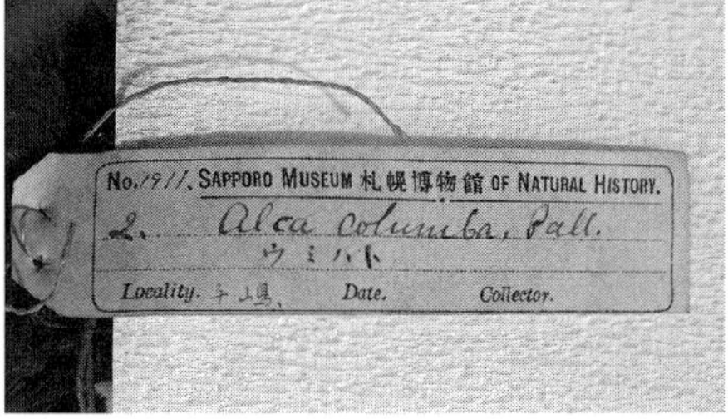

写真1-16　ウミバト【4226】付属の「札幌博物館」ラベル

ラベルでラベル2様式を持ち，かつラベル9が付属しているものが1点，③分類できないラベルに「北師」の記載のあるものが1点，④ラベル4は付属しているものの，ラベル2・3およびそれに類するものを持たないものが1点，⑤ラベル7のみ付属しているものが1点，⑥他のラベルが付属せず，「例外番号1，ブラキストン標本」という記載があるものが1点と，⑦他のラベルが付属せず，かつ記載のないものが1点になる。

①，②に含まれる7点はこれまでの検討からブラキストン標本とみなしてよいだろう。①のうち，コシジロウミツバメ【3633】付属のこのラベルには「目録番号178，名取」と記載されており，1932(昭和7)年の目録発行時に補助的につけられたものと考えられる。②に含まれるエゾアカゲラ【3651】は，ラベル9の考察ですでにみたように，ブラキストン標本として位置づけられる。

③に含まれるウミスズメ【4227】に付属するラベルは，ノート片に「9.29うみすずめ，北師」と記載がされているのみで，ブラキストン由来のラベルや情報はまったく残されていない。北海道師範学校に保管される以前，あるいは保管中に混入した可能性もあり，他の「北師」の記載のある標本群に比べればその裏付けは乏しい。

④に分類されるものは，センダイムシクイ【3549】である。ラベル4に「233」という記載があり，ラベル7が付属しているが，他のラベルは付属していない。ラベル4が付属することと，他のセンダイムシクイ標本が220から230番台に集中していることからブラキストン標本であるとみなしうる。

⑤に分類されるウトウ【4229】にはブラキストン由来と考えられるようなラベルはまったく付属しておらず，また，本剝製でもある。ブラキストンの寄贈した標本は仮剝製といわれており(39)，ブラキストン標本と考えることは難しい。

⑥はエゾフクロウ【3010】である。ラベル1とこのラベル以外にラベルは付属しておらず，判断材料がない。従来ブラキストンの製作した剝製は腹部を縫合していないといわれている(40)が，この標本は腹部を縫合してある。しかし，この条件は必ずしもすべての標本にいえることではない。ラベルに明

確にブラキストン標本と記載してはあるが，留保せざるを得ない。

⑦に分類されるものはオオセグロカモメ【4019】である。これも腹部を縫合してあり，他に判断材料もない。⑥にみられたような「ブラキストン標本」としての記載もなく，ブラキストン標本と考えることは難しい。

このラベルは1930年代に利用されたものであり，この時代にはすでに相当数の標本の混入がみられる以上，このラベルの付属のみをもってブラキストン標本とみなすことはできない。

この他に，ラベル6とほぼ同様の形態で，枠線のないラベル(写真1-17)がある。このラベルは23点に付属している。このラベルは北大植物園・博物館所蔵の民族資料などにも付属しており，1900(明治33)年頃に利用され始めたラベル6の前身となるラベルである[41]。この23点には，ブラキストン標本であることを示すラベル2・3・4あるいはそれに類するものは付属しておらず，ラベル7もしくはラベル8が付属しているのみである。採集年代は1880年から1897年の間で，ほとんどがブラキストンの採集にかかわる年代のものではなく，混入されたものと推測される。ブラキストン帰国後の採集情報を持つものは，ヤマセミ【3031】，ハシブトガラス【3041】，ショウドウツバメ【3055】，カワガラス【3076】，ルリビタキ【3114】，ツグミ【3118】，キセキレイ【3137】，セグロセキレイ【3146】，カワセミ【3195】，モズ【3264】，ヒヨドリ【3288】，トラツグミ【3314】，マヒワ【3473】，カッコウ【3682】，マガモ

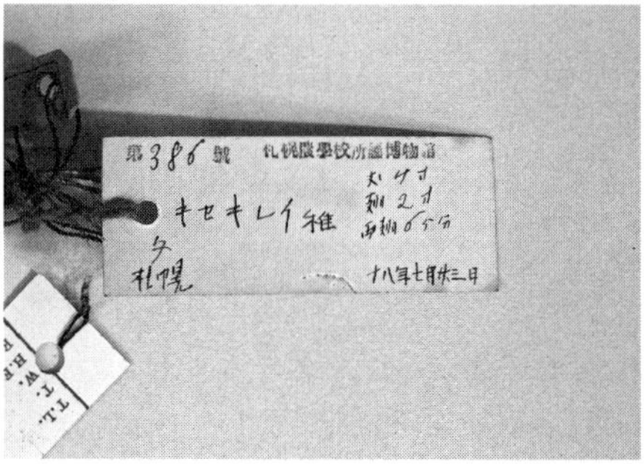

写真1-17　キセキレイ【3137】に付属するラベル6の前身ラベル

【4057】，エゾライチョウ【4154】，ヨシゴイ【4259】，カシラダカ【8182】の18点である。

このラベル付属の標本のうち，採集年次から検討する余地のありそうなものを提示すると，ビンズイ【3575】(1882年10月1日，札幌採集)は，ブラキストンの採集標本の可能性がある。ここで，ラベル6の前身にあたるラベルに記載されている番号「112」に注目してみたい。『採集日記』は1886(明治19)年から記述が始まり，鳥類の類別番号も「501」から始まっているため，このビンズイの記述を確認することはできない。北大植物園・博物館に保管されている，明治末に鳥類標本整理のために作成されたと考えられるカード[42]を確認すると，「びんずい♂，石狩札幌，15年10月1日，112，XXXIV/2-28返」というカードを見出すことができる。このカードには，ブラキストン標本とされるものが133[43]枚あり，それらに記載されている番号は『採集日記』の番号と合致するが，このカードはそれに含まれない。ツツドリ【3621】は採集日が「27-8-10」とあり，明治10(1877)年採集の可能性を残すが，ラベル記載の「1277」に該当するカードから「(明治)27年8月10日」採集であることは明らかであり，また上述ビンズイと同じように「XXXIV/2-28返」とある。ヒクイナ【4169】は，このラベルに「676」の番号記載がある。カードの「676」ヒクイナには採集日情報がないので，採集年次から判断することはできないが，これも『採集日記』やカードのブラキストン標本には含まれない。また，これまでにみたカードと同じく「XXXIV/2-28返」の記述がある。ハイタカ【4262】は1881(明治14)年9月採集であり，ブラキストンの採集時期と重なるが，これにもカードと合致する「12」の番号があり，ブラキストン標本には含まれない。これにも「XXXIV/2-28返」の記載がある。ブラキストン標本が札幌農学校所属博物館に移管されたのは，1900年末で，その点数は『採集日記』から確認できる範囲では136点であり，133点はすでに確認されている。一方，カードに「XXXIV/2-28返」の記載のある標本はここに挙げたものを含め30点近く存在するが，これらに対してはブラキストン標本としての扱いにはなっていない。ブラキストン標本が移管された直後にどこからか返却された標本の一部が，ブラキストン標本の中に混入したものと考えられ，これらをブラキストン標本と位置づけるのは妥当ではない。

タシギ【3795】は，このラベルに「266，山越内，14年9月」とある。これもカードで確認することができるが，これには返却されたという記載はない。しかし，ブラキストン標本との記載もないため，もともと札幌農学校の博物館に保管されていたものが混入したのであろう。これについてもブラキストン標本として位置づけることはできない。

3.10　共通の記載など

ここではラベルの様式に関係なく，記載されている事項について簡単に触れておく。

既述したように「札中」，「北師」という記載(写真1-18)はラベル2・3・4および分類できないラベルにあり，記載方法からみて同時に実施されたものと推測される。

八田三郎が作成した[44]という「ブラキストン標本」印(写真1-12)はラベル2・3・4・6・7および分類できないラベルに押されている。ラベル7に押されていることから，1908(明治41)年以降に押されたものと考えられるが，ブラキストン標本と考えることができないものにも押されており，その扱いには注意する必要がある。

この他に，「No.5-1」というような鉛筆書きの記載がある。ラベル7が付

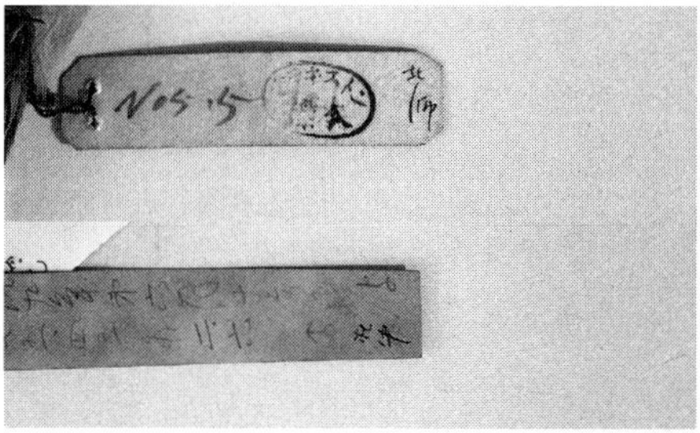

写真1-18　上：「北師」，下：「札中」

属しているものにはそこに記入されているが，付属していない場合はラベル2・3やラベル4・6に記入されており，ラベル7が付与され，他の標本群と統一されてから書き込まれたものである。これは，標本の所在を示す情報であると考えられる。

3.11　目録作成時に利用したカード

ここでは，標本に付属するラベルとは直接関係はないものの，1932(昭和7)年の目録作成時に利用されたと考えられるカードについて触れておきたい。このカードは，博物館に保管されていた1,339枚で，写真1-19にみるように「番号」,「Bl.No.」,「品名」,「産地」,「採集年月」,「所在」の各項目からなり，最下段に計測値が記載されている。標本とカードを照合するための鍵となるものは「番号」欄に記載された数字である。1,339枚のうち1,230枚ほどに番号が記載され，残りは番号の記載のないもの，(1)，(1539)などといった記載が欄外に記載されているものである。欄内に記載されている番号は，ラベル4の番号に合致し，欄外に記載されている番号は，ラベル2・3の番号や，その他のラベルに付属する番号が代用されている。既述したように，犬飼らの目録(1932)はラベル7の情報を基準としており，このカードの産地，採集年月の情報はラベル7のものが記載されている場合が多いので，これをそのまま信頼することはできないし，明らかな混入標本もこのカードには含まれていることから，目録と同じくこれを無批判に利用することは避

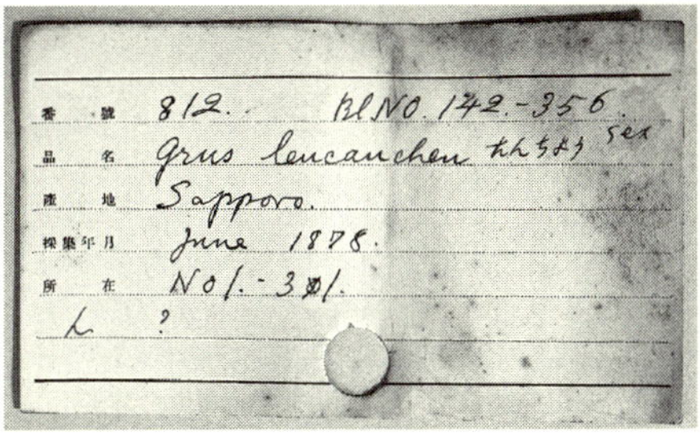

写真1-19　目録カード

けるべきものである。しかし，このカードには目録にはない有利な点がある。目録は個別の標本の情報を提示せず，種別の点数，採集地，採集年代をまとめて記載しているのに対し，カードには個別の標本情報が記載されていることで，現在知ることのできない情報を得ることができる場合がある。

第一に，このカードの番号である。この番号は標本に付属するラベル4のものであることはすでに述べたが，このカードは1932(昭和7)年当時のラベル状況を示す。以下の表にみるように，ラベル4の紐のみが残っている標本や紐すら残っていない標本に，1932年段階でラベル4が付属していたことが理解される(表1-6)。ラベル2が付属するものの採集日や計測値の記載がないため，完全に合致するとは言い切れないカード「710」ホオジロとホオジロ【3486】，カード「1241」ウガラスとウガラス【4108】，ラベル7の情報に依拠せざるを得ないカード「1214」シノリガモとシノリガモ【4031】，カード「1274」コシジロウミツバメとコシジロウミツバメ【3634】は検討を要するが，それ以外の標本については1932年段階でラベル4が付属していたとみてよかろう。逆に，カードは存在するが現存標本には該当するものがない場合も見受けられる。これらは情報が失われた状態で保管されているか，散逸した可能性が考えられる。

一方，ラベル2・3・4が付属するブラキストンの標本であるにもかかわらず，このカードの中に確認できない標本もある。カードが失われた可能性もあるが，現在の標本番号で9000番台に登録されている6点すべてがこのカードに確認することができない(ラベル4が紐のみ残るイソヒヨドリ【9016】は番号が確認できないが，該当する可能性のあるカードはない)。この6点にはラベル7が付属しており，1908(明治41)年に函館中学校から移管されたものと推測されるが，ブラキストン標本の多くが現在3000から4000番台の登録番号となっているのに対し，これらの番号が離れていること，カードだけでなく，目録にも含まれていないと考えられることからすれば，1932年の段階でこれらがどこかに紛れ込み，目録作成にあたって利用されないまま保管され，後に発見，追加登録されたことが推定できる。

第二に，記載されている産地，採集年月および計測値の情報である。カードの情報はラベル7の記載に基づいており必ずしも信頼できるものではないが，ラベル7が付属しないものやラベル7にこれらの情報が記載されていない場合には，カードの情報はラベル2・3の記載に依拠している。これらの情報を精査することで，現在失われた標本情報を，確実なものとまではいえないものの，補足することができる場合がある。例を挙げよう。タンチョウ【4021】は，ラベル4に「812」という番号が記載されているが，ラベル2は紐のみ残り，採集情報を確認することができない。一方，ラベル7にも産地・採集日情報は記載されておらず，現状ではまったく採集情報のない標本である。しかし，番号欄に「812」の記載のあるカード(写真1-19)を確認すると，そこには産地「札幌」，採集年月「June 1878」というタンチョウの情報があるのである。この情報が，欠落したラベル2に記載されていたものか，他のラベル7と同じように，本来ラベル2・3に記載されていない情報が何らかの形で記載されたものか，にわかには判断しがたいが，このタンチョウが札幌産である可能性が示唆される。

この他に，オグロシギ【3898】はラベル2・3が付属せず，ラベル4に「915」の記載を持つ。採集情報は，ラベル7にみる「Yubutsu，74.9.30」という情報のみで，参考情報扱いになる。しかし，カードの「915」をみると，「Yubutsu gun　測量場，1874年9月30日，L 14.5×8.1」という記載がある。ラベル7の記載を無批判に信頼することはできないが，ラベル7に記載のない計測値と「測量場」という記載は，カード作成時にこの情報を持つラベルが付属していた可能性を示唆する。特に，計測値はラベル2・3にみられるもので，ブラキストンのラベルが付属していた可能性を高めるものである。また，アホウドリ【4046】にはラベル2・3は付属せず，ラベル4に「1282」の記載がある。採集情報はラベル7の「10.6.18，函館」となり，これも参考情報扱いである。カードの「1282」をみると「函館，1877年6月18日」の情報に加えて，計測値「L 37・0×22・1」の記載がある。このアホウドリ【4046】には，過去に「2010」のブラキストン管理番号がついていたことが推定される(第2章参照)ので，この情報もラベル2に基づいている可能性が高い。ホオジロガモ【4077】もラベル2・3は付属せず，ラベル4に「1213」の

表 1-6 カードにラベル 4 の番号が記載されているものとそれに合致する可能性のある標本

	カード記載					
表 ID	カード No.	種名	標本情報	採集地	採集日	計測値
1	29	ウミスズメ	記載なし			
2	64	コミミズク	雌	函館	1876 年 10 月 14 日	L 14.25×11.45
3	213	タヒバリ		札幌	9 月	L 162×82
4	265	ノビタキ	雄	函館	1876 年 9 月 16 日	L. 4.45×2.55
5	267	ノビタキ	雄	函館	1875 年 10 月 25 日	L 5.0×2.5
6	444	コサメビタキ		森村	1877 年 5 月 13 日	L 120×69
7	459	キビタキ	雄	札幌	1877 年 5 月 20 日	
8	476	ミヤマカケス	雄	附部山辺	1874 年 10 月 10 日	L 13.1×7
9	584	ニュウナイスズメ	雌	札幌	1877 年 5 月 4 日	L 14 c×7 c
10	710	ホオジロ		函館		
11	723	オオジュリン		函館	1875 年 8 月 23 日	L 5.3×2.3
12	739	エゾアカゲラ	雄(young)	函館	8 月	
13	799	ウズラ	Young	北海道		
14	1153	ハシビロガモ	雌	札幌	1878 年 10 月 29 日	L 490×290
15	1205	クロガモ	雄	函館	1877 年 2 月 9 日	L 50.1×21.6
16	1214	シノリガモ		函館		
17	1223	スズガモ	雄	函館	5 月	
18	1241	ウガラス	雌	函館		
19	1274	コシジロウミツバメ	雄	色丹島	1876 年 6 月 25 日	L 8in1×6in
20	1275	コシジロウミツバメ	雄	色丹島	1876 年 6 月 23 日	L 7in7×6in5
21	1280	クロアシアホウドリ	雌	有川沖	1876 年 6 月 19 日	L 32×20.5

記載は漢数字，アラビア数字が混在するが，すべてアラビア数字に統一した。

採集地情報もアルファベットから漢字に統一した。

備考に「紐あり」とあるものは，ラベル 4 の紐が付属するもの，「7 のみ」は標本にラベル 2・3 などの信頼できるラベルが付属していないことを示す。

この表の照合結果は，表 1-2 の統計に含んでいない。

北大植物園・博物館標本								
標本番号	種名	Sex	採集地	採集日	計測値	備考	注	表ID
該当なし								1
3015	コミミズク	雌	函館港	1876年10月14日	長14.25 羽11.45	紐あり		2
3607	タヒバリ		札幌	9月	163×82	紐あり		3
該当なし								4
3103	ノビタキ	雄	函館	1875年 6月25日	長5.0 羽2.5		(1)	5
3301	コサメビタキ		森	1877年 5月13日	長120 羽69			6
該当なし								7
3330	ミヤマカケス	雄	附部山	1874年10月10日	長13.1 羽7			8
3421	ニュウナイスズメ	雌	札幌	1877年 5月 4日	14 c×7			9
3486カ	ホオジロ		函館				(2)	10
3509	オオジュリン	雄	函館	1875年 8月23日	長5.3 羽2.3	紐あり		11
3651	エゾアカゲラ	雄(幼)	函館	8月				12
該当なし								13
4063	ハシビロガモ	雌	札幌	1878年10月29日	長490 羽240		(3)	14
4069	クロガモ	雄	函館	1877年 2月 9日	長50.1 羽21.6			15
4031カ	シノリガモ	(雄)	(函館)			7のみ	(4)	16
4043	スズガモ	雄	函館	5月		紐あり		17
4108カ	ウガラス	雌	函館					18
3634カ	コシジロウミツバメ	雄	(Skotan)	(6月)		7のみ	(4)	19
3635	コシジロウミツバメ	雄	色丹島	1876年 6月23日	長7インツ■ 羽6インツ■半			20
4050	クロアシアホウドリ	雌	函館有川沖	1876年 6月19日	長32 羽20.5			21

(1)採集月が異なるが，「六」を「十」と見誤ったものと考えられる。
(2)採集情報が不足しており確証に欠けるが，付属するラベル2が破損していることでカードにおいても現存標本においても採集情報が詳細でないという可能性が高い。
(3)和紙のラベル5に1153の記載があり，破損したものを補記した可能性がある。計測値は誤記か。
(4)標本情報はラベル7に基づく。

番号を持つのみである。ラベル7には「Feb, Sapporo」とあるが，これも参考情報扱いである。該当するカードをみると，「1878年2月25日，L39c4×19c7」とあり，より詳細な情報が確認される。これも1932(昭和7)年にはブラキストンのラベルが付属していたものだろう。

タヒバリ【3573】には，ラベル6のみが付属し，そこに「1818　♀　札幌」の記載があるのみである。この番号は『採集日記』の番号であり，1900(明治33)年に受け入れられた標本であることは間違いない。ラベル4は付属しておらず，また照合するための情報に乏しいため，カードと合致させることは難しいが，カードの中に「1818」と欄外に記載のあるものがある。このカードは「1818，タヒバリ，♀，札幌」という記載に加えて「L 6.1×3.25」の計測値もある。カードの「1818」がラベル6の番号を記したものであれば，このタヒバリ【3573】も1932年段階でラベル4はすでに欠落していたものの，ブラキストンのラベルが付属していた可能性がある。

現在ラベル4の紐のみ残るキンクロハジロ【4073】にはラベル2・3も付属せず，ラベル7の「函館，5月」が唯一の参考情報である。これに合致する可能性のあるカードは，欄外に「(44)」の記載のあるキンクロハジロ「函館，1877年5月19日，L 426×198」である。欄外の(44)は，キンクロハジロ【4073】に付属する和紙ラベル(ラベル5)の分類番号「四拾四号」に合致すると断定することは難しいが，これが認められるならば，この標本にも過去にラベル2・3が付属していたことが推測される。

カードの番号「1274」を持つコシジロウミツバメに該当すると考えられるコシジロウミツバメ【3634】には，ラベル2・3あるいはこれに該当する可能性のあるラベルは付属せず，「June Skotan」の記載のある7ラベルと厚紙のラベルが付属するのみである。ブラキストン由来と考えられるラベルが付属しないため，色丹で6月に採集されたという情報は参考情報としてしか取り扱うことはできず，カードと合致させるには情報が乏しいが，合致する可能性のあるカードの「1876.6.25, Shikotan Isl. L8in1×6in」という情報が記載されたブラキストンのラベル(おそらく採集者スノーのラベル)が1932(昭和7)年には付属していたと考えられる。

以上のように，このカードは1932(昭和7)年当時の標本情報を知ることができるという点で極めて有益な資料である(カードとラベル4の関係および標本情報については付表2注にまとめた)。なお，カードにみる「所在」は，前項でみた「No.5-1」などといった記述であり，標本付属のラベルに記載された所在と合致し，標本棚に貼られたラベルに記載されている番号に該当するものと考えられる(写真1-10)。

以上，ブラキストン標本とされる標本群に付属するラベルについて検討を重ねてきた。次にこれらの検討の結果明らかとなった移管過程について，まとめてみたい。

3.12　ラベルの付属状況からみた移管および整理の過程──小括

ブラキストンによって採集された鳥類標本が北大植物園・博物館に移管されるまでの過程を，ラベルの付属状況からまとめると次のようになる。

①ブラキストン・福士成豊らによる採集および標本製作(～1883年初頭)

鳥類採集と同時に，採集情報を記載したラベル2・3・和紙のラベル(ラベル5の採集情報付属のもの)，分類できないラベルで採集情報を記入したものなどを付与した。また，プライヤー，スノーらからの寄贈標本にもラベル2・3や分類困難なラベルが付与されていたものと思われるが，現時点では明確に分類することはできない。ブラキストンは標本を管理する際に，ラベル2・3に管理番号を付与した。なお，函館に居を定める前の1861(文久1)年頃，ブラキストンはラベル9と分類できないラベルで標本管理を行っていたものと考えられる。

②ブラキストンから開拓使函館博物場への寄贈・差し換え(1879～1883年)

1879(明治12)年5月，ブラキストンから函館博物場へ1,314点の標本が寄贈され，博物場が開場した。寄贈後もブラキストンは採集および標本寄贈を継続し，翌年1月には1,338点が所蔵されていたものと考えられるが，ブラキストンは帰国にあたって，1,314点のみを残すこととし，寄贈標本にはラベル4を付与，記録した。

③函館博物場および函館商業学校における標本管理(1879～1895年)

函館博物場およびその後身である函館商業学校の商品陳列場は，ブラキストンから寄贈を受け，管理を実施した。ブラキストンと協力して作製した標本整理棚に分類して保管するために，ブラキストンの目録に従ってラベル5(漢数字で分類番号が記載されているもの)を付与した。この時点でブラキストン寄贈以外の標本に対してもラベル5を付与しており，混入が始まったものと思われる。

④函館商業学校の廃止にともなう標本の分散(1895年)

函館商業学校が廃止され，函館中学校1,125(989＋136)点超，北海道師範学校89点超，札幌中学校75点超と分散される。各保管場所で整理された形跡はなく，ラベルが付与された形跡もない。

⑤函館中学校から札幌農学校への一部移管(1900年)

1900(明治33)年12月に136点が函館中学校から札幌農学校所属博物館に移管される。これらの標本は『採集日記』に記載され，ラベル6が付与された。

⑥北海道師範学校および札幌中学校からの移管(八田着任～1908年の間)

八田三郎によって，北海道師範学校(89点)および札幌中学校(75点)所蔵標本が札幌博物館(東北帝国大学農科大学所属博物館)に移管される。「札中」，「北師」の記載が類似していることから，ほぼ同時期に移管，整理されたものと考えられる。明確な移管時期は不明だが，谷津の報告と1908(明治41)年の函館中学校からの移管の間にはほとんど時間的差がなく，函館中学校からの移管がブラキストン標本統合の最終的な作業と考えられることから，両校からの移管はそれ以前のことと考えてよい。後に実施される函館中学校からの移管標本の整理とは性格を異にしており，時期的には多少離れるものと推測される。

これらの標本の整理に際しては特別にラベルを付与してはいないが，「札中」，「北師」と記入し，受け入れ元の情報を付与したと考えられる。

⑦函館中学校からの移管(1908年)

1908(明治41)年10月10日に函館中学校から札幌博物館に989点が移管さ

れた。この移管の際に標本棚も移されたものと考えられる。移管後，八田三郎，村田庄次郎によって分類・整理され，ラベル7が付与されたが，1900年の函館中学校からの移管標本，札幌中学校，北海道師範学校からの移管標本には付与していない。移管された989点中には函館の博物館で収集された標本も含まれており，また移管後に相当数の博物館所蔵標本が混入し，それらにもラベル7が付与された。

⑧八田三郎による標本管理(1908年〜在任中)

ラベル7の付与の後，その他の移管標本と統合し，「ブラキストン標本」の印が押された。選別の基準は定かではないが，ラベル7の付与の際に混入した標本にも押されている。

⑨犬飼哲夫らによる目録作成および調査(1932年)

ラベル7がブラキストンによって付与されたものという前提で，犬飼らによって標本群が整理され，カードおよび目録が作成された。この整理に基づき，1,331点という標本数が公にされたが，この中には多数の混入がみられ，整理にあたってブラキストン標本とみなした標本点数は1,339点を超えていたと考えられる。

⑩北大植物園・博物館による標本管理(1932年〜)

犬飼らの整理に基づき，ブラキストン標本として位置づけられた標本群を管理することとなった。1960年代以降にラベル1を用いて現行の標本台帳の作成，標本管理を実施した。標本点数は1,350点(現在所在未詳2点を含む)となっており，さらに混入が進んだか，後に発見された標本が付け加えられたものとみられる。

以上がラベルの付属状況からみた，北大植物園・博物館所蔵ブラキストン標本の移管および整理の過程である。これまで確認してきたように，この過程の中で数多くのブラキストン標本以外の鳥類標本が混入してきている。ブラキストン標本が現在何点残されているのかについて，次節で検討することとしたい。

4. ブラキストン標本の現状

ここまでは，ブラキストンから開拓使に寄贈された標本群，また分散した後に北大植物園・博物館にまとめられた標本群，目録作成によってブラキストン標本と位置づけられた標本群それぞれについて「ブラキストン標本」として表記してきた。しかし，検討の結果，明らかにブラキストンが収集して開拓使に寄贈したとは考えられないものがこれまでブラキストン標本としてみなされてきたことが確認された。今後，ブラキストン標本を歴史的資料として利用する場合には，ここで「ブラキストン標本」とは何を指すのか，を明確にしておかねばならない。北大植物園・博物館所蔵「ブラキストン標本」とはブラキストンが収集・採集し，開拓使の函館博物場に寄贈した標本群であって，それ以外の何ものでもなく，保管や移管の過程で混入したものは「ブラキストン標本」としてみなされるべきものではない。そこで，次のように定義づけたい。

①ブラキストン標本：ブラキストンが収集し，管理した標本のうち，函館博物場に寄贈した標本

②標本群 A：ブラキストンが寄贈したものと思われるが，確たる裏付けがない標本

③標本群 B：ブラキストンが寄贈したものではないと考えられるが，否定する根拠に乏しい標本

④標本群 C：明らかにブラキストンが寄贈したものではない標本

以下，この定義に従って分類してゆくこととする。なお，混乱を避けるため，現在の北大植物園・博物館所蔵標本群は所蔵標本と表記する。

1900(明治 33)年に移管された標本 136 点に，1908 年までに八田三郎によって集められた 1,152 点を加えて合計 1,288 点程が北大植物園・博物館にあるべき標本数と考えられるが，この中には函館で保管されている間に混入したと考えられる標本も含まれており，実際のブラキストン標本の点数はこれよりも少なくなると予想される。この後，多少の追加があったにせよ大幅な増

加はなかったであろう。これに対して，現在の所蔵標本は，疑問符付き，所在不明も含めて1,350点あり，60点以上の増加がみられることになる。さらに，『採集日記』に登録された標本136点のうち，少なくとも2点(類別番号1814ビンズイ，1835オオジュリン)の存在が確認できない。また，札幌中学校・北海道師範学校から移管された資料群も，谷津の記載からそれぞれ5点，3点減少しており，混入した標本は70点以上にのぼると予想される。

台帳登録されている所蔵標本1,350点のうち，ウソ【3721】，ウミスズメ【4228】が所在不明となっており，この2点を除いた1,348点について，ラベルの付属状況に基づいてブラキストン標本とそれ以外に分類してみたい。

まず，1,348点中，ラベル2あるいはラベル3が付属している1,176点はブラキストン標本と判断して間違いない。残りの172点中，ラベル4(紐のみを含む)が付属しているものは68点あり，そのうち，誤って付与されたと考えられる2点(ハクセキレイ【3137】およびミヤマカケス【3325】：標本群C)を除く66点もブラキストン標本とみなしてよい。残りの104点中，ラベル9が付属するものは2点であり，これらもブラキストン標本としてよかろう。ここまででブラキストン標本1,244点と標本群Cの2点である。

残りの102点に含まれる標本のうち，これまでに確認してきたものは次のものである(標本番号のみ記載)。

3.4　標本群C　2点

4286，4161

3.5　標本群C　8点

3178，3251，3550，3630，3649，3661，3996，4127

3.9　標本群B　2点

3010，4227

標本群C　24点

3031，3041，3055，3076，3114，3118，3146，3195，3264，3288，3314，3473，3575，3621，3682，3795，4019，4057，4154，4169，4229，4259，4262，8182

ラベルの付属状況に関する検討から，所蔵標本のうち標本群Bの2点，標本群Cの36点がブラキストン標本から除外された。残りは66点である。

1932(昭和7)年の目録作成時のカードを用いて検討した標本のうち，ここまでに現れないものはシノリガモ【4031】，コシジロウミツバメ【3634】，タヒバリ【3573】になる。シノリガモ【4031】とコシジロウミツバメ【3634】は，カードとの照合から，過去にラベル4およびラベル2・3が付属していたことが推測されるものの，現時点における標本付属ラベルの状態からはカードと間違いなく合致するとは言い切れないため，標本群Aとしておく。タヒバリ【3573】は，『採集日記』にみる1900年移管標本に含まれる番号を持つラベル6が付属している。これについては，他のラベル6付属標本とあわせて検討することとしたい。

残りの64点中，ラベル6を有するものは4点ある。ヒヨドリ【3289】，タヒバリ【3573】，ヒメウ【4105】，トキ【4240】は，それぞれのラベル6に1900(明治33)年に函館中学校から先行して移管されたブラキストン標本であることを示す『採集日記』の類別番号に該当する番号を持っているが，ラベル2・3・4などブラキストン標本であることを示す証拠がない。タヒバリ【3573】には，1932(昭和7)年時点でラベル2が付属していた可能性を有するが，これ以外のものについては合致する可能性のあるカードをみてもブラキストン標本であることを示す情報はなく，函館中学校で管理されるまでに混入した可能性もある。しかし，『採集日記』記載のブラキストン標本群には他に混入したと考えられるものはなく，同時にブラキストン標本ではないことを示唆するラベルもないことから，これらについてはラベル2・3・4が失われたものとして扱い，標本群Aとしておく(45)。

残る60点中，「札中」の記載のあるものはなく，すべてがブラキストン標本として位置づけられた。一方，「北師」の記載のあるものは，ミヤマカケス【3333】およびクイナ【4187】がある。ミヤマカケス【3333】はノート片を利用したラベルに「ミヤマカケス　9，北師」とあり，これは分類できないラベルの検討でみたウミスズメ【4227】と同じラベルである。クイナ【4187】も同様にノート片に「12，30，北師」とあるのみで，ともにラベル4は付属していない。「札中」標本がすべてブラキストン標本であることからみて，標本群

Aとすべきか，混入した可能性を高く評価して標本群Bとすべきか悩ましいが，この分類できないラベルは，他のブラキストン標本には確認できないことから，先にみたウミスズメ【4227】と同じく標本群Bとしておく。

残る58点については，指標となるラベルがないため，ひとつずつ確認してゆく他ないが，まず採集情報がブラキストンの離日後にあたるなど，明らかに標本群Cと位置づけられるものを確認する。

- ・ノゴマ【3084】，函館，1890年10月11日
- ・ヤマガラ【3250】函館，1885年4月20日
- ・ニュウナイスズメ【3402】函館，1891年11月10日
- ・ベニヒワ【3477】のラベル7には，「24年11，函館」の記載がある。ラベル7を信頼すれば，標本群Cとなる。
- ・ツツドリ【3614】亀田郡亀田村，1886年9月27日
- ・ヤマゲラ【3670】函館，1891年11月2日
- ・ヤマゲラ【3675】函館，1891年11月2日
- ・ウズラ【4191】亀田郡亀田村，渡辺章三（採集者と考えられる）

以上の8点が標本群Cと位置づけられる。

次に，ブラキストンが用いたラベルが付属しておらず，ラベル7に標本情報が記載されているものについて確認する。

- ・タヒバリ【3565】札幌，9月
- ・タヒバリ【3571】札幌，10月
- ・ビンズイ【3610】札幌，8.10.1882（1882年10月8日ないし8月10日）
- ・シジュウカラ【3750】函館，1月

これらの標本については，ラベル7の情報に信頼が置けないこともあり扱いが難しいが，ブラキストン標本の多くにみることができる月のみの採集日情報などから，過去にラベル2・3が付属していた可能性を認め，標本群Aとしておく。

コクマルガラス【3045】は，「1878年6月9日，亀田郡亀田村」という記載のある分類できない和紙のラベルを持つ。この他，「百九拾三号」という分類用のラベルもあるので，函館博物場で管理されてきた標本であることは間

違いない。他の「亀田郡亀田村」採集の標本3点が函館博物館で収集されたと考えられる標本群Cに含まれることから，この標本もブラキストンのものではない可能性を有するものの，採集日はブラキストンの時代に含まれるため，ここでは標本群Bとしておく。

カササギ【3760】は，「百九拾五号」の分類用のラベルを有する。函館博物場で管理されていた標本であることは間違いないが，ブラキストン標本であると位置づけるには，情報に乏しい。標本群Bとしておく。

ウズラ【4188】は，分類できないラベルに「5239 ウズラ」の記載があるのみで，ラベル7も「ブラキストン標本」印もない。標本群Cに含める。

残りの43点は，キセキレイ【3143】，アカショウビン【3179】，カワセミ【3186】，オオマシコ【3221】，ヤマガラ【3223】，ヒヨドリ【3281】，キビタキ【3306】，ミヤマカケス【3328】，ミヤマカケス【3332】，スズメ【3391】，スズメ【3392】，スズメ【3395】，ハギマシコ【3431】，イスカ【3460】，ベニヒワ【3476】，ベニヒワ【3478】，ヒバリ【3629】，ヒバリ【3631】，オオアカゲラ【3636】，エゾアカゲラ【3653】，エゾアカゲラ【3655】，エゾアカゲラ【3658】，エゾアカゲラ【3659】，ウソ【3718】，ウソ【3723】，シジュウカラ【3742】，ハシボソガラス【3752】，ハマシギ【3809】，コシャクシギ【3835】，ムナグロ【3902】，ウミネコ【4002】，ワシカモメ【4006】，キジバト【4014】，シノリガモ【4028】，ヒメウ【4110】，エゾライチョウ【4152】，エゾライチョウ【4156】，ヒクイナ【4181】，エトピリカ【4221】，ケイマフリ【4225】，サンカノゴイ【4250】，ハイタカ【4267】，オシドリ【4331】である。これらにはすべてラベル7が付属し，学名・和名が記載されるラベル8が付属しているものもあるが，それ以外の情報はまったくない。ブラキストン標本ではないと断定することはできないが，根拠に乏しいためすべて標本群Bとする。

おわりに

以上，ラベルの付属状況から，ブラキストン標本と考えられてきた標本群を分類してきた。この結果，ブラキストン標本1,244点，標本群Aとしたものは10点，標本群Bとしたものは49点，標本群Cは45点となる。標本群Aに含んだものの中には，1932(昭和7)年当時ラベル2・3・4が付属していた可能性を持つものもあり，また標本群Aと標本群Bの境界は明確なものではないので，標本の製作方法など，別のアプローチから検討すれば，ブラキストン標本として位置づけられるものが増えるかもしれない。しかし，現時点で付属するラベルからブラキストン標本であるという裏付けを有する標本は，ブラキストンが函館に残したと考えられる1,314点から70点減少していることになった。ただし，1908(明治41)年に札幌博物館にまとめられた標本数が1,300点を下回っていたこと，そこにはさらに多くの函館博物場標本が混入されていたことを考えれば，ほぼ妥当な残存状況といえるのではないだろうか。もちろん，博物館施設であれば収蔵されている資料・標本は，適正に管理され，1点たりとも紛失してはならないのであるが，現在の博物館の理念を100年以上前の博物館にあてはめることは妥当ではないだろう。過去の管理方法を問題視することよりも，現時点で明らかとなっている，より適正な情報に基づいて管理を実施してゆくことが求められよう。その際に，混乱した情報を切り捨てるのではなく，その混乱も現在残されている資料群の歴史として適切に保管されることこそが重要であり，ここで紹介した混入の歴史すら，ブラキストン標本の一部として記録される必要があるのではないだろうか。

混入した標本の概要が判明したことで，犬飼らの述べた「Unfortunately some of the original specimens were lost when they were sent to some exhibition held in Tokyo. They were replaced by new ones which are indicated in the list with a date of collection later than 1885.」という記述についても検討を加えておかなければならない。犬飼がブラキストンについて報告した際に用いた資料(第3章参照)から確認することができる，東京での展示に関する情報は『函館毎日新聞』1911(明治44)年1月10日号の記事「標本は其後再度の内国博覧会に出品せられたるが，学校に分たれし後は浅学なる博物先生の手に虐待せられ」であると考えられる。この記事の記述を信頼するならば，東京での博覧会は標本が分散する前に行われたものであり，年代からすれば第3回の内国勧業博覧会(1890(明治23)年)に該当するのではないかと考えられる。しかし，博覧会の出品目録をみてもブラキストンの標本が出品された記録はない。またその他の博覧会資料からも管見の限りブラキストン標本の出品記録は確認できない。また，仮にいずれかの博覧会に出品されていたとしてもここに挙げた新聞記事からは，博覧会で標本が失われたことは読み取ることができない。この点については，今後の課題とせざるを得ないが，失われたものを別の標本で補ったことが事実であったとしても，ここまでに確認したように，補充された可能性のある1885年以降の採集標本は，ブラキストンの採集によるものでなく「ブラキストン標本」の中に含めることは不適切である。犬飼らはブラキストンによるものではないラベル7をブラキストンのラベルと誤認しており，これらの不適切な標本群をブラキストン標本として正当化するために，博覧会での紛失，補充という記載を行ったのかもしれない。

これまでの検討においては，ラベルの付属状況，記載事項に基づいた分類を実施しており，この分類が完璧なものであるとは考えていない。ブラキストンが函館に残した標本の全容を解明するには，ブラキストンがスタイネガーに譲ったフィールドノートが必要である。スタイネガーの報告には，それぞれの標本に採集者(プライヤー，スノー，リンガー，織田)の記載があることから，標本付属のラベルからは知りえない情報が確認できるものと推測される。

(1) ブラキストン来日時は「箱館」とされていたが，本書では函館に統一して記述することとする。
(2) ブラキストンの論文については，彌永(1979)にすべてまとめられている。
(3) 福士については高倉ら(1986)に詳しい。
(4) 北海道立文書館所蔵簿書(以下「文書館簿書」と表記)3736「明治十二年十一月　文移録」-76
(5) 函館博物場は，設置の1879(明治12)年から1882年頃まで函館仮博物場という名称であったが，ここではすべて函館博物場と表記する。
(6) 文書館簿書3736「明治十二年一月　文移録」-76 および 4082「明治十二年ヨリ十三年マデ　函館博物場書類」-16
(7) 文書館簿書3736「明治十二年一月　文移録」-76 および 4082「明治十二年ヨリ十三

年マデ　函館博物場書類」-16

(8) 中略部分に札幌博物館とあり，北大植物園・博物館を指す。

(9)『北海タイムス』，1908年10月16日付記事

(10) 市立函館図書館資料番号0008-58123-5004

(11)『函館毎日新聞』，1911年1月10日付記事

(12) Yamashina et al. (1932)，216頁

(13) 2004年に犬飼旧蔵資料に含まれていることが確認された未登録の3点には付属していなかった。犬飼の手元に入ったのは現行の台帳の運用開始前であると考えられる。

(14) 管理番号と標本の対照は付表1としてまとめた。

(15) 管理番号2238はメダイチドリ【3771】とムナグロ【3783】に重複して付与されている。この前後の管理番号を持つものはすべて東京産，1877年プライヤー寄贈のものであり，整理の途中で重複したものと推測される。なお，この2点は表1-1の点数に加えてある。2500番台には5点の1876年採集標本があるが，これはリンガーから送られた長崎の標本であり，後にブラキストンの手元に来たものと考えられる。

(16) 標本番号NSM-A13412

(17) 標本番号NSM-A13345

(18) 標本番号NSM-A13732

(19) 標本番号NSM-A14755

(20) 標本番号NSM-A13412付属のラベル

(21) 標本番号NSM-A13245，シマフクロウ(1892年10月20日採集)付属のラベル

(22) 吉田(2002)に写真が掲載されている。

(23) 上述表1-1で採用したラベル2・3の情報に基づく。ただし，以下に検討する2点についてはラベル2・3が付属していないので，その他のラベルの情報に基づいている。

(24) ラベルの番号と標本の対照は付表2としてまとめた。

(25) ブラキストンをはじめ，当時の欧米人は函館を「Hakodadi」と表記していた。

(26) 一部の標本では，ラベル4の紐にこの和紙のラベルが縛り付けられており，後に作製されたものであることを示唆する。

(27) ハリオアマツバメ【3166】ではラベル2の紐の上にラベル5が結び付けられており，さらにその上にラベル6が結び付けられている。後述するように，ラベル6は1900年頃付与されたもので，このラベル5はそれ以前に利用されていたものである。

(28)『採集日記』類別番号「1911」ケイマフリは，ウミバト【4226】である可能性がある。これについては後述する。

(29) この「1812」は，本章3.9で紹介する標本整理カードの番号を指す可能性がある。「1812」の記載のあるカードは「スナムクドリ」という記載になっている。この名前を持つ他のカードとの比較から，この「スナムクドリ」がショウドウツバメであることは間違いない。

(30) これらの他にローマ数字とアラビア数字も記載されているが，このふたつについてはその分類方針が現在のところ不明であり，ここでは取り扱わない。

(31) 高倉ら(1986)

(32) 彌永(1979)

(33) 八田在任中から欧米の博物館の交流が確認され，八田とUSNMの関係は推定できる(加藤・市川2004)ので，ブラキストンがスタイネガーに譲ったというノートを八田が利用した可能性も考慮に入れる必要がある。しかし，スタイネガーの情報と合致する標本に付属するラベル7の情報は，次に示すようにノートの情報とは異なっ

ていることが確認されるので，ブラキストン自身の情報に基づいて，ラベル7の情報が記載されたとは考えられない。

付表3にみるように，ゴジュウカラ【3234】は，ブラキストンが付与したと考えられるラベル2では「函館，2月」とあるのみであるが，ラベル7には「札幌，1877年4月21日」という情報がある。しかし，スタイネガー(Stejneger 1886c)が依拠したブラキストンの情報から，この標本は函館で1873年2月1日に採集されたものであることが理解され，ラベル7の情報はまったくの誤りであることが確認される。

(34) 再調査の結果に基づき刊行した新しい目録(北海道大学北方生物圏フィールド科学センター植物園 2002)ではラベル2・3の情報に基づいて編纂し直し，参考としてラベル7の記述も併記してある。

(35) このラベルには「札幌博物館」という記載があり，東北帝国大学農科大学時代(1907年から1918年まで)に利用されていたラベルである可能性が高い。ラベル利用の下限として昭和初期としたのは，1931年に博物館スタッフとなった名取武光がかかわった標本の多くにこのラベルが付属しており，北海道帝国大学農学部博物館となった昭和初期においても利用していた形跡があるためである。

(36) 北大植物園・博物館所蔵カメレオン【13174】(1901年12月18日採集，有島氏寄贈)付属のこのラベルには，「2127」という番号が記載されている。この番号は『採集日記』の類別番号のカメレオンと合致(採集日は寄贈日が記されているのか異なっている。なお，この時期寄贈者の有島武郎は入営中で，採集・寄贈が実際にこの時期に行われたのかは疑わしい)し，このラベルに記載されている番号が『採集日記』のものであるという考えを裏付ける。ただ，昭和初期には『採集日記』は利用されていなかったものと推測されるため，この類別番号が当時も利用されていたかは疑問である。この点については他の資料群とも照合しつつ，検討を重ねる必要があるが，現時点では過去の管理番号を失わないために記載したものと考えておく。

(37) このラベルは採集者のスノーが付与したものと考えている。

(38) エナガ【3274】，センダイムシクイ【3551】，【3552】，【3554】，コシジロウミツバメ【3633】，ハヤブサ【4316】である。このうち，ハヤブサ【4316】の裏面には「武笠」の記載があり，1930年代に博物館にかかわっていた武笠耕三の書き込みがある。

(39) 必ずしもすべてが仮剝製というわけではなく，ラベル2が付属するものであっても本剝製のものが存在する。

(40) 高倉ら(1986)

(41) 民族資料に付属するこのラベルとラベル6との関係については，拙稿(加藤 2004, 2008)を参照されたい。

(42) このカードに掲載されている標本のうち，最も時代が下るものは1910年6月1日採集のものである。北大植物園・博物館には，「明治34年12月現在鳥類標本採集調」という種ごと，年次ごとの標本数調査表が残されており，おそらくこの調査表を作成するためにこのカードが用いられたものと考えられる。なお，この調査表は村田(1900a, 1900b, 1901a, 1901b, 1902)の報告の素材となったものと考えられる。

『採集日記』とこのカードとの関係であるが，拙稿(加藤 2004)で明らかとしたように，『採集日記』の情報は，1900(明治33)年前後を境に様子が変化する。1890年前後からの収集資料には類別番号が記載されなくなり，管理体制が混乱したと考えられるが，1900年頃民族資料がカードを用いて整理し直され，管理番号が新たに記載し直された形跡がある。鳥類標本においても同様で，500から953まで連続して振られた後，400点以上に対して類別番号が記載されないまま『採集日記』に記載されている。その後1315の類別番号が現れるが，1315番号以降の類別番号を持つ標本は，ここにみる整理カードの番号と合致する番号を持つ標本の情報と合致する。このことから，民族資料と同様に，1900年頃に鳥類標本もこのカードによって再整理が行われ，1910年に至るまでカードと『採集日記』が併用されたものと考えられる。このカード，ラベルについては加藤・市川・高谷(2010)に詳しい。

(43)『採集日記』にありカードにないものは，『採集日記』類別番号「1853」サンショウクイである。ブラキストン以外のサンショウクイ標本に関するカードも見当たらないので，カードが紛失した可能性が高い。類別番号「1894」のツツドリのカードも見当たらない。類別番号「1926」のオシドリは，「ブラキストン採集」の記載がないためここでの枚数に含んでいないが，当該番号を持つカードは存在し，他のブラキストン標本と同じように「34年受入」の記載がある。

(44) 高倉ら(1986)

(45) ただし，トキ【4240】の標本の作り方については，他のブラキストン標本と若干異なっている部分があり疑念がないわけではない。

第2章　ブラキストン標本と鳥類図

博物局がブラキストン標本を借用して制作したオグロシギ図
（東京国立博物館所蔵『博物館禽譜』，Image: TNM Image Archives）

本章では，開拓使東京出張所がブラキストンから標本を借り受け，博物場で展示するために制作した鳥類図の存在について明らかとする。あわせて，東京国立博物館に所蔵されているブラキストン鳥類図との関係についても考察する。

はじめに

第1章では，ブラキストンの採集した標本がどのようなラベルを持ち，どのような特徴を有しているのかについて明らかとした。ここでは，ブラキストンが開拓使函館博物場に標本を寄贈する直前にあたる1876(明治9)年から1879年にかけて，開拓使が東京出張所の管轄下にあった東京仮博物場で北海道産鳥類図を制作・展示するためにブラキストンの標本を借用した件について，その経緯を追うとともに，現存標本と史資料を照合し，貸し出された標本，描かれた鳥類図を明らかとする。また，現在東京国立博物館(以下「東博」と表記)に所蔵される『博物館図譜』と呼ばれる鳥類図譜に含まれるブラキストン標本模写図についても検討することとしたい。

1. 開拓使東京仮博物場の鳥類図

1.1　鳥類図制作の経緯

ここでは，開拓使が北海道産鳥類図を制作するにあたって，ブラキストンと交渉を重ね，鳥類標本を借用した経緯について概観したい(表2-1)。なお，開拓使において行われた模写作業の詳細，絵師については田島(2003)に詳しいので，ここでは標本の貸借にかかわる部分のみにとどめる。

彌永(1979)は，「明治九(1876)年六月十二日に百種，翌年二月に七十種の鳥の標本を東京芝の開拓使本庁へ送っている」としているが，70点[11]の標本が貸し出されたのは1876(明治9)年12月であり，さらに翌年2月に大小2箱の標本，同年8月に若干の標本が貸し出されていることが現存する史料から確認される。ブラキストンから開拓使に送られた標本のうち，初期に送られた170点のリストが北海道大学附属図書館(以下「北大附属図書館」と表記)に残されており，これに基づいてどのような鳥の標本が送られたのかについて確認しておきたい(写真2-1，表2-2[12]・2-3[13])。これらのリスト以降に開拓使に送られた大小2箱と若干の標本(8月1日分)については，リストが残されてい

表2-1　ブラキストンと開拓使の標本のやりとりと複写作業の経緯

年月日		事　項
1876年	6月12日	ブラキストンから鳥類標本100羽のリストが開拓使に送られる 現物はプライヤーに送付(1)
	6月15日	プライヤーから開拓使へ標本が貸し出される(2)
	10月17日	開拓使からプライヤーに過半の模写が終了したことが伝えられる(3)
	11月13日	開拓使が模写済みの標本70点をプライヤーに返却(目録添付)(4)
	12月17日	ブラキストンから追加標本70点が開拓使に貸し出される(5)
1877年	2月26日	ブラキストンから大小2箱の鳥類標本が開拓使へ送られる(6)
	8月 1日	プライヤーの元にブラキストンから貸し出し用の標本が届く(7)
	8月15日	プライヤーから開拓使へ返却標本の誤りについて連絡されると同時に，貸し出し標本があることについて連絡(8)
1878年	8月	模写作業はほぼ終了(9)
1879年	5月29日	模写作業が終了し，表装が行われる(10)

ないためすべてを確認することができないが，数点については，ブラキストンとともに「Catalogue of the Birds of Japan」(Blakiston and Pryer 1878, 1880, 1882)などを著し，また開拓使への剝製貸し出しの窓口となっていたプライヤーの書簡に記されている。

〔史料1　1877年8月15日付野口源之助宛プライヤー書簡〕(14)

(略)I have gone over the list you sent one, but think there is a mistake in it, as I cannot find the following birds among those returned to my case.

No. 1716 1713 1770 1788 1803 2107 2093 2090 2071 1910 1943 1506 1459 1205(以下略)

ここにみられる10点の番号を持つ標本が戻されていないことについてプライヤーは開拓使に問い合わせているが，このうち1770，1788，2090，2071の番号を持つ標本は先にみた170点のリストには含まれていない。これらは，2月に貸し出された大小2箱の中に含まれる標本である可能性が高いが，開拓使の返却リストに誤記があったとも考えられる。この点については後に検討することとし，これらにも171〜174の通し番号を付与しておく

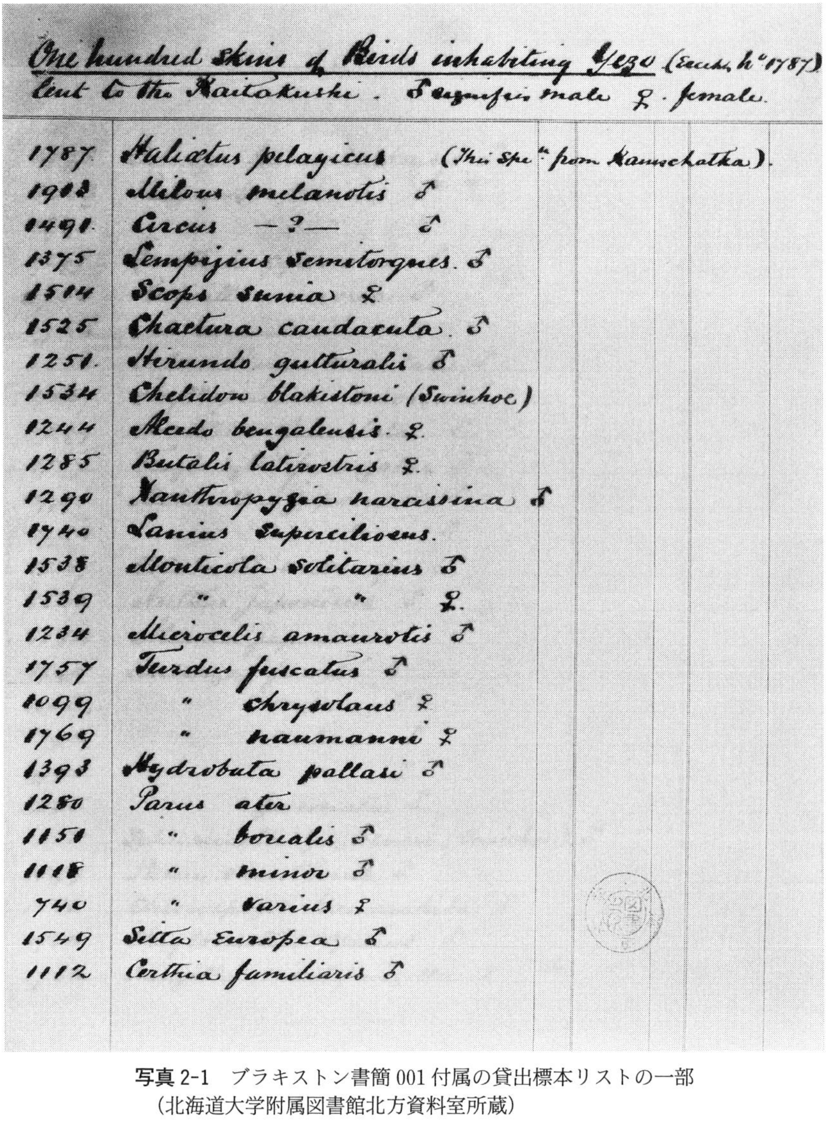

One hundred skins of Birds inhabiting Yezo (Excess, No 1787)
Sent to the Kaitakushi. ♂ signifies male ♀ female.

1787 Haliaetus pelagicus (This Spec. from Kamschatka).
1902 Milvus melanotis ♂
1491. Circus —?— ♂
1375 Lempijius semitorques. ♂
1514 Scops sunia ♀
1525 Chaetura caudacuta. ♂
1251. Hirundo gutturalis ♂
1534 Chelidon blakistoni (Swinhoe)
1244 Alcedo bengalensis. ♀
1285 Butalis latirostris ♀
1290 Xanthopygia narcissina ♂
1740 Lanius superciliosus.
1538 Monticola solitarius ♂
1539 " " ♀.
1234 Microcelis amaurotis ♂
1757 Turdus fuscatus ♂
1099 " chrysolaus ♀
1769 " naumanni ♀
1393 Hydrobata pallasi ♂
1280 Parus ater
1151 " borealis ♂
1118 " minor ♂
740 " varius ♀
1549 Sitta europea ♂
1112 Certhia familiaris ♂

写真 2-1　ブラキストン書簡 001 付属の貸出標本リストの一部
（北海道大学附属図書館北方資料室所蔵）

表 2-2　1876年6月12日付ブラキストン書簡添付リスト

［訳］ 開拓使に貸し出した100点の北海道産鳥類標本（No.1787を除く）

One hundred skins of Birds inhabiting Yezo (Except No.1787)

Lent to the Kaitakushi　♂ signifies male ♀ female

ID	No.	学　名	Sex
1	1787	*Haliaetus pelagicus* (1)	
2	1913	*Milvus melanotis*	♂
3	1491	*Circus* -?-	♂
4	1375	*Sempejcus semitorques*	♂
5	1514	*Scops sunia*	♀
6	1525	*Chaetura caudacuta*	♂
7	1251	*Hirundo gutturalis*	♂
8	1534	*Chelidon blakistoni* (2)	
9	1244	*Alcedo bengalensis*	♀
10	1285	*Butalis latirostris*	♀
11	1290	*Xanthopygia narcissina*	♂
12	1740	*Lanius superciliosus*	
13	1538	*Monticola solitaris* (3)	♂
14	1539	*Monticola solitaris* (3)	♀
15	1234	*Microcelis amayretes*	♂
16	1757	*Turdus fuscatus*	♂
17	1099	*Turdus chrysolaus*	♀
18	1769	*Turdus naumanni*	♀
19	1393	*Hydrobata pallasi*	♂
20	1280	*Parus ater*	
21	1151	*Parus borealis*	♂
22	1118	*Parus minor*	♂
23	740	*Parus varius*	♀
24	1549	*Sitta europea*	♂
25	1112	*Certhia familiaris*	♂
26	1773	*Calliope kamtschatkensis* (4)	♂
27	1253	*Pratincola indica*	♂
28	1383	*Pratincola indica*	♀
29	1267	*Lanthia cyanura*	♂
30	766	*Ruticilla aurorea*	♂
31	1758	*Ruticilla aurorea*	♀
32	1552	*Calamoherpe orientalis*	♀
33	1467	*Phylloscopus coronatus*	♀
34	1839	*Locustella lanceolata*	♂
35	1107	*Troglodytes fumigatus*	♂
36	1114	*Motachila japonica*	♂
37	1154	*Motachila japonica*	♂
38	1247	*Colobastes melanope*	♂
39	1565	*Anthus japonicus*	♂
40	1574	*Alauda japonica*	
41	1260	*Emberiza fucata*	♂
42	1163	*Emberiza ciopsis*	♂
43	1792	*Emberiza rustica*	♂
44	1900	*Emberiza rustica*	♀
45	1265	*Emberiza personata*	♂
46	1858	*Schoenicola yezoensis* (2)	♂
47	1899	*Passer montanus*	♂
48	1586	*Chlorospiza kawarahiba*	♂
49	1764	*Chrysomitris spinus*	♂
50	1762	*Fringilla montifringilla*	♀
51	1148	*Aegiothus borealis*	♂
52	1060	*Pyrrhula griseiventris*	♂
53	1063	*Pyrrhula griseiventris*	♀
54	1127	*Uragus sanguinolentus*	♂
55	1123	*Uragus sanguinolentus*	♀
56	1046	*Coccothraustes japonicus*	♂

ID	No.	学　名	Sex
57	1750	*Loxia albiventris ?*	♂
58	1041	*Amperis gareula*	♂
59	1172	*Sturnus cineraceus*	♂
60	1297	*Sturnia pyrrhogenys*	♂
61	1294	*Sturnia pyrrhogenys*	♀
62	1631	*Leucosticte brunneinucha*	♂
63	1910	*Corvus japonensis*	♀
64	1398	*Corvus corone*	♀
65	1599	*Garrulus brandit*	♂
66	1605	*Gecinus canus*	♂
67	1347	*Dryocopus martius*	♂
68	1455	*Picus major*	
69	1608	*Picus uralensis*	♂
70	1893	*Picus kisuki*	♂
71	1785	*Cuculus canorus*	♀
72	1615	*Turtur rupicola*	♀
73	1470	*Coturnix japonica*	♂
74	1623	*Bonasia sylvestris*	♂
75	1437	*Anser segitum*	♂
76	1803	*Spatula clypeata*	♂
77	1713	*Spatula clypeata*	♀
78	1184	*Dafila acuta*	♂

ID	No.	学　名	Sex
79	1720	*Dafila acuta*	♀
80	1716	*Anas boschas*	♂
81	1192	*Anas boschas*	♀
82	1866	*Anas zonorhyncha*	♂
83	1873	*Anas zonorhyncha*	♀
84	1080	*Querquedula crecca*	♂
85	1351	*Querquedula crecca*	♀
86	1182	*Eunetta falcata*	♂
87	1810	*Eunetta falcata*	♀
88	1188	*Mareca penelope*	♂
89	1871	*Mareca penelope*	♀
90	1205	*Oedemia fusca*	♂
91	1076	*Oedemia fusca*	♀
92	1938	*Fulia marila* (5)	♂
93	1276	*Fulia marila* (5)	♀
94	1784	*Fulia cristata* (5)	♂
95	1023	*Harelda glacialis*	♂
96	1722	*Harelda glacialis*	♀
97	1022	*Clangula histrionica*	♂
98	1453	*Clangula histrionica*	♀
99	1077	*Bucephula clangula* (6)	♂
100	1079	*Bucephula clangula* (6)	♀

「ID」欄は検討のために記載した表 2-2～2-4 共通の通し番号である。

(1)「This spe from Kamchatka」とあり。

(2)「(Swinhoe)」とあり。ブラキストンの標本を利用して学名を発表した記載者名である。

(3) 記載ママ，「*solitaria*」の誤記か。

(4) 記載ママ，「*camtschatkensis*」の誤記か。

(5) 記載ママ，「*Fuligula*」の誤記か。

(6) 記載ママ，「*Bucephala*」の誤記か。

表 2-3　1876 年 12 月 17 日付ブラキストン書簡添付リスト

［訳］ 絵画制作のために 2 回目に開拓使に貸し出した北海道産の鳥類標本

Second instalment of Bird collected in Hokaido, lent to the Kaitakushi for the purpose of being figured.

ID	No.	学　名	Sex
101	1506	*Charadrius fulvus* (1)	♂
102	2107	*Charadrius fulvus*	♀
103	1636	*Squatarola helvetica*	♂
104	1635	*Squatarola helvetica*	♀
105	1646	*Aegialitis placidus* (2)	♂
106	1421	*Totanus fuscus*	♂
107	1863	*Totanus glottis* (3)	♂
108	1662	*Totanus incarus* (4)(5)	♂
109	1665	*Totanus incarus* (3)(4)	♂
110	1498	*Totanus ochropus*	♂
111	1314	*Totanus glareola*	♂
112	1311	*Tringoides hypoleucus*	♂
113	1659	*Tringoides hypoleucus*	♀
114	1653	*Limosa uropigialis*	♂
115	1862	*Limosa brevipes*	♀
116	1775	*Scolopax rusticola*	♀
117	1229	*Gallinago australis* (5)	♂
118	2104	*Gallinago australis* (3)	♀
119	1502	*Gallinago wilsoni* (?)	♂
120	1334	*Gallinago scolopacina*	♂
121	2101	*Gallinago* -?-	?
122	1944	*Strepsilas interpres*	♀
123	1689	*Calidris arenaria*	♀
124	1874	*Lobipes hyperboreus*	♀
125	2110	*Tringa albesceus*	♂
126	2115	*Tringa cinclus*	♂
127	1705	*Tringa cinclus*	♂
128	1668	*Tringa acuminata*	♀
129	1488	*Tringa damacensis*	♀
130	1680	*Eurinorhynchus pygmaeus*	♂
131	2059	*Numenius* -?-	♂
132	2093	*Numenius* -?-	♂
133	1932	*Numenius phoepus*	♂
134	1459	*Ibis nipon*	♂
135	1426	*Botaurus sellaris* (6)	♀
136	2041	*Ardetta* -?-	♀
137	1943	*Gallinula chloropus*	♀
138	1360	*Porzana erythrothorax*	♂
139	1339	*Rallus indicus*	♂
140	1429	*Podiceps phillipensis*	♀
141	1007	*Podiceps nigricollis* (7)	♀
142	1067	*Colymbus septentorionalis*	♀
143	1069	*Mergus serrtor*	♂
144	1072	*Mergus serrtor*	♀
145	1073	*Mergus castor* (8)	♂
146	1200	*Mergus albellus*	♂
147	1907	*Mergus albellus*	♀
148	2084	*Anser brachurhynchus*	?
149	1197	*Anser albifrons*	♂
150	1712	*Anser minutus* ?	♀
151	1094	*Ceratorhyncha monocerata*	♀
152	1209	*Ceratorhyncha monocerata* (8)	♂
153	1731	*Uria antiqua*	♂
154	1207	*Uria antiqua*	♀
155	1269	*Brachyrhampus kittlitzi* (9)	♂
156	1918	*Brachyrhampus kittlitzi* (10)	♀

ID	No.	学　名	Sex
157	1786	*Uria carbo*	♀
158	1066	*Phalacracorax carbo*	♂
159	1216	*Graculus pelagicus*	♂
160	1350	*Graculus pelagicus*	♀
161	2052	*Thakaisidroma* -?-	♂
162	1006	*Larus crassirostris*	♂
163	1220	*Larus glaucus*	♀
164	1087	*Larus glaucescens*	♂
165	1091	*Larus niveus*	♀
166	1086	*Larus marinus*	♀
167	1352	*Larus ridibundus* (11)	♀
168	1226	*Larus ridibundus* (12)	♂
169	2011	*Diomedea derogata*	♀
170	2010	*Diomedea brachyura* (?)	♂

「ID」欄は検討のために記載した表 2-2〜2-4 共通の通し番号である。
(1)「*virgenicus, monglocus*」の記載あり。
(2)記載ママ,「*placida*」の誤記か。
(3)「Autumnal plumage」とあり。
(4)記載ママ,「*incanus*」の誤記か。
(5)「Vernal plumage」とあり。
(6)記載ママ,「*stellaris*」の誤記か。
(7)「auritus」の記載あり。
(8)「young」とあり。
(9)「Spring」とあり。
(10)「Autumn」とあり。
(11)「Summer plumage」とあり。
(12)「Winter plumage」とあり。

表 2-4　プライヤー書簡掲載標本

ID	No.	学　名	Sex
171	1770	—	—
172	1788	—	—
173	2090	—	—
174	2071	—	—

「ID」欄は検討のために記載した表 2-2〜2-4 共通の通し番号である。

(表 2-4)。

以上,ブラキストンから開拓使に貸し出された標本のうち 174 点を現存する史料から確認した。

1.2　ブラキストンの貸し出しリストと北大植物園・博物館所蔵標本との照合

ここでは，ブラキストンが開拓使に貸し出した鳥類標本と現在北大植物園・博物館が所蔵するブラキストン採集鳥類標本とを照合したい。ブラキストンが貸し出したことが確認できる174点の管理番号と現存する鳥類標本に付属するブラキストンのラベル記載の管理番号(第1章でラベル2・3・9としたものの番号)とを照合したところ，合致したものは表2-5にみる130点である。表2-5の和名は，貸し出しリストに記載されている学名に対応するブラキストン目録の和名を基本とし，目録に和名の記載のないもの，リスト記載学名と目録の学名が異なるもの，和名に不審点のあるものについて，注に掲げる諸文献[15]を参考に記載したものである。この表のうち，検討を要するものについて触れておく。

10の「*Butalis latirostris*」の和名は，ブラキストン目録は「Shimamod-zu」とする。「シマモズ」は「チゴモズ」を指すことがある(菅原・柿澤 1993)が，『Fauna Japonica』の当該学名の鳥はコサメビタキであり，合致するものとみなしてよかろう。

19の「*Hydrobata pallasi*」は，検討に用いた諸書には「*Hydrobata*」という属名は見出せないが，現在カワガラス属(*Cinclus*)のジュニアシノニムとされており合致する。

33の「*Phylloscopus coronatus*」の和名は，ブラキストン目録は「Meboso」とし，菅原・柿澤(1993，付録)はこれをメボソムシクイの異名とするが，貸し出しリストにみる学名そのものは現在のセンダイムシクイの学名と合致していること，メボソムシクイとセンダイムシクイはよく似ていること，標本に付属するラベルにも「めぼそ」という記載があることから，合致するものとみなしてよいだろう。

71の「*Cuculus canorus*」の和名はカッコウである。カッコウはツツドリとよく似ており，ツツドリ【3620】に付属する標本ラベルにも「かっこ・つつどり・ぽんぽんどり」とカッコウとツツドリの両方の名称が記載されている。これについても合致するものとみなしてよいだろう。

表 2-5　リスト番号と北大植物園・博物館標本のラベル番号との照合

リスト				北大植物園・博物館所蔵標本			
ID	No.	和名	Sex	標本番号	現存標本名	Sex	備考
1	1787	オオワシ		4302	オオワシ	♂	
2	1913	トビ	♂	4282	トビ	♂	
7	1251	ツバメ	♂	3072	ツバメ	♂	
8	1534	イワツバメ		3066	イワツバメ		
9	1244	カワセミ	♀	3189	カワセミ	♀	
10	1285	コサメビタキ	♀	3298	コサメビタキ	♀	
11	1290	キビタキ	♂	3302	キビタキ	♂	
12	1740	アカモズ		3265	アカモズ		
14	1539	イソヒヨドリ	♀	3093	イソヒヨドリ	♀	
15	1234	ヒヨドリ	♂	3284	ヒヨドリ		
16	1757	ツグミ	♂	3127	ツグミ	♂	
17	1099	アカハラ	♀	3152	アカハラ	♂	
18	1769	ハチジョウツグミ	♀	3159	ハチジョウツグミ	♀	
19	1393	カワガラス	♂	3078	カワガラス	♂	
20	1280	ヒガラ		3200	ヒガラ		
21	1151	コガラ	♂	3245	コガラ	♂	
22	1118	シジュウカラ	♂	3746	シジュウカラ	♂	
24	1549	ゴジュウカラ	♂	3236	ゴジュウカラ	♂	
25	1112	キバシリ	♂	3150	キバシリ	♂	
26	1773	ノゴマ	♂	3083	ノゴマ	♂	
27	1253	ノビタキ	♂	3107	ノビタキ	♂	
28	1383	ノビタキ	♀	3104	ノビタキ	♀	
30	766	ジョウビタキ	♂	3088	ジョウビタキ	♂	
33	1467	メボソムシクイ	♀	3554	センダイムシクイ	♀	
40	1574	ヒバリ		3625	ヒバリ		
41	1260	ホオアカ	♂	3371	ホオアカ	♂	
42	1163	ホオジロ	♂	3479	ホオジロ	♂	
44	1900	カシラダカ	♀	3515	カシラダカ	♀	
45	1265	アオジ	♂	3710	アオジ	♂	
47	1899	スズメ	♂	3396	スズメ	♂	
49	1764	マヒワ	♂	3471	マヒワ	♂	
50	1762	アトリ	♀	3465	アトリ	♀	

リスト				北大植物園・博物館所蔵標本			
ID	No.	和名	Sex	標本番号	現存標本名	Sex	備考
53	1063	ウソ	♀	3716	ウソ	♀	
54	1127	ベニマシコ	♂	3212	ベニマシコ	♂	
55	1123	ベニマシコ	♀	3215	ベニマシコ	♀	
59	1172	ムクドリ	♂	3342	ムクドリ	♂	
60	1297	コムクドリ	♂	3362	コムクドリ	♂	
61	1294	コムクドリ	♀	3364	コムクドリ	♀	
62	1631	ハギマシコ	♂	3438	ハギマシコ	♂	
63	1910	ハシブトガラス	♀	3042	ハシブトガラス	♀	
64	1398	ハシボソガラス	♀	3755	ハシボソガラス	♀	
65	1599	ミヤマカケス	♂	3322	ミヤマカケス	♂	
67	1347	クマゲラ	♂	3035	クマゲラ	♂	
69	1608	キツツキ科	♂	3639	エゾオオアカゲラ	♂	
70	1893	コゲラ	♂	3666	コゲラ	♂	
71	1785	カッコウ	♀	3620	ツツドリ	♀	
72	1615	キジバト	♀	4015	キジバト	♀	
73	1470	ウズラ	♂	4193	ウズラ	♂	
75	1437	ヒシクイ	♂	4139	ヒシクイ	♂	
76	1803	ハシビロガモ	♂	4061	ハシビロガモ	♂	
77	1713	ハシビロガモ	♀	4062	ハシビロガモ	♀	
78	1184	オナガガモ	♂	4332	オナガガモ	♂	
79	1720	オナガガモ	♀	4335	オナガガモ	♀	
80	1716	マガモ	♂	4051	マガモ	♂	
82	1866	カルガモ	♂	4036	カルガモ	♂	
83	1873	カルガモ	♀	4037	カルガモ	(1)	
84	1080	コガモ	♂	4338	コガモ	♂	
85	1351	コガモ	♀	4343	コガモ	♀	
87	1810	ヨシガモ	♀	4065	ヨシガモ	♀	
88	1188	ヒドリガモ	♂	4318	ヒドリガモ	♂	
89	1871	ヒドリガモ	♀	4319	ヒドリガモ	♀	
90	1205	ビロードキンクロ	♂	4095	ビロードキンクロ	♂	
91	1076	ビロードキンクロ	♀	4091	ビロードキンクロ	♀	
92	1938	スズガモ	♂	4044	スズガモ	♂	
93	1276	スズガモ	♀	4041	スズガモ	♀	

リスト				北大植物園・博物館所蔵標本			
ID	No.	和名	Sex	標本番号	現存標本名	Sex	備考
94	1784	キンクロハジロ	♂	4075	キンクロハジロ	♂	
95	1023	コオリガモ	♂	4024	コオリガモ	♂	
96	1722	コオリガモ	♀	4025	コオリガモ	♀	
99	1077	ホオジロガモ	♂	4083	ホオジロガモ	♂	
100	1079	ホオジロガモ	♀	4079	ホオジロガモ	♀	
101	1506	ムナグロ	♂	3782	ムナグロ	♂	
102	2107	ムナグロ	♀	3907	ムナグロ	♀	二
104	1635	ダイゼン	♀	3775	ダイゼン	♀	
105	1646	イカルチドリ	♂	3761	イカルチドリ	♂	
107	1863	アオアシシギ	♂	3872	アオアシシギ	♂	
108	1662	キアシシギ	♂	3924	キアシシギ	♂	
109	1665	キアシシギ	♂	3930	キアシシギ	♂	九
110	1498	クサシギ	♂	3941	クサシギ	♂	十
111	1314	タカブシギ	♂	3976	タカブシギ	♂	
112	1311	イソシギ	♂	3880	イソシギ	♂	十二
113	1659	イソシギ	♀	3877	イソシギ	♀	
114	1653	オオソリハシシギ	♂	3841	オオソリハシシギ	♂	
115	1862	ソリハシシギ	♀	3897	オグロシギ	♀	十五
116	1775	ヤマシギ	♀	3890	ヤマシギ	♀	十六
117	1229	オオジシギ	♂	3857	オオジシギ	♂	十七
118	2104	オオジシギ	♀	3796	タシギ	♀	
119	1502	タシギ	♂	3797	タシギ	♂	
120	1334	タシギ	♂	9019	タシギ	♂	
122	1944	キョウジョシギ	♀	3943	キョウジョシギ	♀	
123	1689	ミユビシギ	♀	3948	ミユビシギ	♀	二十三
124	1874	アカエリヒレアシシギ	♀	3938	アカエリヒレアシシギ	♀	
126	2115	ハマシギ	♂	3823	ハマシギ	♂	
127	1705	ハマシギ	♂	3811	ハマシギ	♂	
128	1668	ウズラシギ	♀	3785	ウズラシギ	♀	
129	1488	ヒバリシギ	♀	3961	ヒバリシギ	♀	二十九
130	1680	ヘラシギ	♂	3950	ヘラシギ	♂	
132	2093	ダイシャクシギ属	♂	3886	ホウロクシギ	♂	卅二
133	1932	チュウシャクシギ	♂	3895	チュウシャクシギ	♂	

リスト				北大植物園・博物館所蔵標本			
ID	No.	和名	Sex	標本番号	現存標本名	Sex	備考
134	1459	トキ	♂	4241	トキ	♂	
135	1426	サンカノゴイ	♀	4252	サンカノゴイ	♀	
136	2041	ヨシゴイ属	♀	4258	ヨシゴイ	♀	卌六
137	1943	バン	♀	4162	バン	♀	卌七
139	1339	クイナ	♂	4186	クイナ	♂	卌九
140	1429	カイツブリ	♀	4131	カイツブリ	♀	
141	1007	ハジロカイツブリ	♀	4134	ハジロカイツブリ	♀	四十一
142	1067	アビ	♀	4122	アビ	♀	
143	1069	ウミアイサ	♂	4096	ウミアイサ	♂	四十三
144	1072	ウミアイサ	♀	4097	ウミアイサ	♀	
145	1073	カワアイサ	♂	4099	ウミアイサ	♂	
146	1200	ミコアイサ	♂	4086	ミコアイサ	♂	
147	1907	ミコアイサ	♀	4089	ミコアイサ	♀	
149	1197	マガン	♂	4059	マガン	♂	
150	1712	カリガネ	♀	4060	カリガネ	♀	五十
151	1094	ウトウ	♀	4238	ウトウ	♀	五十一
152	1209	ウトウ	♂	4236	ウトウ	♂	
153	1731	ウミスズメ	♂	4213	ウミスズメ	♂	五十三
154	1207	ウミスズメ	♀	4208	ウミスズメ	♀	
157	1786	ケイマフリ	♀	4224	ケイマフリ	♀	五十七
158	1066	ウミウ	♂	4109	ウミウ	(1)	五十八
159	1216	ヒメウ	♂	4112	ヒメウ	♂	五十九
160	1350	ヒメウ	♀	4106	ヒメウ	♀	六十
161	2052	ウミツバメ属か	♂	3635	コシジロウミツバメ	♂	
162	1006	ウミネコ	♂	4003	ウミネコ	♂	六十二
163	1220	シロカモメ	♀	3994	シロカモメ	♀	
166	1086	オオセグロカモメ	♀	4007	オオセグロカモメ		六十六
167	1352	ユリカモメ	♀	3989	ユリカモメ	♀	六十七
168	1226	ユリカモメ	♂	3988	ユリカモメ	♂	
169	2011	クロアシアホウドリ	♀	4048	クロアシアホウドリ	♀	六十九
172	1788			4310	ミサゴ	♂	
174	2071			4311	コチョウゲンボウ	♀	

「ID」は表2-2〜2-4のIDに対応している。
下線は検討を要するもの。
(1)ラベル破損につきSex確認できず。

95・96の「*Harelda clangula*」は，ブラキストンの目録では和名を「Shima-aji」とする。菅原・柿澤(1993，付録)は，ブラキストン目録にみる「*Querquedula circia*」の和名記載「Shima-haji」をシマアジとするが，「*Harelda clangula*」の和名「Shima-aji」については触れるところがない。しかし，シマアジはコオリガモの異名ともされており(菅原・柿澤 1993)，これも標本と符合するものと考えてよかろう。

115「*Limosa brevipes*」は，ブラキストン目録では，「Sorihashi chidori」とし，菅原・柿澤(1993，付録)はこれをソリハシシギとする。ブラキストンがどのように同定したかは定かではないが，リスト115の「*Limosa brevipes*」が間違いなく現存する標本オグロシギ【3897】であることについては後述する。

118「*Gallinago australis*」は117と同じく，オオジシギを指すものと考えられるが，現存する標本はタシギである。オオジシギとタシギの識別は難しく，ブラキストンの同定と現在の同定が異なっていると考えてよいのではないだろうか。

145の「*Mergus castor*」はカワアイサの学名であるが，貸し出しリストにもあるように幼体であり，同定の誤りであると考えられる。現存標本ウミアイサ【4099】も幼体であり，これを裏付ける。

161の「*Thalassidroma*」という属名は諸書に見出せないが，現在オーストンウミツバメ属(*Oceanodroma*)のジュニアシノニムとなっているのでこれも合致する。

以上，ブラキストンの貸し出しリストの番号が現存標本付属の管理番号と合致するものは，番号だけでなくその種名および雌雄の別も合致することが確認された。なお，表2-5掲載の130点以外に，ブラキストンがアメリカ国立自然史博物館に寄贈した標本の中に，貸し出しリストの表2-2のID 5コノハズク，表2-2のID 35ミソサザイ，表2-2のID 51ベニヒワの3点に合致する管理番号を持つそれぞれの種の標本があり，コノハズクはUSNM No.96394[16]，ミソサザイはUSNMNo.96256[17]，ベニヒワはUSNMNo.96374[18]として登録されている。ここからも貸し出しリストの番号がブラキストンの管理番号であることが確認される。

さらにもう1点，ブラキストンの貸し出しリストと現存標本とが符合する事柄について，触れておきたい。表2-5の備考欄に記載した漢数字は，現存標本に付属する和紙のラベル[19]に記載されているものである。表2-5のように記載してみれば，このラベルはブラキストンが開拓使に2度目に貸し出した70点のリスト番号と照合するためのタグであることは明らかである。ここからも，ブラキストンの貸し出しリストに記載されている番号が，標本付属ラベルの管理番号であることが裏付けられ，先にみたオグロシギ【3897】の問題も解決される。また，この事実が確認されたことで，ブラキストンのラベル(ラベル2)が欠落しているため管理番号の定かではないアホウドリ【4046】に「七十」の記載のあるラベルが付属していること，表2-3の170がアホウドリであることから，この標本もブラキストンから開拓使に貸し出された標本のひとつであると考えてよく，この標本には過去に「2010」の管理番号のついたラベル2が付属していたとみられる[20]。

ここで，プライヤー書簡にみられた4点の標本について検討してみたい。表2-5にみるように，「1788」の番号を持つ標本はミサゴ【4310】であり，「2071」の番号を持つ標本はコチョウゲンボウ【4311】である。これらについては，ブラキストンの貸し出しリストが存在しないため，本当に貸し出された標本であるかどうかを確定することはできない。しかし，次節以降で検討する東博所蔵『博物館図譜』は，開拓使に貸し出されたブラキストンの標本を内務省の博物館が借用して描かせた鳥類図譜であるが，この中にブラキストンの剝製を模写したものとしてミサゴが描かれている。このことから，ブラキストンが開拓使に貸し出した標本の中にはミサゴが含まれていたことは間違いない。そのミサゴが「1788」の番号を持つものであったことを裏付けることはできないが，他の126点がすべて合致することから，これらプライヤーの書簡にみる4点も返却の際の開拓使の誤記ではなく，実際に借りていたものの番号とみなして間違いなかろう。

ここでは，ブラキストンの貸し出しリストに記載されている管理番号が標本に付属するラベル2・3・9の番号(＝ブラキストンの標本番号)であることを確認し，以後の検討に利用しうることを明らかとした。

1.3　開拓使制作の鳥類図の特定

ブラキストンから開拓使に貸し出された鳥類標本を確認することができたが，これが明らかとなったとしても，東京で制作・展示されたという鳥類図の行方は明らかにならない。ここでは，開拓使の手による鳥類図の特定を試みることとする。

東京仮博物場で制作・展示されていた北海道産鳥類図は，史料から1879(明治12)年時点で151点にのぼり，それらは大小の画帖に100点(大(2尺)に51点に貼付，小(1尺6寸)に49点貼付)，残りの51点を額29面に仕上げようとしていたことが確認される(21)。東京仮博物場は1881年5月に開拓使東京出張所の廃止にともない閉場され，所蔵資料は札幌仮博物場，函館博物場，上野公園内の博物館，札幌農学校に移管された(22)。札幌農学校へ移管された資料は，札幌仮博物場の後身にあたる札幌博物場が農学校所管となった際にまとめられたので，東京仮博物場の資料は，札幌博物場(現在の北大植物園・博物館)，函館博物場(現在の市立函館博物館)，上野公園内の博物館(現在の東博)のいずれかの機関に所蔵されていたものと考えられる。2001(平成13)年に，北海道大学文学研究科の田島達也と協力して北海道大学農学部博物館の絵画資料をまとめ，目録として紹介した(北海道大学文学研究科プロジェクト研究2001)が，その中には東京仮博物場由来の絵画資料と考えられるものが多く含まれていたため，これらの中から該当する可能性のあるものを検索することとした。

上述した東京仮博物場制作の鳥類図譜の大きさからみて，所蔵資料の画帖【33521】および【33522】が該当するものであると考えられた。画帖【33521】は縦57 cm，横71 cm，およそ2尺であり50点が含まれ(23)，画帖【33522】は縦39 cm，横46 cm，およそ1尺6寸であり，49点が含まれる。画帖に添付された資料ラベルに記載される制作年代はともに1878(明治11)年，制作地は東京であり情報も符合する。また，残りの額装された博物画については，田島(2001)の様式分類でこの画帖と同じ様式にまとめられる博物画額【33431】～

【33454】(24点)およびめくり(額装していない1枚ものの鳥類図)博物画【33313】～【33327】,【33329】～【33331】(18点)が該当すると予想された(図は本章付録にまとめた)。以下，これらすべてを指す場合は「鳥類図」と表記する。

改めてこれらの「鳥類図」を調査した結果，細かな記載が見受けられ，新たな知見が得られた。

①【33315】　ツツドリ(写真2-2)

この資料の裏面には極めて薄い文字であるが,「1785, hakodate, Length 127, Wing 765」の記載がある。「1785」はブラキストン貸し出しリストの71「*Cucului canorus*」(カッコウ)にあたる。現存する標本で「1785」の番号を持つものはツツドリ[24]【3620】であるが，この標本に付属するラベルには「明治八年第五月廿八日，函館，長一二. 七　羽七. 六五，♀」の記載があり，計測値まで合致する。

②【33317】　クマゲラ(写真2-3・2-4)

表面絵の脇に「#1347」の記載がある。これはリストの67クマゲラおよび標本のクマゲラ【3035】にあたる。

③【33329】　ケアシノスリか(写真2-5)

表面絵の脇に「No.1371」の記載がある。「1371」はリストにはなく，ま

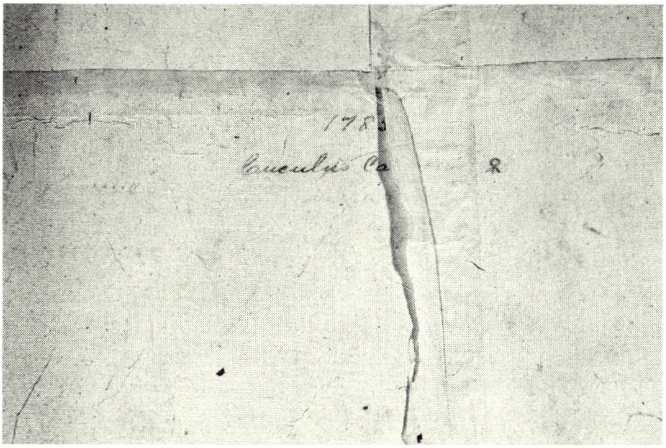

写真2-2　【33315】裏面。「1785」と学名の下に「hakodate, Length 127 Wing 765」の記載がある。

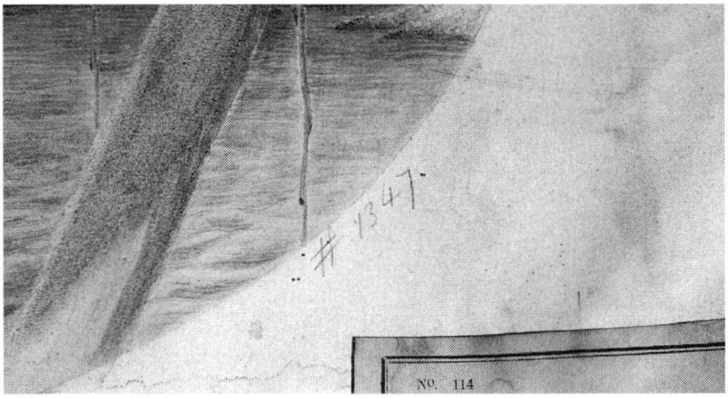

写真 2-3　【33317】脇にある「# 1347」

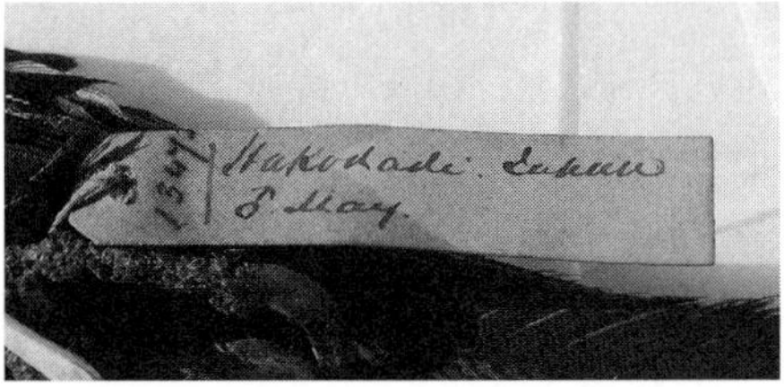

写真 2-4　クマゲラ【3035】ラベル 2 の「1347」

写真 2-5　【33329】脇にある「No.1371」

た現存標本にもこの番号を有するものはない。現存標本のうち，「1371」の前後の管理番号を有する標本はオジロワシ【4298】(1368)，ハヤブサ【4316】(1373)などの猛禽類であり，おそらく符合するものであろう。

④【33521_18】　ヨシゴイ

表面絵の脇に「# 2041」の記載がある。これはリストの 136「*Ardetta* -?- ♀」(ヨシゴイ属)および標本ヨシゴイ雌【4258】にあたる。

⑤【33521_21】　バン

表面絵の脇に「# 1943」の記載がある。これはリストの 137 バンおよび標本バン【4162】にあたる。

⑥【33521_26】　ヒドリガモ

表面絵の脇に「# 1871」の記載がある。これはリストの 89 ヒドリガモおよび標本ヒドリガモ【4319】にあたる。

⑦【33521_30】　ヒドリガモ

表面絵の脇に「# 1188」の記載がある。これはリストの 88 ヒドリガモおよび標本ヒドリガモ【4318】にあたる。

⑧【33521_27】　キンクロハジロ(写真 2-6)

表面絵の脇に「# 1276」の記載がある。これはリストの 93 スズガモおよび標本スズガモ【4041】にあたるものと考えられる。ただし，絵に付属する学

写真 2-6　【33521_27】脇にある「# 1276」

名はブラキストン目録でいうキンクロハジロであり，描かれている鳥の紫がかった色はキンクロハジロの雄にみえる。この相違をどのように考えるべきであろうか。リスト94には *Fuligula cristata* キンクロハジロ♂の記載(1784の管理番号を持つ)があるので，この図における書き込み番号は誤記ではないかと考えられる。

⑨【33521_37】 ミコアイサ

表面絵の脇に「#1907」の記載がある。これはリストの147ミコアイサおよび標本ミコアイサ【4089】にあたる。

⑩【33521_41】左 ハジロカイツブリ

表面絵の脇に「1007」の記載がある。これはリストの141ハジロカイツブリおよび標本ハジロカイツブリ【4134】にあたる。

⑪【33521_41】右 カイツブリ(写真2-7)

表面絵の脇に「#1492」の記載がある。これは「1429」の誤りと推察され，リストの140カイツブリおよび標本カイツブリ【4131】にあたるものと考えられる。

⑫【33521_42】 ウトウ

表面絵の脇に「No.1209 ♂」の記載がある。これはリストの152ウトウ

写真2-7 【33521_41右】にある「#1492」

および標本ウトウ雄【4236】にあたる。

⑬【33521_43】　ハシブトウミガラス

表面絵の脇に「#2044　♂」の記載がある。「2044」はリストには確認できないが，現存標本ハシブトウミガラス雄【4215】にこの番号のラベルが付属している。なお，東博所蔵『博物館図譜』中のブラキストン剝製模写図にハシブトウミガラスも含まれており，ブラキストンが開拓使に貸し出した標本中にハシブトウミガラスが含まれていたことは間違いない。

⑭【33521_44】　マダラウミスズメ（写真2-8）

表面絵の脇に「No.1918　♀（♀の記号は天地逆転）」の記載がある。これはリストの156「*Brachyrhampus kittlitzi*」（マダラウミスズメ属）(25) にあたる。標本は現存しない。

⑮【33521_46】　ウミスズメ

表面絵の脇に「No.1731　♂」の記載がある。これはリストの153ウミスズメおよび標本ウミスズメ雄【4213】にあたる。

⑯【33521_49】　ユリカモメ

表面絵の脇に「#1352」の記載がある。これはリストの167ユリカモメおよび標本ユリカモメ【3989】にあたる。

以上，15点16件の記載情報について確認した。情報のない③と，誤記の

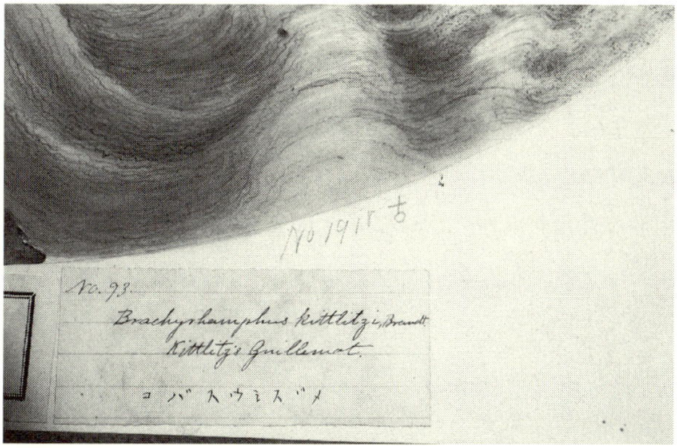

写真2-8　【33521_44】脇にある「No.1918」と天地逆転した「♀」

可能性のある⑧，⑪を除くすべての記載番号がブラキストンの貸し出しリストないし現存標本のブラキストンの管理番号と合致したことになる。それでは，この記載はいつ，どのような目的で行われたものであろうか。

まず，この絵画資料群がブラキストン標本に基づいて描かれたものではないという仮説で考えてみる。1878(明治11)年，東京において制作されたというこの画帖および制作年代・場所の明らかとならない額やめくりの図は，その所蔵・移管の歴史を検討するならば，開拓使の東京仮博物場において制作されたものであることを裏付ける根拠が必ずしも明確ではないからである。

北大植物園・博物館は，もともと開拓使の札幌博物場として設立された施設である。既述したように，東京仮博物場の資料は1881(明治14)年5月に各博物場へ移管(26)され，現在に至っている。しかし，1877年に東京で制作された別の博物画帖【33157】を含む絵画資料群は，1882年の札幌博物場の札幌農学校移管の際に，札幌博物場旧蔵資料として確認されるものの，今回検討しようとする「鳥類図」はそこに含まれていない(加藤 2001)。これらは札幌博物場へ移管されたのではなく，鳥類標本(27)とともに，1881年に札幌農学校へ移管された可能性もある(28)が，それを裏付ける材料は現在のところ見出せない。今回検討対象となっている「鳥類図」が，明らかに開拓使由来の資料であるといえない以上，その他の可能性を排除するわけにはゆかず，検討を要するのである。

今回検討しようとする「鳥類図」がブラキストンの標本に基づいて描いたものでないと仮定して，なぜブラキストンの管理番号が記載される必要があったのだろうか。考えられる理由は，描かれた鳥の同定に際してブラキストン標本を利用したということである。しかし，この考えにはやや無理がある。雌雄が同じ外部形態のウミスズメなど(⑫，⑬，⑭，⑮)に「♂」「♀」の記載をする理由がわからないこと，①のように計測値まで記載する必要がないことが挙げられる。また，同定目的で記載したならば，⑧にみられるように別の種の番号を記載することも考えられず，⑭のように「♀」の記号を天地逆転に記載することも考えづらい。また，ブラキストンの標本は1種1点のみというものではなく，番号の記載されている種であれば，現時点で3点から9点が保存されている(29)。単純に種の同定ということであれば，どの番号のものであってもよいはずで，15件中13件までがブラキストンの貸し出しリストに掲載されている番号であることは，後に同定のために利用されたという可能性を極めて低くする。同定のためにブラキストンの標本を利用したとするならば，少なくとも開拓使に貸し出されていた期間に利用されたと考える必要があろう。

開拓使に標本が貸し出されていた期間に，何らかの機関が同定のために標本を利用できた可能性はあるだろうか。記録に残されているものでは，博覧会＝内務省の博物館に貸し出されたことが確認できるが，それらは次節で検討するように内務省の博物館で模写を行うために貸し出されたものであり，ここで検討している「鳥類図」の種同定を行うために用いられたものではない。内務省の博物館以外に，ブラキストンの剝製を借用することが可能で，これほど大掛かりな博物画を制作し，かつ現在の北大植物園・博物館に資料が所蔵される可能性のある機関はやはり開拓使東京出張所・東京仮博物場以外には考えられない。「鳥類図」に記載された番号は，ブラキストン標本を模写する際に，標本に記載された番号を書き込んだものと考えてよかろう(30)。このように考えれば，⑧にみられた番号の誤記も，当初リスト93のスズガモを模写する予定で「1276」の書き込みをしたが，何らかの手違いで94のキンクロハジロを模写することになったために混乱が生じたという可能性が考えられる。また，雌雄の記号が逆転している⑭であるが，このような記載はブラキストンのラベルに時折見出すことができるものである(31)。この番号を記載した人物は，動物学的視点ではなく，模写のためにラベルの記載をそのまま写したと考えるべきであろう。

北大植物園・博物館所蔵「鳥類図」は，その移管過程こそ明確にはならないが，記載されたブラキストンの管理番号から，東京仮博物場においてブラキストン標本を模写して，制作されたものであると位置づけられる。

2. 東博所蔵『博物館図譜』に描かれたブラキストン標本

2.1 「ブラキストン図」について

東博所蔵『博物館禽譜』(32)，『博物館写生図』(33) は，明治初年に博物局が制作・編集した『博物館図譜』に含まれる鳥類図譜である。『博物館図譜』については，磯野(1992，1993)，佐々木(2001)によって詳しく紹介されているように，江戸時代の博物家や絵師が描いた図や，博物局所属の絵師たちが新たに描いた図を編集した動物図譜であり，そのうち，鳥類については『博物館禽譜』と『博物館写生図』の一部，『百鳥図・異獣図』(34) の一部などにまとめられている。

『博物館図譜』に描かれている鳥類図は 600 点を超えるが，『博物館禽譜』と『博物館写生図』の中に，1877(明治 10)年 3 月から 5 月に模写された「ブラキストン氏剝製写」という記載のある鳥類図が 76 点(35) 含まれていることが知られている。この図についてはすでに磯野(1992)が報告しており，これらの『博物館禽譜』，『博物館写生図』中のブラキストン図(以下，「ブラキストン図」と略)の制作経緯が推測されている。以下，その内容について要約する。

1877(明治 10)年 4 月および 5 月に模写された「ブラキストン図」は，1876 年から翌年にかけて，開拓使の東京出張所において模写するために，ブラキストンが開拓使に標本 170 点を貸し出していることから，この際に貸し出された標本を基に描かれた可能性が高い。特に，1877 年 2 月に貸し出された標本は 70 点であり，76 点のブラキストン図はこの 70 点を基に描いたものであるかもしれない。「ブラキストン図」を描いた絵師は，中島仰山・高野則明・馬淵の 3 名で，彼らが開拓使に雇われ，剝製を 2 枚ずつ模写し，1 枚を博物局に，1 枚を開拓使に渡したものであろうが，開拓使に提出された図の行方は不明である。

磯野の見解は，本章 1.1 でみた彌永(1979)の情報に基づいており，貸し出しの時期や貸し出された標本の点数について若干の誤りがある。また，前節で確認したように，開拓使が借用して絵師に描かせた鳥類図譜は北大植物園・博物館に所蔵されているものである。開拓使に雇われた絵師は牧野数江ら[36]であり，磯野が述べるように「ブラキストン図」の絵師中島仰山らが開拓使に雇われたという事実はない。開拓使によって制作された鳥類図譜の発見により，「ブラキストン図」の成立過程についても再検討が必要である。以下，「ブラキストン図」の成立過程と描かれた鳥のモデルとなった標本について検討することとしたい。

2.2　博物局によるブラキストン標本の借用

東博所蔵「ブラキストン図」は開拓使の雇った絵師によって制作されたものではない。しかし，「ブラキストン図」が制作された1877(明治10)年3月から5月はまさしく開拓使の東京仮博物場がブラキストンから標本を借用し，鳥類図を制作していた時期にあたる。この時期のブラキストンの動向について検討する必要があるだろう。

北海道大学附属図書館に所蔵されるブラキストンに関係する書簡から，ブラキストンが開拓使に貸し出した後，別の機関にその標本を貸し出そうとしていたことが確認される。

〔史料2　1877年4月13日付野口源之助宛ブラキストン書簡〕[37]

> The birds your artists have traced deliver to Mr. Ono — chief of the Hakurankai, and for others in exchange as you require. Then Mr. Ono has charge of all I have left behind.

この書簡は，1877(明治10)年4月13日に東京に滞在していたブラキストンが，開拓使に送った書簡の一部である。ここにみるように，開拓使に貸し出した鳥類標本をブラキストンが「Hakurankai」の「chief」である「Ono」に送ろうとしていたことが確認される。ここにみる「Hakurankai」および「Ono」について検討してみたい。

1877(明治10)年において，「Hakurankai」といえば，同年に上野で開催された第1回内国勧業博覧会が想起されるが，その事務局職員の中には「Ono」という名前の人物は確認できない[38]。また，ブラキストンの標本が内国勧業博覧会に出品されたという記録もない[39]ことから，この「Hakurankai」は内国勧業博覧会を指すものではないと考えられる。そうであれば，可能性のあるものは博物局の旧称であるところの正院所属「博覧会事務局」であろう[40]。ブラキストンが，博物局の名称を1875年までの博覧会事務局と混同していたとすれば，「Ono」なる人物は，博物局六等属，ブラキストン書簡の三月後には天産課長心得となる小野職愨であると考えられる。この点については，もう1通のブラキストン書簡が示唆を与えてくれる。1877年11月19日付のブラキストン書簡[41]は，現在ほとんど判読不可能であるが，「Ono」，「Museum」という記載が確認できる。ここに記された「Museum」については，開拓使の博物館(東京仮博物場)を指している可能性もあり，断片的な記載から推論することは慎むべきではあるが，この「Museum」が博物局ないし，博物局が管理していた陳列場である博物館を指していると考えるならば，ブラキストンはこの頃までには小野の肩書きについて正しい情報を入手していたとみることができるかもしれない。また仮にブラキストンのいう「Hakurankai」が内国勧業博覧会の事務局だったとしても，事務局に籍を置く田中芳男は博物局の大書記官を兼務しており，実質的に田中の下で働いていた小野職愨を博覧会の事務局員と誤解した可能性もあり，どちらの可能性も否定することはできない。いずれにせよ，1877年4月頃にブラキストンが標本を貸し出した「Ono」は，小野職愨以外には考えられない。

さて，開拓使に貸し出された標本が1877(明治10)年4月に博物局の小野職愨に貸し出されたこと，「ブラキストン図」の模写の時期が同年3月から5月であり，その絵師である中島仰山らが博物局の絵師であることを考え合わせると，小野によるブラキストン標本の借用の目的は，当時の博物局で進められていた『博物館図譜』の制作のためであったと考えられる。ここから，「ブラキストン図」に描かれた鳥は，開拓使に貸し出されていた標本と同じものであると考えられるが，「ブラキストン図」のうち若干に同年3月模写という記録があるのに対し，標本を小野に送ることが開拓使へ伝達されたのが4月13日であることから，ブラキストンから開拓使に書簡が出される以前から標本の貸し出しが始まっていたものと推測される。これにより，開拓使への貸し出し標本と小野への貸し出し標本がまったく同一のものであったと断言することはできないが，ブラキストンがそれぞれの機関に貸すために別々に標本を送ったとは考えづらく，4月以前においても開拓使に送られていた標本が貸し出されたことは想像に難くないので，「ブラキストン図」に描かれた鳥は，開拓使への貸し出しリストや「鳥類図」にその存在を確認することができるはずである。以下，この点について検討したい。

2.3　ブラキストン標本と「ブラキストン図」

「ブラキストン図」の制作が1877(明治10)年3月から5月，大部分は5月に集中していることから，博物局が借用した標本は，ブラキストンが最初に開拓使に貸し出した100点の大部分(70点を1876年末に返却済み)ではなく，2度目の70点および3度目に送られた大小2箱の標本が中心であると予想される。ブラキストンの貸し出した鳥類標本の種名が明確になるものは，表2-2～2-4で確認したように，1度目および2度目のリストに掲載されている170点およびプライヤーの書簡にみる4点のうち標本が現存する2点の計172点のみであるため，博物局が借用したと考えられる3度目以降の貸し出し標本の全容を知る材料は乏しい。しかし，「ブラキストン図」にはこれまでまったく触れられることのなかった記載があり，これにより「ブラキストン図」のモデルとなった標本が，ブラキストンが開拓使に貸し出した標本であることが確認される。この記載について紹介したい。

「ブラキストン図」には，「明治十年五月ブラッキストヲン氏剝製写」といった模写日時の記載の他に，鳥の名前・異称，採集地・性別に加え，いく点かには他の図譜に描かれた鳥との比較や，嘴などの色合いが不詳であることなど，鳥そのものについての記載や模写の際に行われたと考えられる記載がある(42)。これらは，描かれた「ブラキストン図」とあわせ読むために記載されたものであり，他の『博物館図譜』所収の鳥類図にも確認されるものである。しかし，「ブラキストン図」にはこれらの記載とは別の書き込みがあることについては，これまで触れられることがなかった。

この書き込みは，『博物館禽譜』第3冊「渉類下，游類」に集中してみられる。例示すると，『博物館禽譜』第3冊の13件目に描かれたアカエリヒレアシシギ図(43)の「千鳥」という鳥名記載の上に「二十四」という書き込みがあり，28件目のオオメダイチドリ図の脇に「1738」という記載がある。これらについて，表2-6にまとめた。

件番75オグロシギにみるように，図によっては，漢数字と，アラビア数字の両方の記載がある(写真2-9)。このことから，この2種の書き込みは別系統のものであると考えられる。まず，アラビア数字のものについて検討してみたい。この数字は，「鳥類図」と同じように，ブラキストンの管理番号が記載されたものであると考えられる。『博物館禽譜』47件目キョウジョシギ図には，「1944」という書き込みがある。この数字をブラキストンの貸し出しリストの中で探すと，表2-3の122に「1944」の記載のあるキョウジョシギが存在する。また，75件目オグロシギ図には「1862」の記載があり，これは表2-3の115「1862」オグロシギ(ブラキストンの記載した学名ではソリハシシギ)に該当する。これら2件以外のアラビア数字の番号は，ブラキストンの貸し出しリストの中には確認することができないが，上述したように，博物局に貸し出された標本は，ブラキストンが開拓使に貸し出した標本のうち，2度目の70点とそれ以降に貸し出したものが中心となっていたと考えられるのに対し，現在判明するブラキストンの貸し出し標本は1度目の標本100点が中心となっているために確認できないものと考えられる。これらは，リストとして現存しない3度目以降の貸し出し標本の番号であろう。

貸し出しリストには確認できない管理番号を，現存する標本のラベル2・3の番号と照合すると，28件目オオメダイチドリ図の「1738」は，メダイチドリ【3771】付属のラベル番号「1738」と合致する。31件目シマクイナ？図の「1634」は，シマクイナ【4195】の「1634」に合致する。138件目コシジロウミツバメ図の「2049」も，コシジロウミツバメ【3633】の「2049」に合致する。

次に，漢数字の記載である。これらは，ブラキストンの2度目の貸し出し70点における通し番号であると考えられる。75件目のオグロシギ図にはアラビア数字とともに「十五」の記載がある。先ほど確認したように，このオ

表2-6　「ブラキストン図」に記載された数字とブラキストン標本との照合

件番	描かれた鳥	アラビア数字	漢数字	貸し出しリスト ID	該当する標本	ラベル記載
13	アカエリヒレアシシギ		二十四	124	アカエリヒレアシシギ【3938】	
28	オオメダイチドリ	1738		無	メダイチドリ【3771】	1738
30	メダイチドリ	1747		無		
31	シマクイナ？	1634		無	シマクイナ【4195】	1634
47	キョウジョシギ	1944		122	キョウジョシギ【3943】	1944
49	ダイゼン		三	103		
59	タカブシギ		十	110	クサシギ【3941】	十
72	ヤマシギ	1511		無		
73	カラフトアオアシシギ		七	107	アオアシシギ【1863】	
75	オグロシギ	1862	十五	115	オグロシギ【3897】	1862，十五
80	キアシシギ		六	106		
83	チュウシャクシギ		卅三	133	チュウシャクシギ【3895】	
86	クイナ		三十九	139	クイナ【4186】	卅九
95	シマクイナ	1846		無		
138	コシジロウミツバメ	2049		無	コシジロウミツバメ【3633】	2049

「件番」欄は，『博物館禽譜』第3冊中の件番を示す。この番号および描かれた鳥の名称は，菅原による同定一覧に基づく。

「貸し出しリストID」欄は，「博物館禽譜」に記載された数字と合致する情報を持つ表2-2〜2-4のIDである。ここに「無」とあるものは，ブラキストンの貸し出しリスト中に該当するものがないことを示す。

「該当する標本」欄および「ラベル記載」欄は，「ブラキストン図」の記載およびブラキストンの貸し出しリストと合致する北大植物園・博物館所蔵標本の名称および標本番号，付属ラベルの情報である。

写真2-9　件番75 オグロシギ図(東京国立博物館所蔵，Image: TNM Image Archives)。右上に「1862」左下に「十五」の書き込みがある。

グロシギのモデルとなった標本は，ブラキストンの貸し出しリスト115のオグロシギである。表の通し番号が1度目と2度目の貸し出しリストをあわせたものであるため，115番目となってしまうが，2度目の貸し出しに際して作成されたリストの中では，「十五」番目にこのオグロシギは記載されているものである。この他，86件目クイナ図の「三十九」という記載は，表2-3の139クイナに該当するなど，すべての記載が合致する。開拓使の「鳥類図」では，標本に付属する漢数字のラベルは用いられることがなかったが，「ブラキストン図」では照合用に用いられており，表にみるように「ブラキストン図」に記された「十」，「十五」，「三十九」の記載の根拠となったラベルが現在も確認される。

以上のことから，「ブラキストン図」に記載されたアラビア数字および漢数字は，ブラキストンの標本に付属していた番号を，産地や性別とともに書き写したものであることが裏付けられる。ただし，この番号をいかなる目的で書き写したかについては判然としない。アラビア数字の多くは図の縁に記載されていて，絵師が模写継続のための符号としたとも考えられるが，漢数字は後に裁断することができないような場所に記載されており，こちらについては模写の際のメモのような利用方法を想定することはできない。これらの記載は，「ブラキストン図」中でも一部分にしか確認されないことから，何らかの目的があったかのようにも推測される。田中芳男が鳥に関する情報を書き込むために，標本と照合する目的で記載させたとも考えられないではないが，現時点では明らかにすることはできない(44)。

「ブラキストン図」の漢数字やアラビア数字がいかなる目的で書き込まれたかについて明らかにすることはできないが，「ブラキストン図」の制作時期，携わったと考えられる人物，また書き込まれた数字からみて，「ブラキストン図」は，開拓使に貸し出された後，博物局に貸し出された標本をモデルに模写したものであることが確認された。

2.4　ブラキストンの貸し出しリストと描かれた鳥類図との照合

最後に，モデルとなる標本を特定できない鳥類図も，ブラキストンの貸し出しリストに掲載されているものがあるかについて検討してみたい。まず，『博物館図譜』所収のものについて検討する。

表2-7は，「ブラキストン図」を一覧にし，ブラキストンが開拓使に貸し出した際のリストの鳥名と照合したものである。ただし，これまで「ブラキストン図」は76点とされてきたが，実際は78点ある。菅原・柿澤(1993，資料)による『博物館禽譜』および『博物館写生図』の鳥名同定の一覧において，「ブラキストン図」に含まれるべき図が2件抜け落ちていることが関係しているのかもしれない。まず，この点について確認しておきたい。

『博物館禽譜』第3冊の119件目ウミスズメ雌図の次頁には，別のウミスズメ雌が描かれている。これにもブラキストンの剥製を模写したことが記載されている。また，『博物館写生図』第6冊の32件目のアビ(45)雌とは別の紙に，アビ雄の頭部が描かれている。これにもブラキストン標本を模写したことが記載されている。アビ図については，菅原・柿澤の一覧ではアビ雌雄として，1件にまとめられているが，別の標本を模写していることから，別のものとして扱うべきであろう。表2-7では一覧に基づきつつ，「119b」，「32b」としてこの2件を加えてある。

表2-7を利用しつつ検討してみると，「ブラキストン図」のうち，『博物館禽譜』第3冊に含まれる図には，ブラキストンの管理番号および2度目の貸し出し標本の番号が記載されており(表2-7備考欄，「ア」，「漢」の記載のあるもの)，番号の記載がないものであっても照合結果から，開拓使に対する2度目の貸し出し標本70点に含まれている種類の鳥が多く描かれていることがわかる。この傾向は『博物館写生図』にも同様に見受けられる。

これに対して，『博物館禽譜』第1・2冊に多く描かれている小型の鳥は，ブラキストンが開拓使に1度目に貸し出した種類の鳥が多く含まれているようである(表2-1の1〜70までの鳥と合致)。しかし，これについては検討の余地がある。開拓使は1度目の借用標本100点のうち，70点を1876(明治9)年11月にプライヤーに返却しており，そこに含まれていたと考えられるブラキストンの貸し出しリスト前半部の標本はそのまま博物局に貸し出されてはいないと推測されることから，これらの標本は「ブラキストン図」のモデルとして利用されていない可能性がある。また，『博物館禽譜』第1冊の131件目に描かれたマキノセンニュウが雌であるのに対し，ブラキストンが1度目に貸し出したマキノセンニュウが雄(表2-2の34)であることを鑑みるならば『博物館禽譜』第1・2冊に描かれた小型の鳥類のモデルとなった標本は，開拓使に対する1度目の貸し出し標本ではなく，3度目以降に貸し出されたものである可能性が高いのである。横浜のプライヤーの手元にあった開拓使からの返却標本が改めて貸し出された可能性もあるが，表2-7の比定のうち，リストの100番以下の番号に該当するものについては，参考程度にとどめる必要がある。

次に，「鳥類図」の照合を行うこととする。表2-8は，「鳥類図」に付属する学名および描かれた鳥そのものから種名を同定したものと，ブラキストン貸し出しリストの学名(表2-2および2-3)とを照合したものである。同じ種で雌雄が絵から確認できないものや，同じ種の標本を2点ブラキストンが貸し出しているような場合など，恣意的に照合した部分もあり厳密なものではな

表2-7　「ブラキストン図」とブラキストンの貸し出し標本リストとの照合

巻・号	件番	描かれた鳥	リスト照合	備考
957-1	26	クマゲラ	67	
957-1	27	ヤマゲラ	66	
957-1	32	アリスイ	—	
957-1	39	イワツバメ	8	
957-1	40	ショウドウツバメ	—	
957-1	42	ツバメ	7	
957-1	64	ゴジュウカラ	24	
957-1	87	タヒバリ	39	
957-1	88	タヒバリ	39	
957-1	89	イソヒヨドリ	14	
957-1	90	イソヒヨドリ	13	
957-1	107	アカモズ	—	
957-1	108	アカモズ	12	
957-1	109	モズ	—	
957-1	110	オオモズ	—	
957-1	126	オオルリ	—	
957-1	131	マキノセンニュウ	34	
957-1	138	タヒバリ	—	
957-1	186	ニュウナイスズメ	—	
957-1	188	オオジュリン	46	
957-1	189	オオジュリン	46	
957-1	190	ベニマシコ	55	
957-1	191	ユキホオジロ	—	
957-2	21	コムクドリ	60/61	
957-2	159	オオヨシゴイ	—	
957-2	160	オオヨシゴイ	—	
957-3	12	キリアイ？	—	
957-3	13	アカエリヒレアシシギ	124	漢
957-3	16	ウズラシギ	128	
957-3	17	ヒバリシギ？	129	

巻・号	件番	描かれた鳥	リスト照合	備考
957-3	18	キアシシギ	–	
957-3	23	ムナグロ(冬羽)	102	
957-3	25	メダイチドリ	–	
957-3	27	キョウジョシギ	–	
957-3	28	オオメダイチドリ	–	ア
957-3	30	メダイチドリ	–	ア
957-3	31	シマクイナ？	–	ア
957-3	47	キョウジョシギ	122	ア
957-3	49	ダイゼン	103	漢
957-3	59	タカブシギ	110	漢
957-3	72	ヤマシギ	–	ア
957-3	73	カラフトアオアシシギ	107	漢
957-3	74	オオソリハシシギ	114	
957-3	75	オグロシギ	115	ア・漢
957-3	76	オオハシシギ	–	
957-3	80	キアシシギ	106	漢
957-3	83	チュウシャクシギ	133	漢
957-3	85	チュウシャクシギ	–	
957-3	86	クイナ	139	漢
957-3	95	シマクイナ	–	ア
957-3	96	シマクイナ	–	
957-3	113	ウトウ	151	
957-3	114	ウトウ	152	
957-3	118	マダラウミスズメ	155	
957-3	119	ウミスズメ	154	
957-3	119 b	ウミスズメ	–	
957-3	127	アジサシ	–	
957-3	130	カモメ	–	
957-3	131	ユリカモメ	167	
957-3	132	ユリカモメ	168	
957-3	133	ユリカモメ	167	

巻・号	件番	描かれた鳥	リスト照合	備考
957-3	134	フルマカモメ	—	
957-3	135	ハシブトウミガラス	—	
957-3	137	ハイイロウミツバメ	—	
957-3	138	コシジロウミツバメ	—	ア
957-3	139	ハイイロウミツバメ	—	
957-3	161	コケワタガモ	—	
957-3	162	コオリガモ	96	
957-3	163	コオリガモ	—	記載
2374-5	3	ミサゴ	—	
2374-6	11	サンカノゴイ	135	
2374-6	17	カワアイサ	—	
2374-6	18	ウミアイサ	143	
2374-6	19	ホウロクシギ	132	
2374-6	21	ヒメウ	160	
2374-6	30	ビロードキンクロ	90	
2374-6	32	アビ	142	
2374-6	32 b	アビ	—	

「巻・号」欄は，『博物館禽譜』(957)の第1〜3冊，『博物館写生図』(2374)の第5・6冊であることを示す。
「件番」欄および「描かれた鳥」欄は，表2-6に同じ。
「119 b」，「32 b」については，本文参照。
「リスト照合」欄は，ブラキストンの貸し出しリストに掲載されている鳥であるか否かを照合し，表2-2〜2-4の番号を記載したもの。
「備考」欄の「ア」は図中にアラビア数字で，「漢」は漢数字でブラキストン標本に付属する番号が記載されているもの。
「記載」は，標本に記載されている情報が，図中に記されているもの。

いが，照合結果を検討してみれば，描かれている鳥(141点，187羽)のうち，ブラキストンの貸し出しリストと合致しないものは42羽であり，絵から同定できなかったシギ類，ガンカモ類，カモメ類が同定できていれば，合致件数はさらに増えたものと考えられる。また，貸し出しリストにない種のうち，モズ【33522_26】，アリスイ【33522_47】，コケワタガモ【33521_39】，ハシブトウミガラス【33521_43】，ハイイロウミツバメ【33521_48】，アジサシ【33521_

表 2-8 「鳥類図」とブラキストン貸し出しリストとの照合

分類	「鳥類図」番号	描かれた鳥名	リスト照合	備考
画帖小	【33522_01】	コノハズク	5	
	【33522_02】	オオコノハズク	4	
	【33522_03】	アマツバメ	6	
	【33522_04】左	ツバメ	7	
	【33522_04】右	イワツバメ	8	
	【33522_05】	カワセミ♀	9	
	【33522_06】左	キバシリ	25	
	【33522_06】右	マキノセンニュウ	34	
	【33522_07】	ミソサザイ	35	
	【33522_08】左	シジュウカラ	22	
	【33522_08】右	ヤマガラ	23	
	【33522_09】左	ヒガラ	20	
	【33522_09】中	コガラ	21	
	【33522_09】右	ゴジュウカラ	24	
	【33522_10】	ゴジュウカラ	24	
	【33522_11】左	コガラ	21	
	【33522_11】右	シマエナガ	—	
	【33522_12】	マキノセンニュウ	34	
	【33522_13】左	セグロセキレイ	36	
	【33522_13】右	セグロセキレイ	37	
	【33522_14】	キセキレイ♂	38	
	【33522_15】	アカハラ♂	17	
	【33522_16】	ハチジョウツグミ	18	
	【33522_17】	ツグミ	16	
	【33522_18】	ムクドリ	59	
	【33522_19】左	コムクドリ♀	61	
	【33522_19】右	コムクドリ♂	60	
	【33522_20】	オオルリ♂	—	
	【33522_21】	イソヒヨドリ♂	13	
	【33522_22】	イソヒヨドリ♀	14	
	【33522_23】	ヒヨドリ	15	
	【33522_24】	キレンジャク	58	

分類	「鳥類図」番号	描かれた鳥名	リスト照合	備考
画帖小	【33522_25】	アカモズ	12	
	【33522_26】	モズ	−	T
	【33522_27】左	ジョウビタキ♂	30	
	【33522_27】右	ノビタキ♂	27	
	【33522_28】左	キビタキ♂	11	
	【33522_28】右	コサメビタキ	10	
	【33522_29】左	ムシクイ類	33	
	【33522_29】右	ムシクイ類	33	
	【33522_30】左	コルリ♂	29	
	【33522_30】右	ノゴマ♂	26	
	【33522_31】	カワガラス	19	
	【33522_32】左	ベニマシコ♂	54	
	【33522_32】右	ベニマシコ♀	55	
	【33522_33】左	ハギマシコ♀	−	
	【33522_33】右	ハギマシコ♂	62	
	【33522_34】左	ウソ♂	52	
	【33522_34】右	ウソ♀	53	
	【33522_35】左	カシラダカ♀	44	
	【33522_35】右	ホオアカ	41	
	【33522_36】左	オオジュリン♂	46	
	【33522_36】右	アオジ♂	45	
	【33522_37】	スズメ(1)	47	
	【33522_38】	シメ	56	
	【33522_39】左	ホオジロ♂	42	
	【33522_39】右	カシラダカ♂	43	
	【33522_40】左	マヒワ♀	−	
	【33522_40】右	マヒワ♂	49	
	【33522_41】左	アトリ	50	
	【33522_41】右	ベニヒワ	51	
	【33522_42】	カワラヒワ♂	48	
	【33522_43】左	イスカ♂	57	
	【33522_43】右	イスカ♀	−	
	【33522_44】左	コゲラ♂	70	

分類	「鳥類図」番号	描かれた鳥名	リスト照合	備考
画帖小	【33522_44】右	アカゲラ♂	68	
	【33522_45】	ヤマゲラ♂	66	
	【33522_46】	オオアカゲラ♂	69	
	【33522_47】	アリスイ	―	T
	【33522_48】	ウズラ♂	73	
	【33522_49】	ヒクイナ	138	
画帖大	【33521_01】	チゴハヤブサ	―	
	【33521_02】	オオコノハズク	4	
	【33521_03】	オオヨシキリ	32	
	【33521_04】	ミヤマカケス	65	
	【33521_05】左	タヒバリ	39	
	【33521_05】右	ヒバリ	40	
	【33521_06】	キジバト	72	
	【33521_07】	エゾライチョウ	74	
	【33521_08】	ヨシゴイ	136	
	【33521_09】	ダイゼン	103	
	【33521_10】左	アカエリヒレアシシギ	124	
	【33521_10】右	エリマキシギ	―	
	【33521_11】	オオソリハシシギ	114	
	【33521_12】左	ハマシギ	126(2)	
	【33521_12】右	キョウジョシギ	122	
	【33521_13】	オグロシギ	115	
	【33521_14】左	タシギ	120	
	【33521_14】右	アオアシシギ	107	
	【33521_15】左	キアシシギ	108	
	【33521_15】右	キアシシギ	109	
	【33521_16】左	チュウシャクシギか	133	
	【33521_16】右	クサシギか	110	
	【33521_17】左	ジシギ	120	
	【33521_17】右	オオジシギ	117	
	【33521_18】	ヨシゴイ(3)	136	B
	【33521_19】	ヨシゴイ	136	
	【33521_20】	クイナ	139	

分類	「鳥類図」番号	描かれた鳥名	リスト照合	備考
画帖大	【33521_21】	バン	137	B
	【33521_22】	コガモ♂	84	
	【33521_23】	コガモ♀	85	
	【33521_24】	ヨシガモ♀	87	
	【33521_25】	ヨシガモ♂	86	
	【33521_26】	ヒドリガモ♀	89	B
	【33521_27】	キンクロハジロ♂	94	B(4)
	【33521_28】	スズガモ	92	
	【33521_29】	ホオジロガモ♀	100	
	【33521_30】	ヒドリガモ♂	88	B
	【33521_31】	クロガモ	−	
	【33521_32】	シノリガモ	98	
	【33521_33】	スズガモ	92	
	【33521_34】	ホオジロガモ♂	99	
	【33521_35】	コオリガモ♀	96	
	【33521_36】	コオリガモ♂	95	
	【33521_37】	ミコアイサ♀	147	B
	【33521_38】	シノリガモ	97	
	【33521_39】	コケワタガモ♂	−	T
	【33521_40】	ビロードキンクロ	91	
	【33521_41】左	ミミカイツブリ	141	B
	【33521_41】右	カイツブリ	140	B
	【33521_42】	ウトウ♂	152	B
	【33521_43】	ハシブトウミガラス	−	B，T
	【33521_44】	マダラウミスズメ	156	B
	【33521_45】	マダラウミスズメ	155	
	【33521_46】左	ウミスズメ♂	153	B
	【33521_46】右	ウミスズメ	154	
	【33521_47】左	コシジロウミツバメ	161	
	【33521_47】右	コシジロウミツバメ	−	T
	【33521_48】	ハイイロウミツバメ	−	T
	【33521_49】	ユリカモメ	167	B
	【33521_50】	アジサシ	−	T

分類	「鳥類図」番号	描かれた鳥名	リスト照合	備考
めくり	【33313】	ヨタカ	—	
	【33314】左	アオアシシギ	107	
	【33314】右	シギ類	—	
	【33315】	ツツドリ(5)	71	B
	【33316】左	オシドリ♀	—	
	【33316】右	オシドリ♂	—	
	【33317】	クマゲラ	67	B
	【33318】	サカツラガン	—	
	【33319】	サンカノゴイ	135	
	【33320】左	フルマカモメ	—	T
	【33320】右	フルマカモメ	—	T
	【33321】	ハシブトガラス	63	
	【33322】	マガモ♀(6)	81	
	【33323】	ハシボソガラス	64	
	【33324】	フクロウ	—	
	【33325】	フクロウ	—	
	【33326】	ハイイロチュウヒ	3	
	【33327_1】	ムナグロ	101	
	【33327_2】	ムナグロ	102	
	【33327_3】	ミユビシギ	123	
	【33327_4】	シギ類(7)	—	
	【33327_5】	ホウロクシギ	132	
	【33327_6】	ヤマシギ	116	
	【33329】	ケアシノスリか	—	B
	【33330】左	ダイサギか	—	
	【33330】右	ダイサギか	—	
	【33331】	クマタカ	—	
額装	【33431】	セグロカモメか	—	
	【33432】	オナガガモ	78	
	【33433】	カモ類	—	
	【33434】左	オオセグロカモメか	166	
	【33434】右	ウミネコ	162	
	【33435】	カルガモ	82(8)	

分類	「鳥類図」番号	描かれた鳥名	リスト照合	備考
額装	【33436】	マガモ♂か	80	
	【33437】	カモ類	—	
	【33438】左	セグロカモメか	—	
	【33438】右	シロカモメ	163	
	【33439】	エトロフウミスズメ	—	
	【33440】	ウトウ	151	
	【33441】左	ハシビロガモ♂	76	
	【33441】右	ハシビロガモ♀	77	
	【33442】左	トモエガモ♂	—	
	【33442】右	トモエガモ♀	—	
	【33443】	トキ	134	
	【33444】	シジュウカラガン	—	
	【33445】	アビ	142	
	【33446】	ダイサギか	—	
	【33447】左	マガン	149	
	【33447】右	カリガネ	148	
	【33448】	アオサギ	—	
	【33449】	オジロワシ	—	
	【33450】	カモ類	—	
	【33451】	オオワシ	1	
	【33452】	オジロワシ	—	
	【33453】	クロアシアホウドリ	169	
	【33454】	アホウドリ	170	

「備考」欄の「B」はブラキストン貸し出しリストの番号記載があることを示す。「T」はリストに確認できない種であっても「ブラキストン図」に当該種が描かれていることを示す。

(1)絵に付属する学名はニュウナイスズメ，頭部の赤みからすればニュウナイスズメともいえるが，頰の黒斑が強調されており，スズメと判断した。
(2)ブラキストンリスト126，127ともに♂，どちらであるかは確定できない。
(3)絵に付属する学名はオオヨシゴイ。
(4)ブラキストンの番号によれば，93のスズガモになる。
(5)絵に付属する学名はカッコウ。
(6)裏面にカルガモの学名がある。嘴の先端部の橙黄色はカルガモの特徴だが，顔の色にマガモの特徴を持つ。絵記載の学名に従っておく。
(7)絵記載の学名は *Tringa maculata*(？)。
(8)Sexを絵からは判断できず，♂の82としておく。♀であれば83。

50】，フルマカモメ【33320_左右】については，「ブラキストン図」に含まれている(46)。この他，2点描かれているコシジロウミツバメは，ブラキストンの貸し出しリストでは1点(表2-3のID 161)のみ確認されるが，すでにみたように，「ブラキストン図」に含まれる『博物館禽譜』第3冊138件目コシジロウミツバメ図が，貸し出しリストに含まれていない「2049」の管理番号記載を持ち，現存標本コシジロウミツバメ【3633】に合致することから，この標本が3度目以降に貸し出された標本の中に含まれていたことが確認される。このことから，【33521_47右】として描かれたコシジロウミツバメも後に貸し出された標本に含まれていたと推測される。このように，照合できなかった鳥の多くは当初の170点以降に貸し出されたものと考えられる。また，画帖としてまとめられなかった鳥類図が51点あったにもかかわらず，現存資料は42点に過ぎず，失われた9点の中にリスト記載の標本で照合できなかったものも含まれていただろうことを考えればこの合致件数は十分評価に値するだろう(47)。

画帖のうち小型のもの【33522】は，前半部分が背景のないものが多く，またこの画帖のみが楕円形でなく，長方形の枠の中に描かれており，様式の定まっていない様子がうかがえることと，描かれている鳥の多くが1度目の貸し出し標本のリスト1から70に記載されている鳥で占められており，かつ1枚の絵に描かれている複数の鳥は，リストの配列と類似していることから，画帖小【33522】が最初に制作され始めたものと考えられる。この他，画帖大【33521】においても画帖小【33522】と同様に，描かれている鳥がリストの70から170にかけて記載されている鳥であり，配列にも類似点がみられる。ブラキストンの標本貸し出しリストと「鳥類図」を照合することで，当時の制作状況も想像することができる。

おわりに

以上，煩雑な考察を繰り返してきたが，①制作年代，制作地，②画帖のサイズ，③「鳥類図」に記載された数字がブラキストンの管理番号であること，

④描かれた鳥の大部分がブラキストンの貸し出しリストと合致することなど，いずれの検討からも，北大植物園・博物館所蔵「鳥類図」が，開拓使の東京出張所が1876(明治9)年から1879年にかけてブラキストンから北海道産鳥類標本を借用して制作したものであるということが裏付けられた。換言すれば，これまで単なる明治期の博物画であった当該資料群が，その制作の過程，制作に用いられた標本，情報などを有する歴史的資料として位置づけられることになったのである。これにより，史料上に残されている制作に携わった絵師などについて検討することも可能となり，いっそうの研究の進展が可能となろう。一方，東博所蔵『博物館図譜』中の「ブラキストン図」について，これまで必ずしも明らかではなかったその制作経緯を，すべてではないものの，明らかとすることができ，またそこに描かれた鳥のモデルとなったブラキストンの標本とも照合することができた。

以上の結果をまとめるならば，「ブラキストン図」と「鳥類図」は同じ標本を模写したものであり，いわば兄弟のようなものであると考えることができる。「鳥類図」は，ブラキストンが開拓使に貸し出した標本のうち，1・2度目に貸し出された標本の模写が多いのに対し，「ブラキストン図」は2度目以降に貸し出された標本の模写が中心となっているようである。両者を照合しつつ，互いに補完することで，ブラキストンが開拓使・博物局に貸し出した標本の全容を知ることができる。その意味で，この2群の鳥類図の存在は，「ブラキストン標本」の1割以上のものに対し，鳥類学の標本や，また生物地理学上の発見に用いられた標本という扱いにとどめず，近代博物館の萌芽期の状況を示す参考資料として，また博物学史上に果たした役割という価値も付与することを可能とするのである。

(1) 1876年6月12日付開拓使西村貞陽宛ブラキストン書簡(文書館簿書2985「明治九，十，十一年　文移録」-61および北海道大学附属図書館所蔵開拓使外国人関係書簡(以下「外国人書簡」と略)ブラキストン001)
(2) 1876年6月15日付開拓使西村貞陽宛プライヤー書簡(文書館簿書2985-61)
(3) 1876年10月21日付プライヤー宛開拓使西村貞陽書簡(文書館簿書2985-61)
(4) 1876年11月13日付ブラキストン宛開拓使西村貞陽書簡および同日付プライヤー宛開拓使西村貞陽書簡(文書館簿書2985-61)

(5) 1876年12月17日付開拓使西村貞陽宛ブラキストン書簡(文書館簿書2985-61および外国人書簡ブラキストン003)。同月25日に開拓使が受領したことが同日付ブラキストン宛開拓使西村貞陽書簡(文書館簿書2985-61および外国人書簡ブラキストン014)から知られる。

(6) 1877年2月26日付開拓使西村貞陽宛ブラキストン書簡(文書館簿書2985-61および外国人書簡ブラキストン005)。翌月6日に開拓使が受領したことが同日付ブラキストン宛開拓使西村貞陽書簡(文書館簿書2985-61および外国人書簡ブラキストン015)から知られる。

(7) 1877年8月1日付開拓使野口源之助宛プライヤー書簡(文書館簿書2985-61および外国人書簡プライヤー001)

(8) 1877年8月15日付開拓使野口源之助宛プライヤー書簡(外国人書簡プライヤー002)

(9) 1878年8月日付開拓使西村大書記官宛開拓使勧業課仮博物場係申上(文書館簿書2984「明治十一年一月　文移録」-81)

(10) 1879年5月29日付開拓使三等出仕，書記官宛開拓使勧業課仮博物場係伺(文書館簿書3736「明治十二年一月　文移録」-80)

(11) 後掲のリストからもわかるように，ブラキストンが貸し出した標本数は種数ではなく，同一種の雌雄をあわせた点数である。

(12) 外国人書簡ブラキストン001付属の貸し出し標本リスト

(13) 外国人書簡ブラキストン002付属の貸し出し標本リスト

(14) 外国人書簡プライヤー002

(15) Temminck and Schlegel『Fauna Japonica』(1845-1850，京都大学電子図書館貴重資料画像に掲載されているものおよび『シーボルト 日本鳥類図譜』(文有，1984年)を利用した)，『The Birds of the Japanese Empire』(Seebohm 1890)，内田清之助『日本鳥類図説』(警醒社書店，1914年)，内田清之助『改訂増補日本鳥類図説』(警醒社書店，1923年)，黒田長礼『鳥類原色大図説』1-3(修教社書院 1933-1934年)，『鳥類学名辞典』(内田・島崎 1987)，『図説日本鳥名由来辞典』(菅原・柿澤 1993)，日本鳥学会『日本鳥類目録』改定第6版(日本鳥学会，2002年)など

(16) Stejneger(1886d)

(17) Stejneger(1888)

(18) Stejneger(1887h)

(19) 第1章でラベル5としたもの。和紙のラベルの多くは，ブラキストンの目録番号(種ごとに与えられた番号)を記載してあるが，今回検討するものはこれらと様式が異なる。

(20) 第1章3.11で利用した目録作成時のカードでは「2010」の番号こそ確認できなかったが，1932年当時ブラキストンのラベル(ラベル2)が付属していたことが示唆された。

(21) 前掲注(10)文書館簿書3736-80

(22) 関ら(1990)は東京仮博物場の所蔵資料は閉鎖に際して，札幌仮博物場，函館博物場，教育博物館，札幌農学校に移管されたとする。一方，北海道帝国大学『北海道帝国大学沿革史』(1926年)では「東京芝山内の開拓使仮博物場所蔵標本を二部に分ち，活きたる動物は上野動物園に，標本類全部は二分して偕楽園内博物場(札幌博物場)と本校(札幌農学校)とに移す」とある(括弧内は引用者補記)が，いずれも誤りで史料(『開拓使事業報告』，東京国立博物館資料館所蔵「列品録　明治15年」〈館史371〉)上に確認できる移管先は札幌仮博物場，函館博物場，上野公園地内博物館(現在の東京

国立博物館), 札幌農学校である。

(23) 史料上は 51 点とあり合致しないが, 製本にあたって書き込まれたと推測される記載番号が混乱していることが見受けられ, 点数の確認の上で誤認があったのではないかと考えられる。

(24) リストの種名と絵画, 標本名の違いについては, 本章 2 節を参照されたい。

(25) 本章の原型となった加藤(2003a)では, 貸し出しリストにみる学名から和名を明らかにすることはできなかったが, この学名はコバシウミスズメのものであることが確認された。しかし, ブラキストンはマダラウミスズメとコバシウミスズメと認識していた(Seebohm 1890)ことから, マダラウミスズメである可能性が高い。

(26) この時期に移管がいっせいに行われたわけではない可能性については, 拙稿(加藤 2004)を参照されたい。

(27) 1882 年段階で開拓使の「Shiba collection」は「Sapporo college」に移動したことが知られる(Blakison and Pryer 1882)。詳細については第 4 章を参照されたい。

(28) 『北大百年史』所収, 農学校史料 459「仮博物場標本類等送付の件通知」(農 107)には, 1881 年 6 月 25 日付で東京から農学校へ送付された標本類の記録がある。その中に, 「鳥類額面図　三拾三枚」という記述がある。東京仮博物場で制作されたという鳥類図は, 画帖を除くと 51 点あったとされるが,「鳥類図」は現在 42 点現存し, 額装されたものが 24 点ある。農学校史料に記載されている「鳥類額面図」33 点のうち 9 点が散逸したとすれば,「鳥類図」は 51 点となり, 計算上合致する。しかし, 上述したように開拓使では 51 枚の鳥類図を額面 29 枚にしようとしていたにもかかわらず, 現在額装されていないめくりの鳥類図があることや, 農学校へ送られた点数とは必ずしも合致していないので, ここでは参考程度にとどめざるを得ない。

(29) カッコウ 6 点, ツツドリ 7 点, クマゲラ 5 点, ヨシゴイ 4 点, バン 5 点, ヒドリガモ 9 点, キンクロハジロ 7 点, スズガモ 6 点, ミコアイサ 4 点, ハジロカイツブリ 3 点, カイツブリ 4 点, ウトウ 9 点, マダラウミスズメ 2 点, ウミスズメ 8 点, ユリカモメ 8 点。これらは間違いなくブラキストン標本と確定できるものの点数である。

(30) 番号の記載方法が「No.」,「#」など異なっていることも一人の人物が同定に利用したという過程を否定し, 模写した絵師ごとの癖が示されていると考えるべきものだろう。

(31) 例えばウミアイサ【4104】, エトロフウミスズメ【4197】など

(32) 東博管理番号和-957

(33) 東博管理番号和-2374

(34) 東博管理番号和-958

(35) 76 点という点数については, 検討の余地がある。この点については後述する。

(36) 開拓使の絵師については田島(2003)を参照されたい。

(37) 外国人書簡ブラキストン 006

(38) 寺岡寿一編『明治初期の官員録・職員録』3(寺岡書洞, 1979 年)

(39) ここで, 本文の趣旨とは外れるが, ブラキストンと内国勧業博覧会の関係について紹介しておきたい。

　ブラキストンの標本が博覧会に出品されたという事実はないが, ブラキストンから剝製の製法を学んだとされる人物が, 鳥類剝製を出品していたことが確認できる。1877 年に開催された内国勧業博覧会の出品解説によれば, 東京府麻布本村町の織田規久麿という人物が剝製禽類 51 種を出品しているが, その開業年暦には,「初英人フラツキスト, トヲン(ママ)氏ニ學ヒ後和漢欧米ノ諸書ヲ渉猟シ参スルニ自己ノ実験

ヲ以テセリ」とある。鳥類剝製とともに昆虫標本も出品しており，ブラキストンだけではなく，プライヤーとも交流があったものと考えられる人物である。ブラキストンの鳥類目録（Blakiston and Pryer 1882）の中には，東京の「Mr. Ota」が採集した標本についての言及があるし，第1章でみたスタイネガーの論文中にも採集者「Ota」という標本の記載がある。

北島（1985）はこのブラキストンの目録にみる「Ota」を織田信愛と推測している。江崎（1956a）によれば，織田対馬守信愛（賢司）は，介類，昆虫類，植物を採集し，写生図も多く残していたとされる。維新後は開拓使に勤め，博物館にも出仕していたとされるが，ブラキストンやプライヤーと交流のあったのは，長男の信徳であったとする。信徳はアラン・オーストンなどをはじめとする商人兼アマチュア自然史学者と交流を持ち，剝製術を学んだため，宮内省や博物館などの御用を命ぜられたとされる。さらに，高千穂宣麿の述懐によれば信徳の自宅は麻布三軒屋にあり，1877年の内国勧業博覧会に彼の標本が出陳されていたという。これらを勘案するに，ブラキストン標本に関係する「Ota」という人物は，織田信徳（規久麿を異名としたか）であったと考えられる。

(40) 名称の変遷については，博物館，内務省第六局，博物館，博物局と複雑である。詳細は東京国立博物館（1973）を参照されたい。

(41) 外国人書簡ブラキストン書簡010

(42) これらの記載については，佐々木（2001）が言及している。

(43) 以下，『博物館禽譜』，『博物館写生図』に描かれた鳥名およびその図が『博物館禽譜』，『博物館写生図』の何件目の図にあたるかは菅原・柿澤（1993）の資料編「図譜に描かれた鳥の種名の同定」45, 46による。

(44) これらの数字の他，『博物館禽譜』163件目コオリガモ図に「ハシロカモ，ナガヒキ，雄，右猪俣則従調」という記載がある。この記載は，コオリガモ【4024】に付属するラベルにある「ハシロカモ，ナカヒキ，♂，猪俣則従調」という記載とすべて合致する。このラベルが1877年時点で付属し，このラベルに基づいて『博物館禽譜』の記載がなされたものであることが理解される。

(45)『博物館写生図』ではヲヽハムと記載がある。

(46) なお，オオルリ♂は「ブラキストン図」に含まれており，「鳥類図」の【33522_20】であるかとも考えられたが，「ブラキストン図」に描かれているオオルリは幼体であり，「鳥類図」に描かれている鮮やかな瑠璃色の個体ではない。

(47) なお，【33522_06】右に描かれている鳥は，付属する学名「*Socustella lauciolata*」からは種名が特定できない。これはおそらく「*Locustella lauceolata*」（マキノセンニュウ）のLをSと誤認して記載したものと考えられる。ブラキストンの貸し出しリストの大文字の「L」は形が崩れており，「S」のようにもみえる。小文字の「e」は筆記体で記されているため，「i」と誤認したものだろう。

【33521_01】

【33521_02】

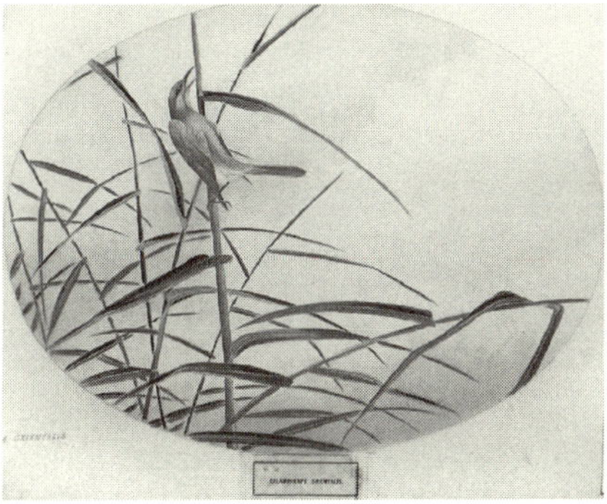

【33521_03】

【33521_04】

【33521_05】

【33521_06】

【33521_07】

【33521_08】

【33521_09】

【33521_10】

【33521_11】

【33521_12】

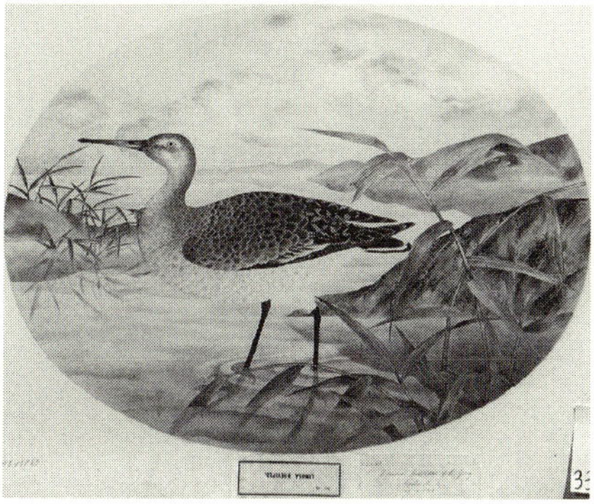

【33521_13】

【33521_14】

【33521_15】

【33521_16】

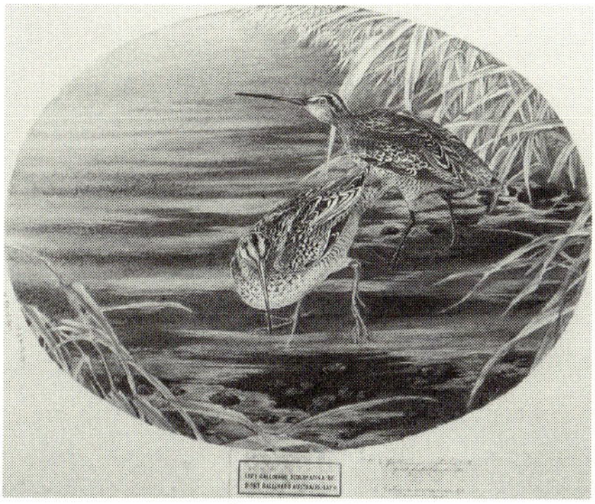

【33521_17】

【33521_18】

【33521_19】

【33521_20】

【33521_21】

【33521_22】

【33521_23】

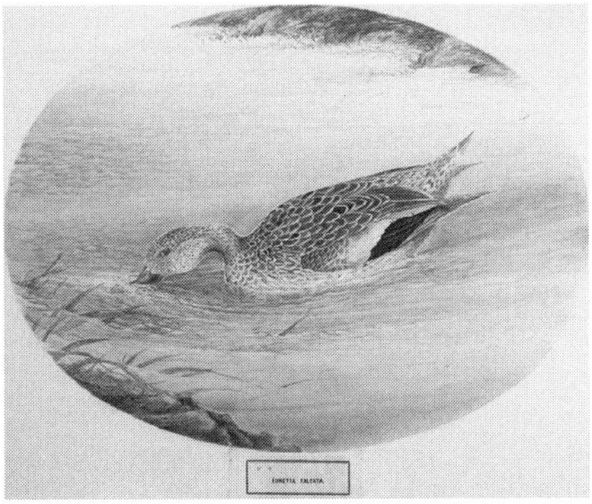

【33521_24】

【33521_25】

【33521_26】

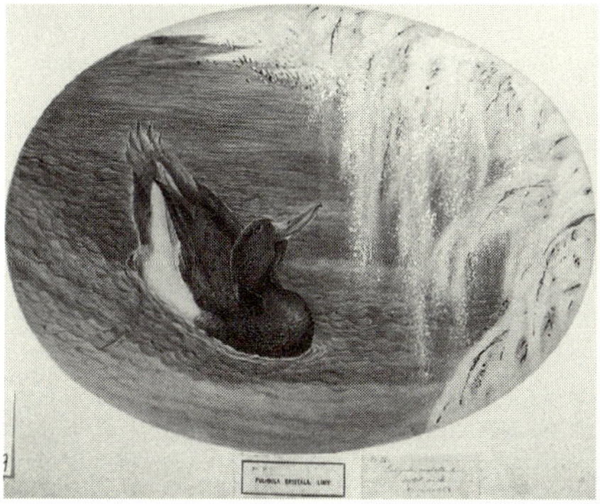

【33521_27】

【33521_28】

【33521_29】

【33521_30】

【33521_31】

【33521_32】

【33521_33】

【33521_34】

【33521_35】

【33521_36】

【33521_37】

【33521_38】

【33521_39】

【33521_40】

【33521_41】

【33521_42】

【33521_43】

【33521_44】

【33521_45】

【33521_46】

【33521_47】

【33521_48】

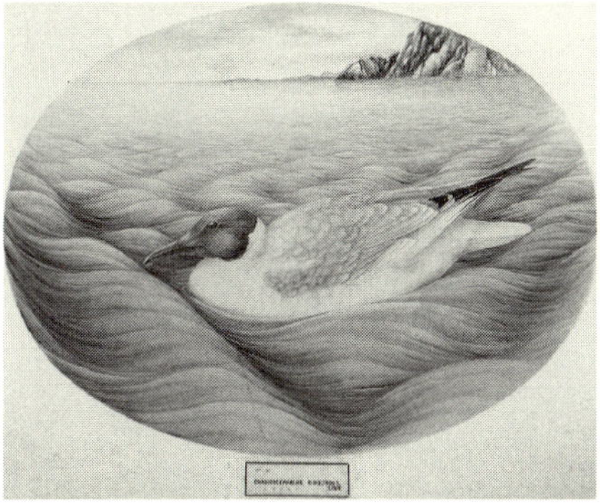

【33521_49】

【33521_50】

【33522_01】

【33522_02】

【33522_03】

【33522_04】

【33522_05】

【33522_06】

【33522_07】

【33522_08】

【33522_09】

【33522_10】

【33522_11】

【33522_12】

【33522_13】

【33522_14】

【33522_15】

【33522_16】

【33522_17】

【33522_18】

【33522_19】

【33522_20】

【33522_21】

【33522_22】

【33522_23】

【33522_24】

【33522_25】

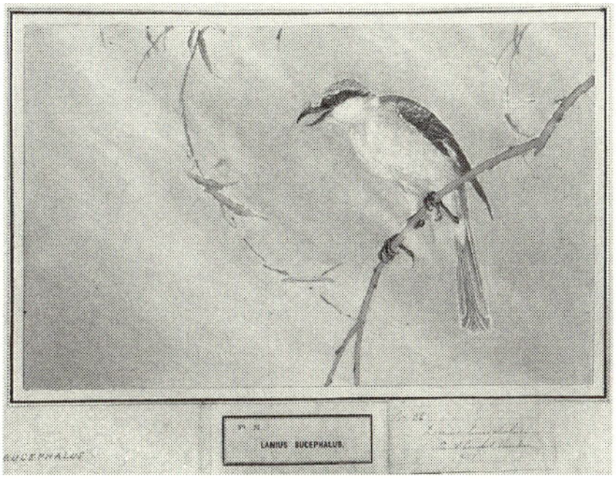

【33522_26】

【33522_27】

【33522_28】

【33522_29】

【33522_30】

【33522_31】

【33522_32】

【33522_33】

【33522_34】

【33522_35】

【33522_36】

【33522_37】

【33522_38】

【33522_39】

【33522_40】

【33522_41】

【33522_42】

【33522_43】

【33522_44】

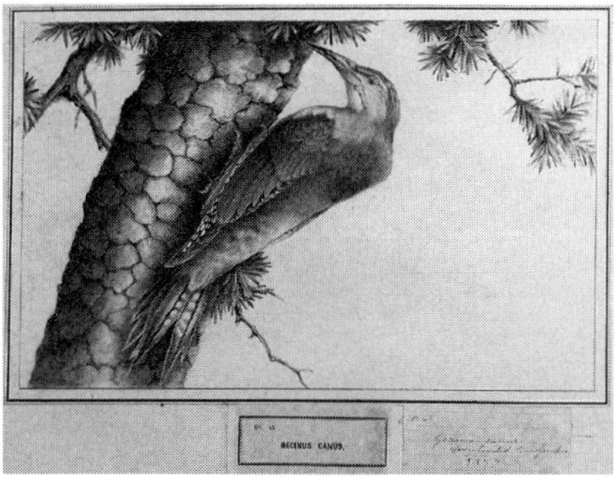

【33522_45】

【33522_46】

【33522_47】

【33522_48】

【33522_49】

【33313】

【33314】

【33315】

【33316】

【33317】

【33318】

【33319】

【33320】

【33321】

【33322】

【33323】

【33324】

【33325】

【33326】

【33327】

【33329】

【33330】

【33331】

【33431】

【33432】

【33441】

【33442】

【33433】

【33434】

【33435】

【33436】

【33437】

【33438】

【33439】

【33440】

【33443】

【33444】

【33445】

【33446】

【33447】

【33448】

【33449】

【33450】

【33451】

【33452】

【33453】

【33454】

123～146頁の写真は，北海道大学文学研究科プロジェクト研究(2001)によるものである。

第3章　八田三郎・犬飼哲夫のブラキストン資料

ブラキストン二十年祭出席者の記念写真（北海道大学植物園・博物館所蔵）

本章では，ブラキストン標本に関する解説の基盤となっている犬飼哲夫の記述の根拠となった八田三郎旧蔵資料や犬飼旧蔵資料の整理・検討を通じて，ブラキストン標本にかかわる不正確な歴史情報が発信された背景について，明らかとする。

はじめに

第1章において，北大植物園・博物館に所蔵されているブラキストン標本の悉皆調査を通じて，その採集状況およびブラキストン・福士成豊による開拓使函館博物場への移管，函館博物場から分散した標本群が現在の北海道大学にまとめられるまでの経過について検証した。その中で，函館から分散した後の標本保管機関が，①函館中学校，札幌中学校，北海道師範学校，②函館中学校，札幌中学校，札幌農学校の2説存在することを提示し，そのいずれもが必ずしも正しいものではなく，2説に現れる4機関それぞれに一時的に所蔵されていたことを明らかとした。これまで，ブラキストンにかかわる文献の多くは，上記2説のうち②説を採っている(1)が，これらの記述は，それぞれに記載されている標本の点数から，犬飼哲夫の報告(Inukai 1932，犬飼 1943)に基づいているものと考えられる。犬飼の報告はブラキストン標本に関する基礎情報ともいうべきものであるが，犬飼がその情報源となる材料を明確にしていないため，これまでなぜ②説を採ったのかを必ずしも明らかとすることはできなかった。また，犬飼の記述には，開拓使に寄贈された標本の一部が1881(明治14)年に新装された開拓使の札幌博物場へと移管されたという，他の文献のいずれもが触れることのない記述もある。この件についても，これまで知られている資料や現存する標本から裏付けることができないため，検証が困難であった。

2004(平成16)年に北海道大学農学部に保管されていた犬飼哲夫旧蔵資料を移管することとなり，その整理の中で犬飼が利用していたと考えられるブラキストン関係資料を発見した。これにより，上記の問題について検討することが可能となったので，資料紹介を兼ねて報告することとしたい。

1. ブラキストン二十年祭

以下に紹介する犬飼哲夫旧蔵資料の大部分は，1911(明治44)年に函館図書館主催で行われた「ブラキストン歿後二十年祭」(以下,「二十年祭」と表記する)にかかわるものである。検証を行う上で欠くことのできない部分であるので,まずここで二十年祭について確認しておくこととしたい。

二十年祭について詳細に触れた報告は,管見の限り彌永(1979)によるものが唯一である。やや長文になるが,引用することとしたい。

> 明治四十三(1910)年,函館図書館主事岡田健蔵が,同館の組織変更の件で上京の折,内務当局からブラキストンを顕彰する案が出され,同館の事業として「ブラキストン二十年祭」が計画されたのである。
>
> 翌年八月八日,弥生小学校に,北海道の文化に貢献したブラキストンの功績に感謝する多くの人々が集まって,「ブラキストン函館渡来五十年ならびに歿後二十年祭」が盛大に行われた。会場の正面には日英両国旗が交差して立てられ,その下に白布をかけたブラキストンの塑像(東京美術学校石川確治制作)が安置され,演壇の右方の卓にブラキストンの遺品が陳列された。(陳列品略)
>
> 来賓の主なる人々は英国領事ロイズ氏,英国人スコット氏,河毛支庁長,北守区長,佐藤郵便局長,岡本会議所会長,中学校・女学校・商業学校・商船学校・小学校の各校長,図書館員全員などをはじめ,一般の参会者も六百名に達した。開会の辞につぎ英国領事による塑像の除幕を満場の拍手で迎え,花束を献じ,式辞の朗読と続いた。そのあと,ブラキストンと親交のあった佐藤郵便局長,東北帝国大学八田三郎氏,東京地学協会の佐藤伝蔵氏などの講演もあり,非常に盛大であったという。

彌永は,この報告を「記念祭を報じた各新聞社の記事によった」(2)とする。しかし,この表現は妥当なものではない。彌永による二十年祭の情報は,当時の新聞記事すべてに基づいているわけではなく,市立函館図書館に所蔵されている「ブラキストン廿年祭関連資料」(3)(以下,「廿年祭関連資料」と表記)に貼り付けられている新聞記事の切り抜きにのみ基づいているものと考えられ,後述するようにその情報が不十分であることは否めないからである。

「廿年祭関連資料」は,市立函館博物館における特別展示(4)などにも出品されており,比較的知られている資料ではあるが,改めて紹介しておきたい。

写真 3-1　二十年祭の様子(本文資料 3－8)

写真 3-2　二十年祭出席者(本文資料 3－8)。前列右より佐藤伝蔵，八田三郎，平出喜三郎，後列右より岡田健蔵，瀬尾雄三，河毛三郎，工藤忠平

この資料には，新聞記事が33件貼り付けられており，一部には新聞名，年月日が記されているもの，新聞の日付部分が貼り付けられているものがある。ただし，記載された日付が誤っていたり，同日の記事であるにもかかわらず，写真と本文が別々の頁に貼り付けられていたり，日付の順に貼り付けられていないこともあることから，利用については注意が必要な資料である。さらに，「廿年祭関連資料」は当時の関連新聞記事すべてを網羅しているわけではなく，これのみに基づいて二十年祭の実態を描くべきではない。犬飼哲夫のブラキストン関係資料はこの「廿年祭関係資料」に不足している部分をすべて埋めてくれるわけではないが，かなりの部分について情報を追加してくれるものである。以下，犬飼資料を紹介しつつ，検討を続けたい。

2. 犬飼哲夫のブラキストン資料

犬飼はブラキストンについていくつかの報文を発表している。その根拠となった資料は「ブラキストンの伝記に就いては，恩師八田三郎先生が在職中に多くの材料を蒐集し，そのまゝ私がこれを継承し，その後養父河野常吉氏の援助を得，更に函館図書館長岡田健蔵氏の非常なる御援助により，永年に亘り漸く完成した」(犬飼 1943)，「故八田三郎博士，函館図書館長故岡田健蔵氏，北海道史編纂の故河野常吉氏から受けついだものと，若干の自ら探しもとめたものによった」(犬飼 1988)といい，それがどのようなものであるのかについては明確にしていない。加藤・市川(2002)では，八田由来のものは不明，河野由来のものは『博物－弐』(5) かとしたが，実見する機会がなく詳細は不明とした。岡田由来のものは，現在市立函館図書館に所蔵されているブラキストンの書簡や「廿年祭関係資料」と考えていた。今回発見した資料がこれらに該当するものか否か，まず検討し，その内容がこれまで知られていないものについてはここに紹介することとしたい。

犬飼哲夫資料中に，ブラキストン関連の資料は4件含まれていた。1件目は「ブラキストン記事1　八田先生より賜はる」，「ブラキストン記事2　八田先生より賜はる」と表に記された2枚の厚紙に貼られた新聞切り抜き，

「ブラキストン傳　八田先生より賜はる」と記された厚紙とそれらに挟まれた資料が封筒(「ブラキストン，博物館」の記載あり)に入れられていたものである。2件目は冒頭に「ブラキストン氏二十年紀念會(函館図書館主催)」と記された資料，3件目は大量の写真資料中の乾板およびプリントである。4件目はブラキストンが横浜の新聞社『Japan Gazette』に連載していた『Japan in Yezo』(Blakiston 1883b)の写真複写印刷である。これらがもともとはひとつのものであったのか，最初から犬飼が別々に保管していたものであるかについては，すでに定かではなくなっている。それぞれについて紹介・検討してみたい。

(1)資料1-1「ブラキストン記事1　八田先生より賜はる」の記載のある厚紙

この厚紙には，新聞記事が3件貼られている。すべて「ブラィキストン氏廿年祭擧行の議」の連載記事である。これらの脇には「函毎　四十四年一月五日，九一六九号」，「八日，九一七二号」，「十日，九一七四号」と書き込みがあり，『函館毎日新聞』(以下『函毎』と略記)の記事であることが確認できる。これらは「廿年祭関連資料」に含まれている記事である。

(2)資料1-2「ブラキストン記事2　八田先生より賜はる」の記載のある厚紙

この厚紙には，新聞記事が4件貼られている。うち3件は「北海道とブラキストン」の連載記事(6)，1件は前述「ブラィキストン氏廿年祭擧行の議」の第4回目の記事である(「十一日，九一七五号」の書き込みあり)。これらも「廿年祭関連資料」にすべて含まれている。

(3)資料1-3 ブラキストン二十年記念會出陳遺物目録(写真3-3)

本資料は，二十年祭が行われた1911(明治44)年8月8日に函館図書館が配布したものである(7)。前述したように，二十年祭について述べられた報告は彌永のものが最も詳細なものである。前節では，彌永が紹介した二十年祭出品物については省略したが，犬飼資料に含まれていた遺物目録には彌永が取り上げていない関連資料が掲載されており，当時の状況をより詳細に知ることができる。それぞれについて検証してみたい。

表3-1は彌永記述の出品物一覧および「廿年祭関係資料」の中に含まれる新聞記事(『函毎』1911年8月5日付記事)の出品予定品である。それぞれの配列

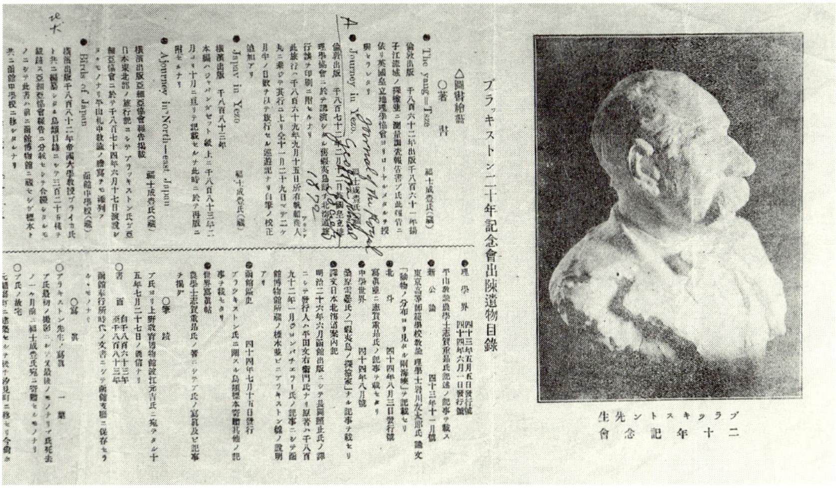

ブラッキストン二十年記念會出陳遺物目録

△圖書繪畫

○著　書

● The yang-Tsze　福士成豊氏(藏)

倫敦出版　千八百六十二年出版千八百六十一年揚子江流域ノ探檢ニ測量調査報告書ブ氏此探檢ニ依リ英國皇立地理學協會ヨリローヤルメダルヲ授與セラレタリ

● Journey in Yezo.　福士成豊氏(藏)

倫敦出版　千八百七十二年三月十一日英國皇立地理學協會ニ於テ講演シタル蝦夷島即チ北海道巡行談ヲ印刷ニ附セルナリ

此旅行ハ千八百六十九年九月十五日所有帆船商人丸ニ乗ジテ其行ニ上リ仝十一月二十九日マデ二ケ月半ノ日數ヲ以テ旅行セル巡遊記ナリ自筆ノ校正追加アリ

● Japan in Yezo　福士成豊氏(藏)

横濱出版　千八百八十三年

本編ハジャパンガゼット紙上ニ千八百八十三年二月ヨリ十月ニ亘リテ記載セルヲ此時ニ於テ再版ニ附セルナリ

● A journey in North-east Japan　福士成豊氏(藏)

横濱出版亞細亞協會報告掲載

日本東北部ノ旅行記ニシテブラッキストン氏ガ亞細亞協會ニ於テ千八百七十四年六月十七日演說シタルモノナリ平出札中敎諭ノ謄寫ナモ添附ア

● Birds of Japan　函館中學校(藏)

横濱出版千八百八十二年帝國大學敎授プライヤ氏ト共ニ編纂シタル鳥類目録ニシテ三百二十五種ヲ記録ス亞細亞協會報告ニ分載セシヲ合綴シタルモノニシテ此書ハ前ニ函館博物館ニ藏セシガ標本ト共ニ函館中學校ニ移シタルナリ

● 理學界　四十三年五月五日發行號　四十四年六月一日發行號

平山敎諭農學士志賀重昂氏記述ノ記事ヲ載ス

● 新公論　四十三年十一月號

東京高等師範學校敎諭 理學士岩川友太郎氏 論文「動物ノ分布ヨリ見タル津輕海峡」ヲ記載セリ

● 北斗　四十四年八月三日發行號

寫眞並ニ志賀重昂氏ノ記事ヲ載セタリ

● 中學世界　四十四年八月號

桑原雲懸氏ノ「蝦夷島ノ探検家」ナル記事ヲ載セリ

● 譯文日本北海道案內記

明治二十六年六月函館出版ニシテ長岡照止氏ノ譯ニシテ發行人ハ平田文右衛門氏ナリ原著ハ千八百九十二年一月ウヲンパチエフ一氏ノ記事ニシテ函館博物館所藏ノ標本並ビニブラッキストン線ノ說明アリ

● 函館區史　四十四年七月十五日發行

ブラツキストン氏ニ關スル鳥類標本寄贈其他ノ記事ヲ載セタリ

● 世界寫眞帖

農學士志賀重昂氏ノ著ニシテブ氏ノ寫眞及ビ記事ヲ掲ケ

○筆　蹟

ブ氏ヨリ上野敎育博物館波江元吉氏ニ宛テタル十五年七月二十七日ノ書信ナリ

○書　函　自千八百六十三年　至千八百八十三年

函館奉行所時代ノ文書ニシテ函館支廳ニ保存セラルヽモノナリ

○寫　眞

○ブラキストン先生ノ寫眞　一葉

ブ氏最初ノ撮影ニシテ又最後ノモノナリブ氏死去ノ一ケ月前ニ福士成豊氏宛ニ寄贈セルモノナリ

○ブ氏ノ故宅

元鍛冶町ニ建築セルヲ後チ汐見町ニ移セリ今尚ホ

ブラッキストン先生

二十年記念會

写真 3-3　二十年祭出席者に配布された遺物目録(資料 1-3)

表 3-1　彌永(1979)と『函館毎日新聞』記事の比較

彌永(1979)の出品物一覧	『函毎』記事
○英国人スコット氏出品	英人スコツト氏出品
一　二連発銃(ロンドン製，北海道に於いて鳥類採取に使用したる銃である)　一挺	一、二連発銃　倫敦製　一個 数千羽の剝製標本の採集一に本銃に依れり
一　小銃弾筒　二個	一、小銃弾筒　二個
一　採集箱　一個	一、採集嚢　一個
一　望遠鏡　一個	一、望遠鏡　一個
一　鞭　一個	一、鞭　一個
一　ブラキストン所有船の油絵　一枚	一、ブラツキストン氏所有船の圖油畫　一個
○帝大動物学教室波江元吉氏出品	帝大動物学教室波江元吉氏出品
一　英文雑誌「菊」抜粋附録共　一部	一、英文雑誌「菊」抜粋附録共　一部 千八百八十二年五月横濱出版にしてブラツキストン氏論文「北海道東南部の鳥類に就て」著者自筆の校正付き
一　英文亜細亜協会報告論文(「日本古代に於ける動物学上より見たる大陸との関係」と題し，著者自筆校正付)　一部	一、英文亜細亜協会報告の抜粋 千八百八十三年五月発行による「日本古代に於る動物学上より見たる大陸との関係」と題するブラキストン氏の論文なり
一　英文信書(ブラキストンより明治十五年三月二十七日付波江氏宛)　一部	一、英文信書 ブラキストン氏より明治十五年三月廿七日当

彌永(1979)の出品物一覧	『函毎』記事
	時上野教育博物館員浪江元吉氏に送れるものなり
○林忠三郎氏出品 一　白磁製釣ランプ(ブラキストン所蔵品)　一個 一　ステッキ　一本 一　借用証　一枚	林忠三郎氏藏品 一、白磁製釣ランプ　二個 　ブラキストン氏藏品 一、ステツキ 一、借用証
○函館中学校出品 一　ブラキストン鳥類目録(全訳文付)　一部 一　石斧(ブラキストンが谷地頭公園付近で発掘したもので稀に見るほど大きいものである)　一個	函館中學校 一、ブラキストン鳥類目録　一個 一、全譯文 一、石斧 　ブラキストン氏が谷地頭公園付近に於て一個採集したるものにして大なること稀に見る所なり
○豊奏號氏出品 一　アイヌ絵図(平沢屛山がブラキストン宅に於いて酒を飲みつつ画いた二枚)　二枚 　——現在二枚とも市立函館図書館蔵——	豊奏號氏出品 一、アイヌの圖 　此圖はアイヌ畫の名手平澤屛山字名繪馬屋の筆にしてブラキストン氏が一枚百圓宛の潤筆料にて二枚揮毫せしめたるものなり當時毎日酒を飲みつゝ船場町のブラキストン氏の宅にて筆を取れり
○函館図書館出品 一　亜細亜協会報告(この論文によってブラキストンラインの名称が付けられた)　一部	凾館図書館藏品 一、亜細亜會報告 　明治十六年四月発行此報告に依りてブラキストンラインの名稱を附せらるゝに至りたるものなり

に従って表にまとめた。

微妙に表記が異なってはいるが，配列からみても彌永が記した出品物は，この記事が根拠となっていることは明らかである。しかし，新聞記事が「武氏記念會出品目録(一)」となっていることに留意する必要がある。「廿年祭関係資料」に含まれていない『函毎』1911年8月7日付には，次の記事がある。

▲記念會出品　其後の分左の如し

▲福士成豊氏出品

一、揚子江探検測量報文　　一冊

右はブラツキストン氏の探検せる揚子江流域の測量報文にしてこれを英國皇立地理學會に報告したるがためローヤルメタルを受領せり

一、蝦夷島旅行記

右はブラツキストン氏か本道最初に調査を報したる英國地理學會におけるブ氏の演説原稿を印刷に附したるものなり

自千八百六十二年至千八百八十二年之蝦夷旅行記　一冊

横濱ジャパンガゼット社千八百八十三年出版にかゝるブラツキストン氏の旅行記なり

一、日本東北旅行記

明治八年米國船アリエル號東京より歸函の際磐城相馬に難破しブラツキストン氏陸行青森に達したる旅行記なり

△平山常太郎氏出品（札幌中學校教諭）

一、津軽海峡の南北に於ける動物の分布及ブラッキストン線の由来

参照理學界　七巻十一号

一、トーマスライトブラツキストン氏傳記　　一冊

原著より謄寫

一、全譯文

右二書は米國紐育北米合衆國立博物館長ステイネゲル博士の原述にして西暦千八百九十二年一月出版雑誌ウォーク誌より抄出せらるものなり

ここにみるように，「廿年祭関係資料」のみからでは知りえない出品物が存在しているのであり，「廿年祭関係資料」のみをもって，二十年祭の全容を語ることには慎重であらねばならないのである。次に，犬飼資料中の「出陳遺物目録」を確認してみたい。上述したように，本資料は二十年祭の当日に主催者である函館図書館が配布したものであり，かつ上記新聞記事に記載のない出品物も含まれているものである。

〔史料1　ブラキストン二十年祭出品物目録〕

石膏胸像写真「ブラッキストン先生二十年記念會」

ブラッキストン二十年記念會出陳遺物目録

△圖書繪畫

○著書

●The yang＝Tsze　福士成豊氏（藏）

倫敦出版　千八百六十二年出版千八百六十一年揚子江流域ノ探検並ニ測量調査報告書ブ氏此報告ニ依リ英國皇立地理學協會ヨリローヤルメタルヲ授與セラレタリ

●Journey in Yezo　福士成豊氏（藏）

倫敦出版　千八百七十二年二月十二日英國皇立地理學協會ニ於テ講演シタル舊蝦夷島即チ北海道旅行談ヲ印刷ニ附セルナリ

此旅行ハ千八百六十九年九月十五日所有帆船商人（アキンド）丸ニ乗ジテ其行ニ上リ仝十一月二十九日マデ二ヶ月半ノ日数ヲ以テ旅行セル巡遊記ナリ自筆ノ校正追加アリ

●Japav（ママ） in Yezo　福士成豊氏（藏）

横濱出版　千八百八十三年

本編ハジャパンガゼット紙上ニ千八百八十三年二月ヨリ十月ニ亘リテ記載セルヲ此時ニ於テ再版ニ附セルナリ

●A journey in North-east Japan

福士成豊氏（藏）

横濱出版亞細亞協會報告掲載

日本東北部ノ旅行記ニシテブラッキストン氏が亞細亞協會ニ於テ千八百七十四年六月十七日演説シタルモノナリ平山札中教諭ノ謄寫ヲモ添列フ

●Birds of Japan　函館中学學校（藏）

横浜出版一八八二年帝國大學教授プライカ氏ト共ニ編纂シタル鳥類目録ニテ三百二十五種ヲ載録ス亞細亞協會報告ニ分載セシヲ合綴シタルモノニシテ此書ハ前ニ函館博物館ニ藏セシガ標本ト共ニ函館中學校ニ

移シタルナリ

●Zoological Indications, of Ancient Connection of The Japan Islands With The Contient.（ママ）　東京帝國大学波江元吉氏（藏）
横濱出版　千八百八十八年發行ニ係ル亞細亞協會報告十一巻一號ニ掲載セルヲ抜萃セルモノニシテ故ブ氏自記校正追加アリ

●Transactions The Asiatio（ママ） Society of Japan Vol.xi Part.I.
函館圖書館（藏）
明治十六年四月發行ニシテ此報告ニ掲載セル論文ニ依テ津軽海峡ガ動物分界上ブラキストン線ト命名セラルヽニ至レリ

●Ornithological Notes　東京帝國大學　波江元吉氏（藏）
横濱出版英文雜誌 Chrtsanthemum（ママ）所載ノ抜萃ナリ校正ハ故ブ氏ノ自筆ナリ一九八二（ママ）年ノ發行ニ係ル本論文ニ關スル引用書ノ抜萃ヲ附録トセリ

●日本禽鳥集　函館中学學校（藏）
ブ氏ノ著 Birds of Japan ヲ開拓使屬野口源之助ノ和譯セルモノニシテ元函館博物館ノ藏品タリシナリ

●傳記評傳（黒丸，配置ママ）

●Life of Captain Thomas Wright Blakiston.　平山常太郎氏（藏）
北米紐育國立博物館長博士ステー子ケル氏ノ述ベタルヲ千八百九十二年一月刊行英文雜誌 The Auk. Vol.Ix. No.1. ニ載セタルヲ平山常太郎氏ノ謄寫セルモノナリ

●和譯ブラキストン氏傳記
前文ヲ札中教諭平山常太郎氏ノ譯セルモノナリ
平山常太郎氏（藏）

●進化論講話　丘淺次郎氏（著）
ブラキストン線ノ解説ヲ載セタリ

●動物学雜誌　箕佐博士記念號
八田三郎氏ノ動物分布上北海道ノ位置ノ記事中ニブラキストン線ヲ説明セリ

●新日本　　　　　四十四年八月號

八田三郎氏ノブ氏ニ關スル談ヲ載セタリ

●理學界　　　　　四十三年五月五日發行號、四十四年六月一日發行號

平山教諭農學士志賀重昂氏記述ノ記事ヲ載ス

●新公論　　　　　四十三年十一月号

東京高等師範學校教諭理學士岩川友太郎氏論文「動物ノ分布ヨリ見タル両海峡」ヲ記載セリ

●北斗　　　　　　　　四十四年八月三日發行號

寫眞並ニ志賀重昂氏ノ記事ヲ載セタリ

●中學世界　　　　四十四年八月號

桑原雪晏氏ノ「蝦夷島ノ探検家」ナル記事ヲ載セリ

●譯文日本北海道案内記

明治二十六年六月函館出版ニシテ長岡照止氏ノ譯ニシテ發行人ハ平田文右衛門氏ナリ原著ハ千八百九十二年一月ジヨンバチエラー氏ノ記事ニシテ函館博物館所藏ノ標本並ビニブラキストン線ノ説明アリ

●函館區史　　　　四十四年七月十五日發行

ブラツキストン氏ニ關スル鳥類標本寄贈其他ノ記事ヲ載セタリ

●世界寫眞帖

農學士志賀重昂氏ノ著ニシテブ氏ノ寫眞及ビ記事ヲ掲グ

　　　○筆蹟

ブ氏ヨリ上野教育博物館波江元吉氏ニ宛テタル十五年七月二十七日ノ通信ナリ(8)

○書面　　　　　　　　自千八百六十三年至千八百八十三年

函館奉行所時代ノ文書ニシテ函館支廳ニ保存セラルヽモノナリ

　　　○寫眞

○ブラキストン先生ノ寫眞　　　　一葉

ブ氏最初ノ撮影ニシテ又最後ノモノナリブ氏死去ノ一ヶ月前ニ福士成豊氏宛ニ寄贈セルモノナリ

○ブ氏ノ故宅

元船場町ニ建築セルヲ後チ汐見町ニ移セリ今尚ホ存リ（ママ）在セ
○油畫　　　　　　　　英人スコツト氏（藏）
ブラッキストン氏所有船ノ圖
○アイヌノ圖　　　　　豊大號氏（藏）
平澤屛山字名繪馬屋ノブ氏ノ故宅ニ在ツテ筆ヲ採レルモノニシテブラッキストン氏ノ所有セシモノナリ

○雜品

○二連發鐵砲　　　　　壹個
○小銃彈筒　　　　二個
○採集嚢　　　　　壹個
三品トモブ氏平生ノ事業タル標本採集ニ用ヒタルモノニシテスコット氏ノ藏品ナリ
○石斧　一名雷斧石　　　一個
函館中學校ノ藏品ニシテブ氏谷地頭ニ於テ採集セルモノ長サ壹尺三寸巾二寸八分厚サ一寸稀有ノ珍品ナリ
○鞭　　　　　　　　　一本
○望遠鏡　　　　　一個
二品トモスコツト氏ノ藏品ナリ
○白磁製釣ランプ　二個
○ステツキ　　　　一本
○借用証
林忠太郎氏ノ藏品ナリ

――――――――――――――――――――――

謹告

甲比丹ブラッキストン先生ノ偉徳ヲ追彰セン為メ今日茲ニ二十年記念會ヲ開催スルニ當リ本館ハ尚ホ一層氏ガ事蹟ヲ永久ニ傳ヘン為館内ニブラッキストン氏記念文庫ヲ創設スベク之レガ方法ハ追テ發表スベキモ来ル可キブ氏ノ二十五年記念會ヲ期シテ之レヲ完成セントスルモノナリ

函館圖書館

明治四十四年八月八日

ブラッキストン記念會ノ日

『函毎』では2日分の記事をあわせて23件の出品資料を知るのみであったが，この「出陳遺物目録」により，新聞記事では知りえない雑誌類などの出品資料をあわせて36件が出品されていたことがわかる。新聞記事に比べ，書誌情報も詳細であることで資料の確認が容易となることも，本資料の特徴といえよう。

以上のように，この「出陳遺物目録」は二十年祭の状況を知るための基礎資料といえ，かつ当時までのブラキストン関連資料の一覧を知ることができる資料といえる。なお，この「出陳遺物目録」は，これまで紹介されることがなかったが，北海道大学附属図書館にも所蔵されており，これにはいっしょに配布された絵葉書2枚も付属している[9]。

(4)資料1-4 ブライキストン氏廿年祭擧行の儀，他(写真3-4)

本資料は，19.5×27 cm，15頁の印刷物であり，同じものが4部ある。タイトルの「儀」の字が異なっているものの，上記(1)(2)に貼り付けられた新聞記事を書き起こしたものである。

(5)資料1-5「動物地理学上に於ける津軽海峡　附ブラストン(ママ)氏」平山常太郎著(写真3-5)

本資料は，22×16 cmの原稿用紙17枚に記されたものである。著者の平山常太郎は「出陳遺物目録」にみるように，札幌中学校の教諭で，二十年祭に際してはいくつかの資料を出品している。また，『函毎』に八田三郎らとともに「學者の眼に映せるブ氏の面影」記事を寄稿し，さらに二十年祭当日には頌辞を述べてもいる。平山は，上記新聞記事中で，東京在住時より10年にわたってブラキストンの経歴を調査し，1907(明治40)年11月の札幌中学校赴任より4年をかけてようやく『理學界』に投稿したと述べている。

犬飼資料に含まれていた原稿は，二十年祭に出陳された「動物分布上に於ける津軽海峡(フレァキソン氏の経歴)」(『理学界』1910年5月5日号)と内容は基本的に同じものであるが，文章はかなり異なる。このふたつの報告について，検討することとしたい。

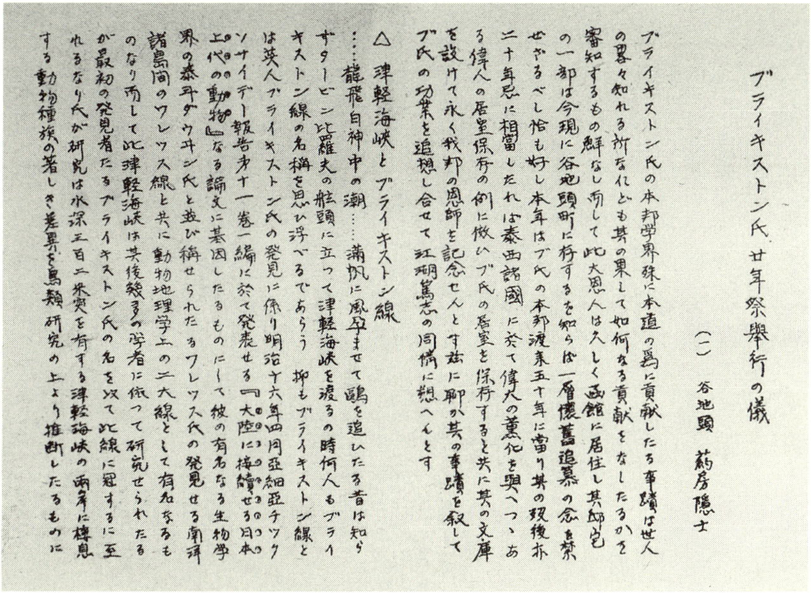
ブライキストン氏廿年祭擧行の儀

(一)　谷地頭　薊房隠士

ブライキストン氏の本邦学界殊に本道の為に貢献したる事蹟は世人の最も知れる所なれども其の果して如何なる貢献をなしたるかを審知するもの鮮なし而して此大恩人は久しく函館に居住し其邸宅の一部は今現に谷地頭町に存するを知らは一層懐舊追慕の念を禁せざるべし恰も好し本年はブ氏の本邦渡来五十年に當り其の歿後亦二十年忌に相當したれは泰西諸國に於て偉人の薫化を興へつゝある偉人の居室保存の例に倣ひブ氏の居室を保存すると共に其の文庫を設けて永く我邦の恩師を記念せんとす茲に聊か其の事蹟を叙してブ氏の功業を追想し合せて江湖篤志の同情に愬へんとす

△　津軽海峡とブライキストン線

……龍飛白神中の潮……満帆に風孕ませて鷗を追ひたる昔は知らずタービン比羅夫の舷頭に立って津軽海峡を渡るの時何人もブライキストン線の名称を思ひ浮べるであらう　抑もブライキストン線とは英人ブライキストン氏の発見に係り明治十六年四月亞細亞チツクソサイデー報告第十一巻一編に於て発表せる『大陸に接續せる日本上代の動物』なる論文に基因したるものにして彼の有名なる生物学界の泰斗ダウヰン氏と並び稱せられたるワレツス氏の発見せる南洋諸島間のワレツス線と共に動物地理学上の二大線として有名なるものなり而して此津軽海峡は其後幾多の学者に依って研究せられたるか最初の発見者たるブライキストン氏の名を以て此線に冠するに至れるなり氏が研究は水深三百二米突を有する津軽海峡の両岸に棲息する動物種族の著しき差異を鳥類研究の上より推断したるものに

写真 3-4　ブラキイストン氏廿年祭挙行の儀(資料 1-4)

まず，犬飼資料に含まれていた原稿を記した人物は，平山本人であると考えられる。先に「出陳資料目録」が絵葉書２枚とともに北大附属図書館に所蔵されていると述べたが，この絵葉書の袋には，「明治四十四年八月八日，於函館　故武氏弐拾年紀念會ニ加入　紀念トシテ　平山生」という書き込みがある。この書き込みの「平山」および「於」という字の特徴が，原稿のそれと似ている(写真 3-6・3-7)。次に，原稿の文末には，「明治四拾三年一月稿」という記載がある。これに対して，『理學界』該当号は同年５月５日に発行されており，厳密な前後関係を判断することは難しいが，おそらく犬飼資料がより古い状態を示すものであろう。このような投稿前の原稿がなぜ，犬飼の手元にあるのだろうか。根拠となる材料は乏しいが，犬飼資料の原稿中にはない「澳国大学教授シューエス氏の説」が『理學界』論文には引用されていること，ブラキストンの論文名が犬飼資料では「zoological indication of ancient connecte of Japan island with the continents」となってい

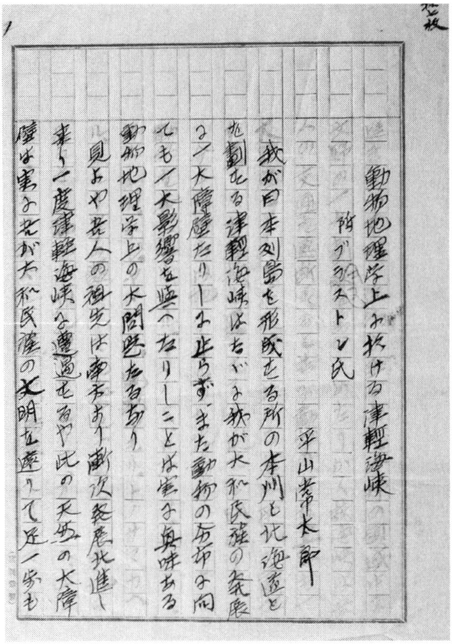
動物地理学上ニ於ける津軽海峡
附　ブラキストン氏
平山常太郎
我が日本列島を形成せる所の本州と北海道と
を劃せる津軽海峡は古くより我が大和民族の発展
ニ一大障壁たりしのみならず，また動物の分布ニ向
ても一大影響を与へたりしことは実ニ興味ある
動物地理学上の大問題たるなり
見よや吾人の祖先は南方より漸次発展北進し
来り一度津軽海峡の遭遇するや此の天然の大障
壁は実ニ吾が大和民族の文明を遮りて足一歩も

写真 3-5　平山原稿（資料 1-5）

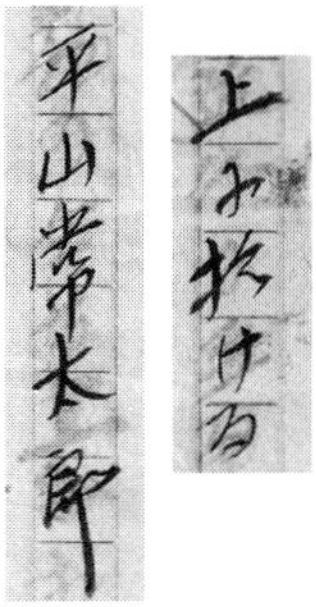

写真 3-6　平山原稿の名前および「於」

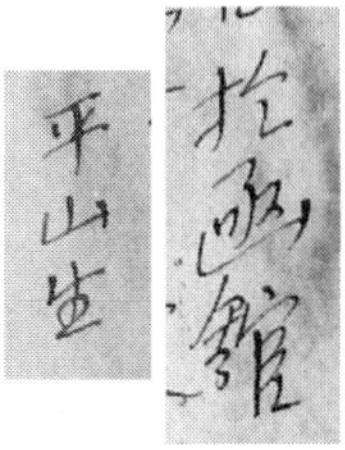

写真 3-7　絵葉書袋の名前および「於」
（北海道大学附属図書館北方資料室蔵）

るのに対し，『理學界』では「Zoological indication of Ancient Connection of the Japan island with the Continent」と修正(10)されていることなどから，平山が八田に対して，助言を求めた際の原稿と考えることはできないであろうか(11)。

詳細は不明とせざるを得ないが，本資料は八田の収集によるものであると推測される。

(6)資料 1-6　柳田藤吉経歴（写真 3-8）

本資料は，北海道庁の罫紙 3 枚にペンで記されたものである。これは『北海道人名字彙』(12) に含まれる柳田藤吉の事跡とまったく同じ内容である。『北海道史人名字彙』は，1918（大正 7）年刊行予定であった『北海道史』の一部として，河野常吉によって編集されたものであり，さまざまな問題から刊行されないまま原稿が北海道庁と河野宅に保管されていたものである(13)。

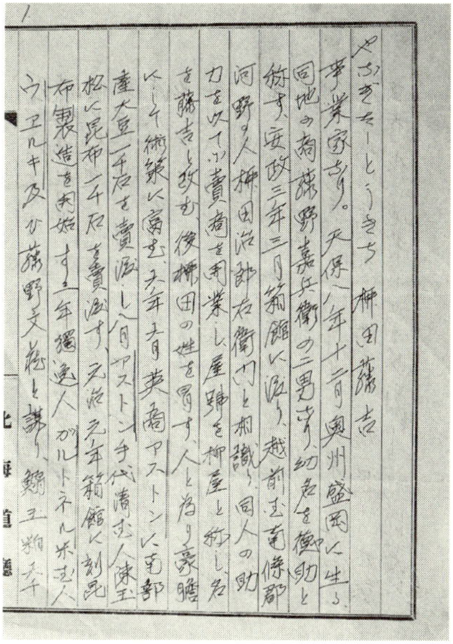

1
やながたーとうきち　柳田藤吉
事業家なり。天保八年十二月奥州盛岡に生る
同地の商藤野嘉兵衛の二男なり、幼名を徳助と
称す、安政三年三月箱館に渡り、越前国南條郡
河野の人柳田治郎右衛門と相識り、同人の助
力を以て小賣商を開業し屋號を柳屋と称し名
を藤吉と改む、後柳田の姓を冒す、人と為り豪膽
にして術策に富む、六年十月英商アストンに南部
産大豆一千石を賣渡し、同月アストン手代清国人陳玉
松に昆布一千石を賣渡す、元治元年箱館に刻昆
布製造を開始す、三年獨逸人ガルトネル米国人
ウエルキ及び藤野文蔵と謀り、[illegible]

写真 3-8　柳田藤吉経歴(資料 1-6)

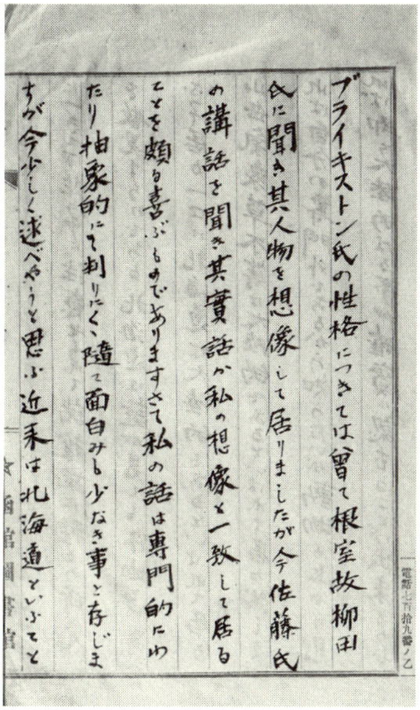

ブライキストン氏の性格につきては曽て根室故柳田
氏に聞き其人物を想像して居りましたが今佐藤氏
の講話を聞き其實話が私の想像と一致して居る
ことを頗る喜ぶものでありますさて私の話は専門的にわ
たり抽象的にて判りにく、隨て面白みも少なき事と存じま
すが今少しく述べやうと思ふ近来は北海道といふてと

写真 3-9　八田講演(資料 1-7)

犬飼が初めてブラキストンについて紹介した報告(Inukai 1932)に，柳田についての記述があり，この時点では『北海道史人名字彙』は刊行されていなかったこと，用紙が北海道庁のものであることなどから，犬飼が義父である河野常吉から受け継いだという資料はこの「柳田藤吉経歴」であると考えられる。ただし，犬飼が記した柳田に関する記述は，この経歴だけでは不十分で，市立函館図書館に所蔵される「経歴談」(14) を利用していることは明らかである。

(7)資料 1-7「ブラキストン記念會に於て　津軽海峡以北の動物観に就」(写真 3-9)

本資料は，函館図書館の罫紙 9 枚に筆で記されたものである。資料そのものには，誰の講演の原稿であるかは記載がないが，「廿年祭関連資料」最終頁に貼り付けられている八田三郎の講演「動物圏とブラキストン線」(15) とほぼ同じ内容であり，八田三郎の講演の内容であることがわかる。しかし，これがどのような性格のものであるかについては，さらに検討が必要である。

「廿年祭関連資料」所収新聞記事とは異なり，本資料冒頭には「ブライキストン氏の性格につきては曾て根室故柳田氏に聞き，其人物を想像して居りましたが，今佐藤氏の講話を聞き，其實話か私の想像と一致して居ることを頗る喜ぶものであります。さて，私の話は専門的にわたり抽象的にて判りにくゝ，随て面白味も少なき事と存じますが，いま少しく述べやうと思ふ」とある。極めて口語調の表記であり，かつ函館図書館の罫紙に記されていることから「廿年祭関連資料」の新聞記事のみを参考にした場合，八田三郎が講演を行った内容をそのまま筆写したものであるかのような印象を受ける。しかし，「廿年祭関連資料」に含まれていない『函毎』1911年8月11日付記事に，本資料とまったく同じ講演内容が掲載されており，この記事との関係を検討しなければならない。些細な字句の異同を除き，資料間の関係を見出せるものは表3-2にみる通りである。

実際の改行状況で確認するとより詳細に判明するが，ここに挙げた相違点から次のことが確認できる。まず第I例として挙げたものでは，新聞記事を筆写する際に，次行の「発見せしめたる」につられて，「注がしめたる」と

表3-2　『函館毎日新聞』記事と犬飼資料1-7の比較

	『函毎』記事	犬飼資料
I	ブレキストン氏の眼を注 がしめたのである。即ち此線が津軽海峡を 通ることを発見せしめたるのである。	ブレキストン氏の眼を注がしめたるのである 即ち此線が津軽」海峡を通ることを発見せし めたる
II	此書の 亜細亜大陸に関するものを述ぶれば亜細 亜大陸の北部を三つに区分して居る	此書の亜細亜大陸のに関するものを」述ぶれ ば亜細亜大陸の北部を三つに区分して居る
III	揚子江調査後は明瞭に知るを 得なかったが『ダン氏の話に揚子江調査の 後に於て西比利亜を旅行して函館に来たしと の事なるが	揚子江調査后(後)は明瞭に知るを得なかっ」 たが『ダン氏の話に揚子江調査の後に(は)明 瞭於」て西比利亜を旅行して函館に来た《り》 しとの事なるが

犬飼資料の」は改行場所。括弧の中の打ち消し文字は，括弧前の文字が打ち消された文字の上にあることを示す。ただし，犬飼資料I例目の最終行の「め」は修正してあるようだが，下の文字は判読できない。二重山括弧は，挿入記号を用いて脇に記載があることを示す。

記載したものとみなしうる。II例目の「亜細亜大陸のに関する」も次行の「亜細亜大陸の北部」につられて，誤記したものであろう。III例目はより明白で，前々行の文章を誤記したものである。また，《り》の補記は新聞の表現の不足を補足したものと考えられる。これらのことから，函館図書館の罫紙に記載されたこの八田三郎の講演内容は，『函毎』の記事の筆写であるとみなしうるのである。この資料が，犬飼が八田から譲り受けたものであるとするならば，八田が函館図書館から新聞掲載の講演内容を写したものを受け取ったものであろうし，犬飼自身が集めたものであるとするならば，函館図書館の岡田健蔵の協力を得たものであろう。ここで，改めてこの罫紙を確認すると「電話七百拾九番ノ乙」という記載がある。市立函館図書館によれば，この電話番号は1910(明治43)年時点で確認され，1918(大正7)年には別の番号が利用されていたとのことである。この点からすれば，この罫紙は犬飼哲夫の時代ではなく，八田三郎の時代に利用されていたものであり，この資料は八田から犬飼に譲り渡された資料であると位置づけられる。

(8)資料1-8「ブラキストン傳　八田先生より賜はる」の記載のある厚紙

この資料は，上記資料(1)(2)と同じサイズの厚紙である。裏面に，「Th. P. Riabonchinsky Expediton a Kamutchatka，Komarov, V., L. Section de Botanique. Livraison 1.1912」と記された紙片が貼り付けられている。これは，1912年に出版された『Expedition a Kamtchatka, organisee par Th. P. Riabouchinsky avec le concours de la Societe Imperiale Russe de Geographie』を指しているものと考えられるが，ブラキストンにかかわる記事は確認できなかった。

別の紙片に，「Mrs. T. W. Blakiston Free Hills, Bursledon South Haunts, England」という記載がある。八田三郎は，二十年祭出席に先立ち，次のようなコメントを発している。「小生先年来ブ氏の事蹟事業等詳細取調べ度存じ，諸方に手を廻し候もありふれたる材料の外手に入らす心外千万に御座候(中略)，ブ氏の未亡人ロンドン市に孤棲されし趣につき，恰も其令兄ダン氏は小生の友人と親しき趣聞込み，ダン氏を介し未亡人に交渉いたし，其送り来たれる材料は只一編の小傳にて，小生等も有する所の米國スタイネガー氏の編せしものに有之候」[16]。本資料に貼り付けられた紙片は，この新聞記事にみるブラキストン夫人の住所であろう。また，ブラキストン夫人から送られたという小傳は「出陳遺物目録」にみる「Life of Captain Thomas Wright Blakiston.」[17](Stejneger 1892)であると考えられ，本資料表紙に「ブラキストン傳」とあることから，過去にこの厚紙に挟み込まれていたことが示唆される。犬飼自身もブラキストン小伝の中でスタイネガーの記事を引用しており(Inukai 1932, p.260 注)，八田から引き継いだと推察されるこの記事を利用していたことは間違いないが，現時点で犬飼資料の中にそれを見出すことはできない。

(9)資料2 ブラキストン二十年祭　祝辞など(写真 3-10)

この資料は，22×28 cm の用紙に印刷されたもので，上記八田資料とは別に犬飼の資料に含まれていたものである。内容は，冒頭に「ブラキストン氏

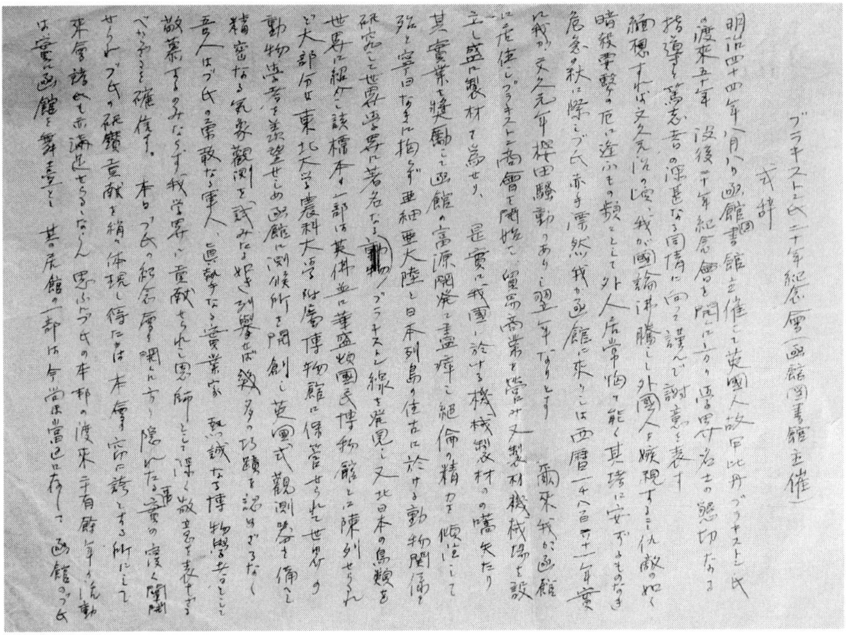
ブラキストン氏二十年紀念會(函館図書館主催)
式辞
明治四十四年八月八日函館圖書館主催にて英國人故甲比丹ブラキストン氏
の渡來五十年 没後二十年紀念會を開くに方り當時の名士の懇切なる
指導と篤志者の深甚なる同情に向って謹んで謝意を表す
緬想すれば文久元治の交、我が國論沸騰し外國人を嫉視すること仇敵の如く
暗殺掌撃の厄に逢ふもの頻々として外人居常怖て能く其堵に安ずるものなき
危急の秋に際しブ氏赤手票然我が函館に來りしは西暦一千八百六十一年實
に我が文久元年櫻田騒動のありし翌年なりとす 爾來我が函館
に定住しブラキストン商會を開始し貿易商業を營み又製材機械場を設
立し盛に製材を為せり、是實に我國に於ける機械製材の嚆矢たり
其實業を奬勵して函館の富源開発に盡瘁し絶倫の精力を傾注して
弘く寧日なきにも拘らず亜細亜大陸と日本列島の住古に於ける動物關係を
研究して世界學界に著名なる動物／ブラキストン線を発見し又北日本の鳥類を
世界に紹介し該標本の一部は英佛並に華盛頓國民博物館とに陳列せられ
其大部分は東北大学農科大学附属博物館に保管せられて世界の
動物学者を羨望せしめ函館に測候所を開創し英國式觀測器を備へて
精密なる気象観測を試みなど列挙せば幾多の功蹟を認めざるなく
吾人はブ氏の勇敢なる軍人、眞摯なる實業家 熱誠なる博物學者として
敬慕するのみならず我学界に貢献せられし恩師として深く敬意を表せざる
べからざるを確信す。 本日ブ氏の紀念會を開くに方り隠れたる高貴の寔く闡明
せられブ氏の既績貢献を稍々体現し得たるは本會の衷心に誇とする所にして
來會諸君も亦満足せらるゝならん 思ふにブ氏の本邦の渡來三十有餘年の活動
は實に函館を舞臺とし 其居館の一部は今尚ほ當邑に存して 函館のブ氏

写真 3-10 ブラキストン二十年祭祝辞など(資料 2)

二十年紀念會(函館図書館主催)」とあり，図書館長平出喜三郎の式辞，英国領事の祝文，「ブ氏と動物圏」と題した八田三郎の講演の写しである。このうち，式辞と英国領事の祝文は，『函毎』8 月 9 日付記事(「廿年祭関連資料」所収)の写しである。「ブ氏と動物圏」は，脱文や写し誤りの状況を『函毎』8 月 11 日付記事と上述(7)「ブラキストン記念會に於て　津軽海峡以北の動物観に就」とを比較した結果，新聞記事を筆写したものであるとみなしうる。

これらの新聞記事は，ここまで確認してきた八田三郎から犬飼哲夫に託された資料の中には含まれていないこと，資料自体が八田三郎から譲り受けた資料群とは別に保管されていた可能性が高いと考えられること，市立函館図書館の「廿年祭関係資料」から八田の講演記事が抜けていること，函館図書館の罫紙に写された八田の講演とは別系統で筆写されていることから，この新聞記事の写しは犬飼が独自に新聞記事を収集したものであると推察される。

(10)資料 3 ブラキストン書簡・標本写真など

次に挙げる資料は，犬飼の遺品中に残された膨大な写真資料の中に含まれていたものである。

①ブラキストン標本剝製(クマゲラ・ヤマゲラ・シマエナガ)(写真 3-11)

②ブラキストン肖像(1)(写真 3-12)

③ブラキストン肖像(2)(写真 3-13)

④ブラキストン製作の標本棚

⑤ブラキストン愛用の銃の模写図(2 種類)(写真 3-14)

⑥ブラキストン書簡(プリント)(写真 3-15)

⑦ブラキストン書簡(ガラス乾板)

⑧二十年祭の様子および二十年祭出席者(写真 3-1・3-2)

の 8 件が確認される。このうち，①・②は犬飼哲夫らによるブラキストン標本目録(1932)に掲載されているものである。目録に掲載されているもののうち，エゾライチョウ剝製写真は確認できていない。なお，このプリントの原板となったガラス乾板は，北大植物園・博物館に所蔵されている。③は，市立函館図書館が所蔵するブラキストンの若い頃の肖像写真である。④は，ブラキストンの標本とともに北大植物園・博物館に移管された標本棚で，函館

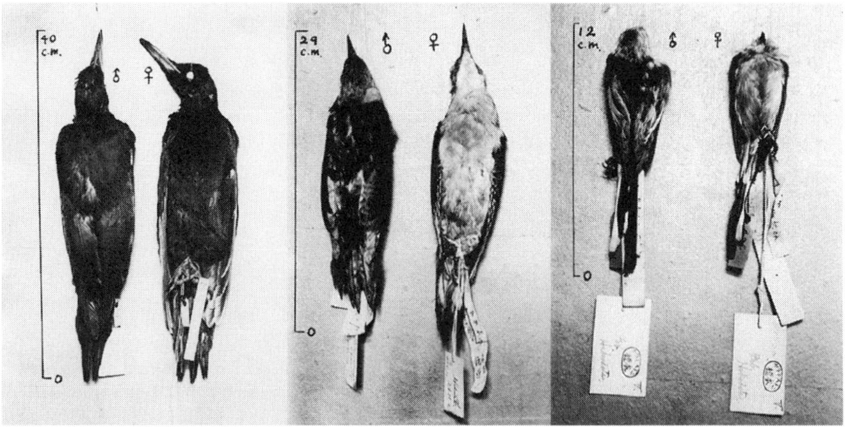

写真 3-11　剝製写真

写真 3-12　肖像

写真 3-13　肖像

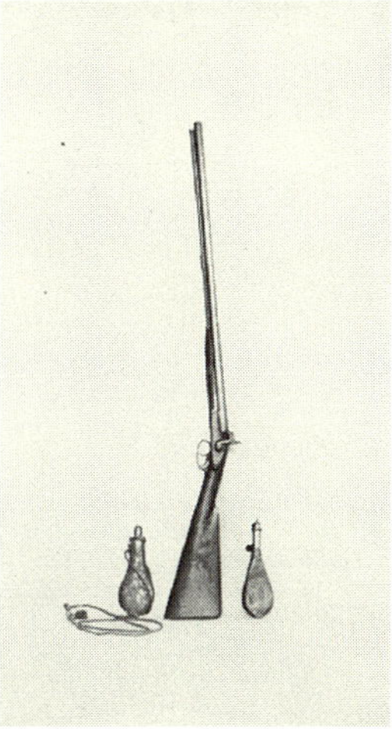

写真 3-14　銃模写図写真

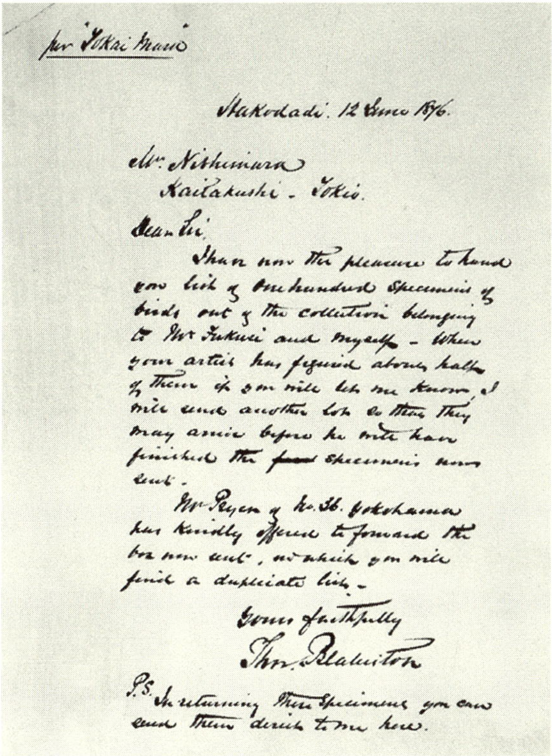

per 'Tokai Maru'

Hakodadi. 12 June 1876.

Mr Nishimura
Kaitakushi - Tokio.

Dear Sir,
I have now the pleasure to hand you list of One hundred Specimens of birds out of the collection belonging to Mr Fukui and myself - When your artist has figured about half of them if you will let me know, I will send another lot so that they may arrive before he will have finished the ~~[illegible]~~ specimens now sent.

Mr Reyen of No. 36. Yokohama has kindly offered to forward the box now sent, in which you will find a duplicate list.

Yours faithfully
Thos. Blakiston

P.S. In returning these specimens you can send them direct to me here.

写真 3-15　書簡写真

時代ではなく，北大植物園・博物館内で撮影されたものである。⑥は，北大附属図書館所蔵外国人書簡ブラキストン 001（1876 年 6 月 12 日付，西村貞陽宛）と同じものであり，開拓使東京出張所が標本を借用した際にブラキストンから出された書簡である（第 2 章参照）。⑧は，「函館恵比寿町，池田」の台紙が利用されており，二十年祭当日に撮影されたものである。記念写真裏には，八田三郎ら被写体の名前があり，二十年祭の様子を写した写真にも紙が貼り付けられていたようであるが，こちらは破損しほとんど判読しえない。

次に，同一の書簡を写した 3 枚のガラス乾板⑦がある（写真 3-16）。以下，全文を紹介する。

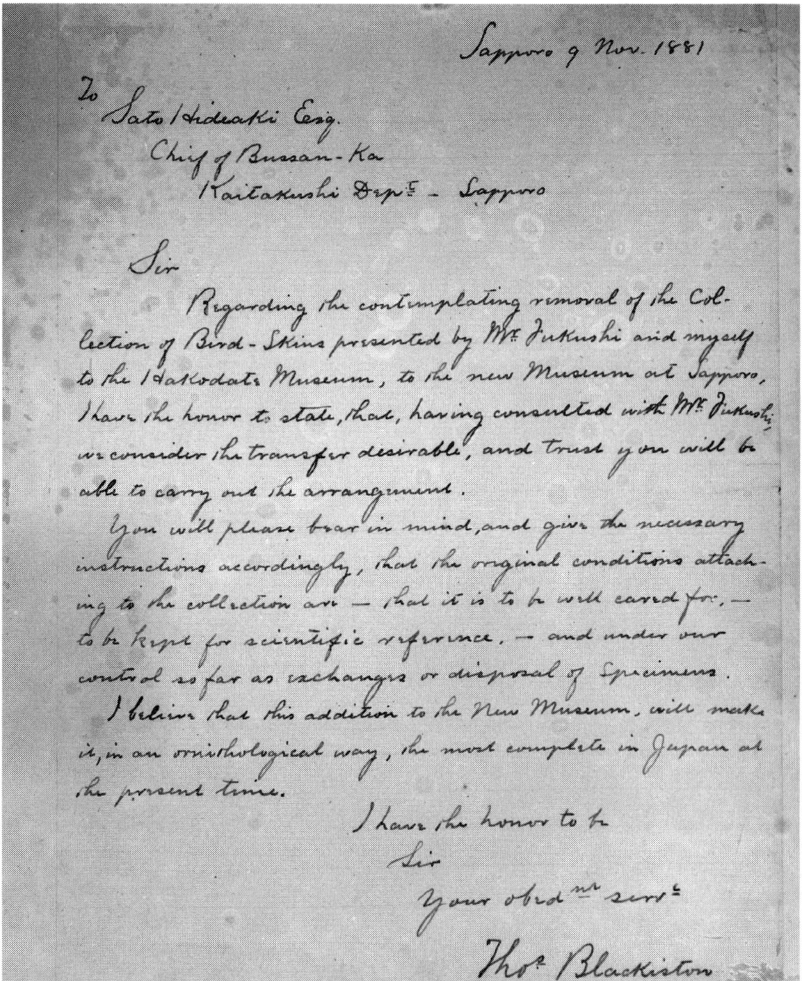

Sapporo 9 Nov. 1881

To
Sato Hideaki Esq.
Chief of Bussan-Ka
Kaitakushi Dept. - Sapporo

Sir

Regarding the contemplating removal of the Collection of Bird-Skins presented by Mr. Fukushi and myself to the Hakodate Museum, to the new Museum at Sapporo, I have the honor to state, that, having consulted with Mr. Fukushi, we consider the transfer desirable, and trust you will be able to carry out the arrangement.

You will please bear in mind, and give the necessary instructions accordingly, that the original conditions attaching to the collection are — that it is to be well cared for, — to be kept for scientific reference, — and under our control so far as exchanges or disposal of Specimens.

I believe that this addition to the New Museum, will make it, in an ornithological way, the most complete in Japan at the present time.

I have the honor to be
Sir
Your obdt. servt.
Thos. Blackiston

写真 3-16　ブラキストン書簡写真

〔史料2　1881年11月9日付　佐藤秀顕宛ブラキストン書簡〕

Sapporo 9 Nov 1881

To Sato Hideaki Esq.
Chief of Bussan-ka
Kaitakushi Dep Sapporo

Sir

Regarding the contemplating remuval of the Collection of Bird-Skins presented by Mr. Fukushi and myself to the Hakodate Museum, to the new Museum at Sapporo, I have the honor to state, that having consulted with Mr. Fukushi, we consider the transfer desirable, and trust you will be able to carry out the arrangement.

You will please bear in mind, and give the necessary instructions accordingly, that the original conditions attaching to the collection and that it is to be will cared for to be kept for scientific reference, -and under our control so far as exchanges or disposal of specimens.

I believe that this addition to the New Museum, will make it, in an ornithological way, the most complete in Japan at the present time.

I have the honor to be
Sir
Your obed^{nt} serv^{t}
Thos Blackiston

ブラキストンの残した書簡類は，市立函館図書館，北海道立文書館，北大附属図書館に所蔵されているが，この書簡の原本はいずれにも保管されておらず，北大附属図書館にこの書簡の写真のみが保管されている。図書館所蔵写真の裏面に「北大附属博物館蔵，但しブラキストンの自筆なりや否やは疑問の点多し，Blakiston を Blackiston と記しなり，福士氏のことはブラキストンはFukusiと普通書き居りしが，この書にはFukushiとあり」という記載があり，北大植物園・博物館に保管されていた書簡であることがわかる。3枚のガラス乾板をみると，それぞれ露出が異なっているようで，罫線が確認できるものとできないものがあることから，この写真が撮影された時点(18)で，書簡原本があったことが予想されるが，現時点で所在は確認できない。また，記述のようにブラキストンの書簡であるかどうかについても疑わしい部分があるが，後述するようにこの書簡に関係する史料が存在し，内容的にも矛盾は存在しないので，この書簡は代筆されたものと考えたい。

内容をみてゆくと，この書簡が作成された1881(明治14)年11月の時点で，新装された札幌博物場(現北大植物園・博物館本館)に，函館博物場に所蔵されているブラキストンおよび福士成豊の鳥類標本を移管したいという働きかけがブラキストンに対してあり，ブラキストンも条件付きながら前向きな姿勢をみせていることがうかがわれる。この書簡の存在こそが，犬飼の「The collection was first kept in the small local museum in Hakodate and later some part was removed to the new museum in Sapporo 1881」(Inukai 1932)という記述につながるものである。しかし，この書簡のみをもってすれば，犬飼以外に誰も述べていない函館博物場から札幌博物場への標本移管が1881年に行われたということはいえるかもしれないが，函館博物場の鳥類標本点数が1880年時点で1,330点，1882年時点で1,376点であり，減少していないこと(19)，現存するブラキストンの標本を詳細に調べるならば，1881年に札幌への移管が行われたという形跡はなく，検討が必要であろう。この点については後述することとしたい。

(11)資料4 『Japan in Yezo』

この資料は，『Japan Gazette』誌に連載されたブラキストンの北海道旅行記である。一部破損・補修されているが全頁揃っている複写資料である。上述の二十年祭関連資料・書簡資料とはまったく別の箱に収められていたものであり，関係ははっきりしない。

この資料について検討すると，資料の本文8および9頁右脇に小さな「×」印があり，26～28頁にかけて英文の書き込みがある。これらの書き込みは，北大附属図書館に所蔵されている『Japan in Yezo』の電子複写本にも確認されることから，犬飼本および図書館本は，共通の祖本を持つものであるといえる。この祖本は，図書館本の本文第1頁に押されている「函館図書館郷土資料」，「函館圖書館蔵」という蔵書印によって，市立函館図書館所蔵資料であることが判明する。北大附属図書館によれば，当該資料は1978(昭和53)年頃に所蔵登録されたもので，複写もこの時期に行われたものであるという。図書館本に確認される蔵書印が犬飼本には確認されないこと，図書館本では不鮮明な英語の書き込みが犬飼本では鮮明に確認されることから，犬飼本は図書館本以前に函館図書館の祖本から直接複写したものであるとみなしうる。それでは，犬飼本はいつ頃複写されたものであろうか。

複写を行った人物として考えられるのは，八田三郎か犬飼哲夫である。八田が行ったとするならば，ブラキストンの鳥類標本が札幌博物館にまとめられた1908(明治41)年頃，または1911年の二十年祭の頃に行われたとみるべきであろう。犬飼が行ったとするならば，小伝を執筆した1932(昭和7)年以前，おそらく留学から帰国して博物館主任となった1930年から1932年の間であると考えられる。

複写が行われた下限は，函館図書館の蔵書印が押された時点である。市立函館図書館によれば，「函館図書館郷土資料」印は，「郷土資料」という区分を行うようになった1928(昭和3)年(岡田健蔵による私立の図書館から資料が引き継がれ，市立函館図書館が開設された年)以降に押されたものであろうとのことであるが，1935年に刊行された郷土資料目録に『Japan in Yezo』とともに掲載されている1932年発行のブラキストン鳥類標本目録および犬飼によるブラキストン小伝にもこの印が押されていること，1935年以降の受け入れであることが確認される資料群にも「函館図書館郷土資料」印が押されていることから，この印がいつからいつまで運用されていたのかは定かではない。仮に，市立函館図書館設立以前から郷土資料の収集に意欲を注いでいた岡田健蔵が郷土資料目録の作成に向け，1928年の市立図書館設立の時点から「函館図書館郷土資料」印を利用し始め，その時点で所蔵されていた『Japan in Yezo』に押したというのであれば，犬飼が複写にかかわった可能性は薄れるが，1935 年の目録作成と同時期に押され始めたのであれば犬飼の利用した資料に蔵書印が押されていないとしても，時間的な矛盾は生じないことになる。このように，現時点で判明している蔵書印の情報からでは，犬飼旧蔵の『Japan in Yezo』がいつ，誰によって複写されたものであるかは明らかとはならない。

それでは，市立函館図書館所蔵『Japan in Yezo』がいつ頃から八田ないし犬飼が利用できる状況にあったのか，検討してみたい。函館図書館の郷土資料目録(1935)には，当該資料の注記として「書中函館在留英商ヘンソン氏の書入れあり」とある。これは上述した 26〜28 頁にある英文書き込みである。ヘンソンは 1892(明治 25)年頃まで函館に滞在していた[20]と考えられ，ブラキストンの帰国後，代理人として委任を受けていた人物である。書き入れからヘンソン旧蔵であるとするならば，古くに岡田健蔵の手元にあった可能性もある。この場合，八田が利用したのは二十年祭の頃，犬飼が利用したのは 1932(昭和 7)年頃になるかと考えられる。

これに対して，函館図書館周辺には，もう 1 点の『Japan in Yezo』の存在が知られる。二十年祭出陳遺物目録には，福士成豊出品の『Japan in Yezo』が掲載されており，同じく福士出品の「The yang＝Tsze」(=「Five months on the Yang-Tsze」)が函館図書館の郷土資料目録(1935)に掲載されていることを念頭に置くならば，二十年祭の後，福士から岡田のもとへ寄贈されたという可能性はないだろうか[21]。福士とブラキストンの関係を考えた場合，ヘンソンの書き込みがある理由を明快に説明しがたく，また二十年祭に福士が出品した他のブラキストン関連の著作などが函館図書館に所蔵されていないことなど課題は多いが，函館図書館本が福士成豊旧蔵であるとするならば，八田がブラキストン標本を集めた 1908(明治 41)年前後に，当時札幌在勤の福士の所蔵資料を複写したという別の可能性も提示できるだろう。

複写の技術的な面，複写の目的などまだまだ検討の余地は残されているが，ここでは上記のさまざまな可能性を提示するにとどめることとしたい。

3. 犬飼の記した標本分散先と標本移管について

3.1　犬飼のブラキストン資料の由来

犬飼が所持していたブラキストン関係資料はこれまでにみた資料群である。これらこそが犬飼が「ブラキストンの伝記に就いては，恩師八田三郎先生が在職中に多くの材料を蒐集し，そのまヽ私がこれを継承し，その後養父河野常吉氏の援助を得，更に函館図書館長岡田健蔵氏の非常なる御援助により，永年に亘り漸く完成した」(犬飼 1943)と記した資料群であると判断される。前節の検討をもとに，整理してみたい。

まず，八田三郎から入手したと確認される資料は，新聞記事の切り抜き(資料1-1，1-2)，実物は現時点で確認できないもののスタイネガーによるブラキストン伝およびブラキストン夫人の住所のメモ(資料1-8)，二十年祭の「出陳遺物目録」[22](資料1-3)，「ブラキストン記念會に於て　津軽海峡以北の動物観に就」(資料1-7)，写真資料のうち，二十年祭当日に撮影されたものなどである。必ずしも明確にはならないが，平山常太郎著「動物地理学上に於ける津軽海峡」(資料1-5)も八田が本人から譲り受けたものである可能性が高い。次に，河野常吉から入手したと考えられる資料は，「柳田藤吉経歴」(資料1-6)である。函館図書館長岡田健蔵から入手したと確認できる資料は，写真資料に含まれるブラキストンの肖像写真(資料3-2・3-3)およびブラキストン愛用の銃(資料3-7)，「廿年祭関係資料」など函館図書館所蔵資料(一部は現在市立函館博物館所蔵)，また，犬飼資料中には含まれていないが，柳田藤吉の「経歴談」も提供してもらったと考えられる。

犬飼自身が入手・整理したと考えられる資料は，八田から引き継いだ新聞記事の書き起こし(資料1-4)，「廿年祭関係資料」に含まれていない新聞記事の書き起こし(資料2)，写真資料の一部(資料3)といったところであろう。『Japan in Yezo』(資料4)の複写時期は，必ずしも定かではなく，八田から受け継いだものか，犬飼自身が集めたものであるかははっきりしない。写真として残されたブラキストンの書簡の原本は，標本移管を試みた札幌博物場に所蔵されていたものか，開拓使に残されていた書簡を何らかの形で八田か犬飼が集めたものかは定かではない。

3.2 ブラキストン標本の札幌博物場移管について

犬飼資料に含まれていたブラキストン書簡写真から確認されるごとく，札幌博物場側からの標本移管の働きかけがあり，ブラキストンもこれについて了承しており，新設された札幌博物場に函館博物場からブラキストン標本が一部移管されたという犬飼の記述は裏付けられることとなった。しかし，現存する標本の状況からは，それを裏付けることができないのも事実である。そこで，ブラキストンと札幌博物場との交渉にかかわる史料を探すと，以下のものを見出すことができる。

〔史料3　1881年12月25日付時任為基宛渡辺熊四郎他願〕

博物場内剝製鳥類移轉義御見合願[(23)]

当公園ノ儀ハ四時共ニ内外衆庶登観来遊セル所以ノモノハ敢而奇樹美草称名香花ノ在ルヲヨリ娯楽ヲ是ニ目シテ来遊スル所以ノモノニアラス、其愛スルモノハ天然山海ノ風致ト併セテ園内博物館ノ設ケアリテ、金石木材鳥獣魚介技藝美術ノ物品ヲ陳列シテ學術上ノ参考トナルノ故ヲ以テ内外人ノ当道ニ渡来セルモノ貴賎ヲ問ハスシテ公園ニ来遊セルノ所以ナリ、然ルニ聞ク、此頃博物館内陳列セル鳥類剝製ヲ札幌博物館ニ移轉スヘシト、該鳥類ヲ館外ニ出スニ於テハ他ノ鑛石木材魚介獣類ノ数種在トモ雖モ未タ蒐集ノ日浅シテ、陳列セルモノ僅々一類二三ニ過キズ、最モ陳列ニ多数ヲ得タル鳥類剝製ヲ除カハ、假令博物場ノ名アルモ寥々、又来リ看ルモノ往日ノ比ニ非サルヘシ、然ラハ則当公園ノ風景トモニ来観スルモノノ望ヲ幾分カ欠カスムルハ實ニ遺憾ノ至ニ堪ヘス、加之該鳥類ハ当時札幌在勤福士成豊氏及ヒ当港在留ノ英人フライキストン氏ノ十數年間当道ノ深山幽谷海濱沼池ヲ跋渉シテ採集セルモノニシテ館内北海道動物中ノ一班ヲ粗完全ナラシメ稍観ルヘキモノタリ、蓋シ福士氏ノ函館ニ生レテ此採集ニ意アルトプライキストン氏ノ当港ニ在留セル既ニ二拾有余年ノ久シキ殆ト本邦人ト同ス、又二氏ノ函館ニ因アル豈小々ナランヤ、故ニ函館博物場ニ二氏ノ採集セルモノヲ永ク保存シテ其宿志ヲ遂ケシメンコトヲ唯憾ム、場内狭隘ニシテ充分ノ陳列ニ至ラスト雖モ漸次該場ヲ建増ニ成ルヘキコトト儀セリ、故ニ私共過般フライキストン氏ニ接ステ該鳥類ヲ永ク当博物場ニ陳列ナシ學術上ノ為メ北海道へ来遊スルモノノ為メニ備置ンコトヲ■頼セシニ、同氏是ヲ認シテ既ニ福士氏ニ書翰ヲ差出セル由ニ付キ、何卒永ク当地博物場陳列ニ相成候様、札幌本廳へ乍恐至急御照會有之度此段公園世話係連署奉願候也、

明治十四年十二月廿五日

函館公園世話係

渡辺熊四郎

平塚時蔵

今井市右衛門

平田兵五郎

開拓大書記官時任為基殿

ここにみるごとく，函館公園世話係として連署する函館の産業界の大物4人が開拓使に対して，移管差し止めを請願している。この請願書が提出されたのは，ブラキストンが開拓使からの札幌博物場移管に対しての返信を発した一月後のことであり，この両史料の関係は明白である。

渡辺らは，開拓使に対して差し止めを請願するのみならず，ブラキストンとも交渉し，移管中止の同意を取り付けていることが請願書から知られる。明治14(1881)年末の段階で移管差し止めの請願が出されていることから，少なくとも犬飼が述べた1881年の移管はなかったものと考えられ，また翌年早々には開拓使が廃止されてしまうことから，移管そのものも行われなかったとみなしてよかろう。現存標本の状況から函館博物場より札幌博物場への移管が見出せない理由は，移管が行われなかったがゆえである。

犬飼が記した標本移管が1881(明治14)年11月の段階で進行していたことは事実であるが，実際には行われなかったのであり，犬飼の記述が妥当ではないことが確認された。

3.3 ブラキストン標本の分散先について

最後に，ブラキストンが函館博物場へ寄贈した鳥類標本1,300点あまりが，札幌博物館へと集められるまでに分散した先について，なぜ犬飼が函館中学校，札幌中学校，札幌農学校の3機関(②説)としたかについて，検討することとしたい。犬飼が利用した資料中に，標本分散先が記載されているものは，「廿年祭関係資料」所収新聞記事と平山常太郎による「動物地理学上に於ける津軽海峡　附ブラストン氏」(犬飼資料)である。また，岡田健蔵も1931(昭和6)年に②説について述べている(24)。これらのすべてが函館中学校，札幌中学校，札幌農学校が分散先であるとする。これらの情報をもとに犬飼は②説を採ったものであろう。

犬飼が①説(札幌農学校ではなく北海道師範学校)について検証しなかった理由としては，以下の点が考えられる。第1章でみたように，ブラキストンの離日後に採集された標本について，犬飼らは東京の博覧会で失われたため補充されたものとして位置づける一方，1908(明治41)年以降に付与されたと考えられる標本に付属するラベル7を，犬飼らはブラキストンのラベルと認識していた。しかし，ラベル7にはブラキストンの死後の日付が記載されているものがあり，この矛盾に気づかなかったということは，目録作成時にブラキストン標本について生物学標本としての情報(採集日，採集地の情報)収集のみを行い，ラベルからその由来を探らなかったということを示唆する。そのため，ラベルに記された「北師」や「札中」という小さな記載を見落としたのではないかと推測されるのである。犬飼は，一部の標本(1900年に函館中学校から先行して移管された136点)に付属する，目に付く札幌農学校時代のラベルの存在ともあわせ，新聞記事の分散先にかかわる記述が妥当なものであると考え執筆したと推察できる。第1章では，「北師」を犬飼が札幌農学校と考えたという可能性も提示したが，そもそも犬飼が利用したと考えられる材料に，北海道師範学校という記述を行うための材料がなかったのだろう。以上，可能性の羅列にしか過ぎないが，犬飼が分散先を函館中学校，札幌中学校，札幌農学校(②説)であると記した背景についてまとめた(25)。

今後の混乱を避ける意味も込めて，ブラキストン標本の分散先は，函館中学校，札幌中学校，北海道師範学校，札幌農学校(1900(明治33)年に函館中学校の所蔵標本が一部移管)の4施設であるという点を改めて強調しておきたい。

犬飼哲夫旧蔵ブラキストン関連資料の整理を通じて，これまで検討しえなかった諸問題について，わずかではあるが明らかとすることができた。ここでの成果は微々たるものではあるが，二十年祭にかかわる資料を今回紹介できたことで，今後のブラキストン研究の発展が期待される。

(1) 市立函館博物館(1979)，彌永(1979)，北島(1985)など
(2) 第12章注10，617頁
(3) 市立函館図書館資料番号 0008-58123-5004
(4) 市立函館博物館 1991年企画展示『ブラキストンと函館』に出品された。
(5) 稿本，犬飼哲夫旧蔵(関(1991)の記載に基づく)
(6)『北海タイムス』1911年2月連載記事
(7)『函毎』1911年8月9日付記事に「會衆にはブ氏二十年記念會出陳遺物目録を配布したり」とある。
(8)『函毎』1911年8月8日号に写真がある。ただし，この目録に掲載された「7月27日」という記述は正確なものではなく，「3月27日」が正確なものである。
(9) 登録上は絵葉書になっており，検索をしてもこの目録が存在していることは確認できない。
(10) ただし，修正された論文名も厳密にいえば正確なものではない。
(11) 平山の札幌中学校在任期間は1912年12月まで(札幌南高等学校編集委員会『八十年史』，1975年)で，犬飼との接点は見出せない。
(12) 河野(1979)
(13) 高倉(1979)
(14) 内容確認に際しては，北大附属図書館北方資料データベース画像を利用した。
(15)『北海新報』1911年8月10日，ただしこの日付は「廿年祭関連資料」の書き込みによるもので，新聞原紙は未確認である。
(16)『函毎』1911年8月8日付「學者の眼に映せるブ氏の面影」
(17) 実際は「Note and News」に掲載された死亡記事である。
(18) 他のガラス乾板の内容からみて，1920年代から1935年頃までの期間に撮影されたものと推測される。
(19) 関ら(1990)による「函館仮博物場陳列品」一覧表，函館支庁勧業係「第五期報告書原稿」(文書館簿書 4015)，「函館仮博物場陳列品」一覧表，『開拓使事業報告』に基づく。
(20)『Japan Directory』1892 および 1893
(21) この点につき，福士成豊関連資料調査を行い，福士家所蔵資料についても調査を行った高倉ら(1986)も『Japan in Yezo』は函館図書館本を利用したといい，現在福士家には所蔵されていない模様である。
(22) この目録には，記載文献の所蔵先を示す「北大」などといった記述がある。文字の特徴から犬飼によるものと考えられる。

(23) 文書館簿書 4767「願伺届録　明治十四年ヨリ十五年三月函館県エ引継迄ノ分属之」-147

(24) 岡田(1946)

(25) ここで留意しておくべきこととして，分散先から北海道師範学校という情報が失われた根源は犬飼哲夫ではなかったということである。もちろん，犬飼が目録作成・小伝執筆時に標本ラベルを精査し，また谷津の報告(1908)を確認していれば，その後の混乱はなかったかもしれない。しかし，標本がまとめられて間もない 1910 年頃には平山や二十年祭にかかわる新聞記事などの共通理解として，分散先は函館中学校，札幌中学校，札幌農学校となっていたのであって，犬飼が小伝を執筆する頃までには通説となってしまっていたのである。犬飼が小伝をまとめなかったとしても，おそらく分散先はこの 3 機関とされたことであろう。平山の原稿を受け取り，二十年祭に参加した八田三郎が，谷津に伝えたように「北海道師範学校」からもまとめたことについて触れていればこの混乱は避けられたのかもしれない。

第4章　ブラキストンと札幌博物場

明治末に撮影された鳥類標本写真（北海道大学植物園・博物館所蔵）

本章では，ブラキストンがかかわった明治期の博物館の鳥類標本の収集・管理の実態を整理しつつ，ブラキストンと札幌博物場（北大植物園・博物館の前身）との関係を明らかとする。あわせて，ブラキストン標本に含まれていないブラキストン寄贈標本の存在についても検討する。

はじめに

第1，2章にみたようにブラキストンの鳥類標本は函館博物場に寄贈され，また寄贈前に東京仮博物場に模写のため貸し出されるなど，ブラキストン標本について検討するにあたっては，常に「開拓使の博物館」の姿が現れてくる。ブラキストン自身は他の御雇い外国人のように開拓使に雇われていたわけではないが，その測候技術を開拓使の職員となった福士成豊に教示し，その機材も提供したこと，福士の協力を得て鳥類標本を採集していたことなどから，上記のような深い関係が成立したものと考えられる。

さて，開拓使の博物館は上述した函館・東京だけではなく，開拓使本庁のあった札幌にも存在していた。北大植物園・博物館の前身にあたる札幌博物場である。これまで，ブラキストンと札幌博物場の関係については，犬飼(Inukai 1932)によるブラキストン伝の中で，札幌博物場の新営にあたって，函館博物場に寄贈されたブラキストンの標本が一部札幌に移管されたと記述されたことがある。しかし，この件については第3章で検討したように，移管の打診とブラキストンの承諾はあったものの，函館からの反対および開拓使の廃止などの影響で，標本の移管そのものは実現しなかったと考えられた。犬飼の指摘は札幌博物場とブラキストンの関係が必ずしも希薄なものではなかったということを示唆するものではあるが，これまでに知られている函館・東京の博物場と同じ程度にブラキストンと札幌博物場との間に交流があったというには材料に乏しい。

ここでは，これまで触れられることのなかったいくつかの史資料，標本を用いながら，ブラキストンと札幌博物場との関係について検討することとする。構成としては，まずブラキストンが日本に滞在していた時期にかかわった各博物場・博物館の状況，特に各館の鳥類標本の実態について確認し，当時札幌博物場が置かれていた状況について比較検討する。次いで，従来紹介されてこなかったブラキストンと札幌博物場の関係を示す史料・標本について紹介し，そのあり方を再検討することとしたい。

1. ブラキストンと明治期の博物場

本節では，ブラキストンがかかわった博物館施設の様子について確認しておきたい。対象は，ブラキストンとプライヤーが日本の鳥目録である「(Catalogue of the) Birds of Japan」[(1)](Blakiston and Pryer 1878, 1880, 1882，以下「BJ」と略し，刊行年次を併記する)を著すにあたって利用した函館博物場[(2)]，東京仮博物場，札幌博物場(以上開拓使所管)，札幌農学校標本室，国立博物館(山下博覧会，山下博物館：内務省)，教育博物館(文部省)といった日本国内の各施設である。以下，これらの施設について，各施設の設立からブラキストンが日本に滞在していた時期の概要(1870(明治3)～1883(明治16)年頃)と，ブラキストンが利用した各施設の鳥類標本の状況を確認し，その上で各施設の鳥類標本収集・管理体制について判明する範囲で整理することとしたい。

1.1　函館博物場[(3)]

函館博物場は，1879(明治12)年5月に設立された開拓使の博物場である。函館では，1872年に天神社内柳川でウィーン万国博覧会に出品予定の収集資料を公開する展覧会が開催されているが，常設の博物場としての計画が立ち上がったのは，1878年のことである。この博物場の目的とするところは，「本使管内ヨリ産出スル物産ヲ第壱トシ御國内自然ノ物産ト人工製造諸物トヲ収集シ一般人民ノ縦覧ニ供セハ即チ開拓ノ進歩ヲ補助シ(中略)，中外博覧会ノ挙アルニ際シ出品ノ順序ヲ整調スルノ便を得(中略)，当港ノ如キ内外人民輻輳ノ地ニ於ハ自然要用ノモノ」[(4)]とあるように，開拓を進めるための広報としての役割，この頃盛んに開催された内外の博覧会への出品体勢の整備などであるが，特に開港場である函館にとって必要な施設であるという認識があったようである。これらの認識は後述する開拓使の博物場においても共通であった。

函館博物場の設立にあたっては，矢田部良吉，E. モースに指導を仰いだことが知られているが，展示・収蔵する標本にとって最も大きな存在はブラキストンであった。ブラキストンは1863(文久3)年から函館に滞在し，福士やプライヤーの協力の下，日本産鳥類標本を収集し，研究を継続していた。その標本が1879年の函館博物場の開設にあたって寄贈されたのである。

ブラキストンの標本を含めた，函館博物場の鳥類標本の状況を確認することとしたい。函館博物場には，1880(明治13)年段階で1,370点[(5)]，2年後の1882年段階で1,376点[(6)]の鳥類標本が所蔵されていたという記録がある。ブラキストンは1879年に1,314点(300種超)の鳥類標本を寄贈した際に，「福士氏或ハ拙者両名之内，當道ニ在留中ハ右鳥類修正方或ハ交換等可致権力」および「係リ官吏ニ於テ格別ノ御注意有之度」，「学識ノ為メ點視等ノ儀，御差許シ相成度[(7)]」という条件をつけている。これにともない，寄贈以降に採集された鳥類標本も函館博物場に追加して寄贈され，ブラキストンの手元に戻ったものもあると考えられる。最終的な寄贈点数は，『開拓使事業報告』にみる寄贈点数1,338点という記述を信頼して，1,330点を超える程度であったと加藤・市川(2002)では判断していたが，第1章で検討したように，ブラキストンは帰国にあたって1,314点のみを残していったと考えられる。ブラキストンの残した標本数と函館博物場の鳥類標本について，第1章の検討と重複する部分もあるが，以下検討することとしたい。

上にみた所蔵標本点数の記録から，函館博物場の鳥類標本は，ブラキストンの標本が大部分を占め，独自で収集したものは限られた点数しか所蔵していなかったようである。実際，1881(明治14)年末のブラキストン標本を札幌へ移管しようとする開拓使の動きに対して，函館側からの請願書にある「該鳥類(ブラキストン標本のこと：引用者注)ヲ館外ニ出スニ於テハ他ノ鑛石木材魚介獣類ノ数種在ト雖モ未タ蒐集ノ日浅シテ，陳列セルモノ僅々一類二三ニ過キズ，最モ陳列ニ多数ヲ得タル鳥類剝製ヲ除カハ，假令博物場ノ名アルモ寥々」[(8)]という記載から，他の標本を含めても，ブラキストン標本の占める割合がいかに大きかったかが推察される。

ブラキストンの記した函館博物場の鳥類標本の状況についても確認しておきたい。ブラキストンは，1880(明治13)年段階で日本産鳥類を325種とし，うち254種が函館博物場に所蔵されていると記している(「BJ」1880)。これに対して，1882 年段階では日本産鳥類を 359 種，うち 278 種が函館博物場に所蔵されているとする(「BJ」1882)。上述したように，この 2 年の間に函館博物場の鳥類標本点数の増加が 6 点にとどまっているのに対し，ブラキストンの記すところの博物場所蔵種数が 24 種も増えている。博物場の所蔵標本点数を信頼した場合，種数の大幅な増加と標本数の微増との間に存在する矛盾について検討する必要があるだろう。

可能性として，ブラキストンがすでに函館博物場に収められていた自身の標本を再同定し，種を分けたとも考えられるが，現存するブラキストン寄贈標本のうち，採集日が明らかになるもので 1881(明治 14)年から翌 1882 年末までに採集された標本が 100 点を超え，当初の寄贈以降に追加寄贈が行われたことが確認されることおよび上述したブラキストンの標本寄贈時の条件を考えるならば，ブラキストンが新たに収集した種の標本を収め，かつ一部の標本を引き取った結果，種数は増加したものの，標本点数はそれほど増加しなかったと考えることができる。もうひとつの可能性として，ブラキストンが標本を出し入れした結果，標本点数が増加していたにもかかわらず，函館博物場のスタッフがその増減の状況について把握できておらず，所蔵標本について函館博物場独自で収集した 6 点のみを追加したと考えることもできる(9)。第 1 章でブラキストンの標本寄贈点数の混乱について整理したように，ブラキストンが寄贈した標本点数については，当初の寄贈点数と考えられる 1,314 点と 1880 年 1 月時点の寄贈点数 1,338 点という 2 説が混乱して利用されてきている。これらの標本点数の混乱について，新たに確認した情報を付け加えつつ，再整理することとしたい。

従来利用されてきたブラキストンの標本寄贈点数に関連する情報は以下のものである。

1879 年	函館博物場開設時：1,314 点
1880 年	『開拓使事業報告』：1,338 点
1880 年以降	採集・寄贈の標本点数：100 点超
1880 年以降	ブラキストンが差し換えた標本点数：不明
1884 年頃	函館博物場標本管理点数(10)：1,309 点半

(1,314 点から 4 羽半不足，「半」は所蔵していた首のみ 4 点，足のみ 3 点の標本を「半分」として計算しているため。なお，保有点数には「ブラキストンへかしの分 7 点」も含まれる)

1890 年頃　　函館博物場標本管理点数：1,314 点[11]

1932 年頃　　北大植物園・博物館に移管されたとされる点数：1,331 点[12]

従来，ブラキストンが標本を函館博物場に寄贈したのは，欧米の博物館に送る際に海難事故で標本を失うことを恐れたためであるとして，そのすべての標本が函館に寄贈されたと考えられてきた。このため函館博物場寄贈以前の標本の移管先についての記述はあるが，寄贈以降の標本や寄贈されなかった標本については特に注意を払われることはなかった。このため，ブラキストンが寄贈後に標本を差し換えたとしても，一時的な研究材料として利用したにとどまり，最終的な寄贈点数は『開拓使事業報告』にみる 1,338 点から増加することこそあれ，大幅な減少はないものと考えてきた。しかし，ブラキストンが帰国後に「BJ」1882 を補記した目録(Blakiston 1884)の「*Corvus neglectus*」[13] の項に「specimen previously referred to as in the Hakodate Museum, which I have brought to England」とあり，また「*Bubo blakistoni*」[14] の項には「Very fortunately among the specimens I exchanged with the Hakodate Museum on leaving Japan (the collection of bird-skins there amounts to over thirteen hundred, presented by Mr. N. Fukusi and myself) I secured the only example of what I had never doubted was *B. maximus*＝*ignavus*.」という記述がある。また，スタイネガーの報告(Stejneger 1886a)によれば，日本を離れアメリカに向かったブラキストンから，1884(明治 17)年に彼の標本(「Magnificent collection」)がノート，目録とともにアメリカ国立自然史博物館(以下「USNM」と表記)に寄贈されていたことがわかる。このことから，少なくとも最終的に，ブラキストンが自らの標本をすべて日本に残すことが安全で意義があると考えていたわけではないということが判明する。

スタイネガーの日本産鳥類に関する一連の報告(Stejneger 1886a 他)に現れ

る，ブラキストンが情報提供を行った標本点数は131点[15]になる。うちUSNMに寄贈された標本は72点，函館博物場にあるとされる標本は24点，その他はブラキストンのノートの記述のみを引用しているもの，あるいはブラキストンが函館博物場寄贈以前に送っていたスウィンホーないしシーボームのもとにあるとされるものである。

まず，アメリカに渡ったブラキストン標本の内容について検討してみたい。これらの標本の採集時期は，ブラキストンが函館博物場に最初に標本を寄贈した1879(明治12)年以前のものとそれ以降のものとほぼ同数である。ブラキストンの管理番号は採集年代順にほぼ並んでおり，スタイネガーの記したリストの番号から，採集年代のわからないものも，多くは1879年以前の採集標本であると推察される。仮にブラキストンが所有していたすべての標本を，1879年にいったん函館博物場に寄贈したとするならば，USNMに寄贈したコレクションの一部は一時的に函館博物場に所蔵されていたものであることになる[16]。

さらに，スタイネガーの報告から確認される点がある。第1章でみたように，スタイネガーの報告からブラキストンの標本に付属するラベル4は，ブラキストンが「Hakodadi Museum No.」とした番号を記載したラベルである。ここから，確認される事項は以下のものである。ラベルの残存状況から，この「ラベル4」は1から1314までの番号が記載されたラベルであり，1315以降の番号を持つラベルは存在しないと考えられる。次に，このラベルが付属する標本は，1879(明治12)年の最初の寄贈標本だけではなく，1880年以降採集の標本にも付属していること，およびブラキストンは学術的な標本管理を寄贈の条件としており，離日後もこのラベルの番号を学術情報として用いていることから，ブラキストンが最終的に函館博物場に残した標本すべてにこのラベルが付与されたとみるべきである。以上の点から，ブラキストンが最終的に函館に残した標本数は1,314点であるといえる。この「1,314」という点数はブラキストンが当初寄贈した点数と合致するが，すでに述べたように当初寄贈以外の標本が100点を超えており，ブラキストンは当初寄贈以降に収めた標本数と同数の標本を手元に戻したことになる。

以上の結果，当初寄贈された1,314点以降に採集された標本が100点以上含まれているにもかかわらず，ブラキストン離日後の標本点数も1,314点として扱われていることについては，最終的に寄贈された標本点数も1,314点であったことによるもので，同じ「1,314点」であっても厳密には含まれる標本の構成が異なっていることを考慮に入れた上で，矛盾は生じないことになった。しかしながら，この標本点数は最終的な寄贈点数であり，1879(明治12)年から1883年の間の標本数の増減については明らかとしてくれるわけではない。「BJ」1880および1882にみる所蔵種数の増加から，1879年の当初寄贈と1883年の帰国時の最終的な寄贈・整理だけがブラキストンによる標本の追加・交換ではなかったことは明らかであるし，『開拓使事業報告』の1,338点という記述を信頼するならば，一時的にせよブラキストンの寄贈鳥類標本数が増加し，函館博物場所蔵鳥類標本総数が増加していたにもかかわらず，増加数が6点のみという記録についてはいまだ解決できていない。上述した可能性の後者である函館博物場のスタッフの関与の状況についても検討する必要がある。

鳥類標本という分野に限ってではあるが，函館博物場の標本数の増加はほとんどみられない。千代(1979)によれば，1872(明治5)年にウィーン万国博覧会事務局から鳥獣類剥製法が伝えられていたことから，剥製類は函館で製作できたという。確かに，現在市立函館博物館に収蔵されている動物・魚類標本類は，この時期に函館で作製されたものであり，函館博物場が独自の収集体制を持っていたことは間違いない。しかし，函館博物場の鳥類標本についてはブラキストンの標本以外に知るところは少ないのも事実である[(17)]。

函館博物場のスタッフは，開場時には御用掛渡辺章三をはじめ，看守・技術生など13名の職員が配置されていた[(18)]が，後には看守長・看守・小使という体制となり，看守長および看守には学識経験者が選ばれていたという(千代 1979)。初代看守長となった渡辺は，1875(明治8)年樺太・千島交換条約締結後の総合調査で，地質物産担当の助手を務め，1878年に標本採集のため函館に訪れたモースや矢田部良吉に同行し，博物学，陳列方法などについて学んだ後，函館博物場の要職を務め続けた人物である。渡辺を中心として，鳥類標本の充実が図られていたのだろうか。渡辺の経歴，実績からみてもその能力は評価できる。ブラキストン標本に混入して函館から北大植物園・博物館に移管された鳥類標本の中に，「渡辺」の名前のある標本(19)が含まれており，鳥類採集を行っていたことも確認される。また，上述した1884年時点でのブラキストン標本の点数調査を行ったのも渡辺である。しかし，「看守」という役職に求められた職務は「函館仮博物場看守内則」(20)によれば，清掃および監視というものであり，ブラキストンが函館で行っていたような体系的な収集・管理を行いえていたかどうかは疑問がある。1884年に渡辺がブラキストン標本の点数を確認した際に，首や脚のみの標本を「半分」と評価していたことはすでに触れたが，鳥類脚部【40222】にはラベル2・4が付属し，鳥類脚部【48055】にもラベル2が付属しているように，ブラキストンは部分標本であっても1点の標本と評価していたようである。ブラキストンの考えたように，首，脚のみの標本も1点と数えるならば，1884年時点での標本数は，1,313点(「ブラキストンへかしの分」7点を含む)となり，1点減少しているのみと評価できるにもかかわらず，渡辺の標本に対する考え方が「半分」としか扱えなかったことは，ブラキストンの標本管理のあり方が函館博物場に浸透していなかったということを示唆する。

1890(明治23)年に作成された「函館博物場陳列品目録」にはブラキストン寄贈の標本点数が1,314羽という記述があるが，その後段に「ブラキストン氏献品鳥類千三百拾四種ト見ナシ」とあるように，所蔵するブラキストン標本の全容を把握できていなかったようであるし，渡辺が調査を行った際の「ブラキストンへかしの分」7点，所在不明の4点半(ないし1点)がどうなったかについての記述もない。さらにいうならば，この「函館博物場陳列品目録」にはブラキストン寄贈以外の鳥類標本が35点ほど記載されているが，この情報の精度についても疑問がある。この点について指摘しておきたい。函館博物場から分散したブラキストン標本に含まれていた函館博物場由来の鳥類標本の中に，以下の情報を持つ標本が存在する。

コクマルガラス【3045】：明治十一年六月九日，亀田郡亀田村

ツツドリ【3614】：十九年九月廿七日，亀田郡亀田村，長崎護通献

オオバン【4161】：十九年八月五日，亀田郡中川村函館区地蔵町十四番地，
高島精一献

ノスリ【4286】：明治十九年二月，函館，勧業課，長崎献

これらは，1890(明治23)年の「函館博物場陳列品目録」の作成以前に収集されたものであり，特にノスリにおいては「勧業課」とあることからまず間違いなく函館博物場に収められたと考えられる標本である(21)。しかしながら，これら4点については「函館博物場陳列品目録」には記載されていない。実際に函館博物場に収められていたはずの標本が目録に掲載されない理由はどこにあるのだろうか。①ブラキストン標本の中に混入して管理されていた，②情報の管理が徹底できていなかった，などが理由として考えられる。ブラキストンの滞在中は，標本棚の作製から展示の配列までブラキストンが行っており，博物場独自の管理体制の構築が遅れていた可能性が高く，その他の分野の標本を含めても函館博物場においては，ブラキストンが行っていたような標本番号による管理が行われていた形跡はない。これらの管理体制を現在の我々の基準から評価することは慎むべきであるが，ブラキストンが寄贈の条件とした現状維持および学術的利用に供するための管理(22)とは隔たりがあったということはできるのではないだろうか。

このような管理体制であったため，①1880(明治13)年および1882年の段階で，函館博物場はブラキストン寄贈標本点数の増加について把握できていなかった。②所蔵標本のすべての管理が行き届かず「函館博物場陳列品目録」から上記の標本が欠落した。③1884年の渡辺の調査は正確なものであったと考えられるが，それ以降においてはブラキストン標本の全容についての調査・管理が行われておらず，1890年の調査の時点では「1,314点」という従来の情報の引き写しをしていた可能性がある。ここに，「BJ」の所蔵種数の増加と，函館博物場の標本点数の微増という矛盾の原因があったのではないかと考えられるのである。

ブラキストンが札幌博物場からの移管申請に際して同じ管理条件を出したことも，帰国に際して自身の標本に「ラベル4」を付与していったことも，期待する標本管理が函館博物場で十分に行いえていなかったためではないか

と推測されるし，帰国にあたって，当初寄贈点数は守った上で，自らの必要とする標本を持ち帰ったのも，自身の研究のためという理由もあったであろうが，安全でより有効に利用される場所に標本を保管することを意図したのではないかと推測されるのである。

推測を繰り返した嫌いがあるが，函館博物場の鳥類標本および管理体制は以上のようなものであったと考えられる。

1.2　東京仮博物場[23]

次に，開拓使東京出張所に併設されていた東京仮博物場について確認することとしたい。東京仮博物場は，1875(明治8)年に東京芝公園内の開拓使東京出張所構内にあった仮学校が札幌に移転された跡地に設置された北海道物産縦観所を前身とする，開拓使による最初の博物場である。設置の目的は「北海道ノ物産及開拓ノ参考ニ供スヘキ内外ノ物品ヲ展列シ衆庶ニ縦覧セシム」[24]とされる。翌年2月に東京仮博物場と改称され，「北海道産物ノ義ハ，広ク衆人ノ見聞ニ触レサル者有之候ニ付，専ラ該道動植鉱物ノ類其他有益物品ヲ蒐集シ，傍各国ノ物品ヲモ取交ヘ参考ノ為メ(中略)陳列」[25]する場として位置づけられた。この目的を達成するために，職員として鳥獣剥製製造人や画工らを配置し，質の高い陳列活動を行おうとしていたとみられる。

東京仮博物場の鳥類標本は，『開拓使事業報告』によれば1875(明治8)年段階で鷹1，鷲11，鳥類剝製55の67点であった。ブラキストンとプライヤーは「BJ」1878でこの博物場に「アカゲラ，ワタリガラス，ギンザンマシコ，アオバズク，オジロワシ」の5種(記載313種中)があると記載している。その後，「BJ」1880では8種(記載325種中)，「BJ」1882では33種(記載359種中)と徐々に鳥類標本を収集していたことがうかがえる。

東京仮博物場の職員体制は1877(明治10)年の段階で17名が確認され，この中に鳥獣剝製製造人として「村田庄次郎(荘次郎)」の名前が確認される。村田は後に札幌農学校の職員として博物館で勤務する人物である。出身は静岡[26]であり，東京出張所勤務期に北海道の鳥類に明るかったかどうかは定かではないが，後に「北海道鳥類一班」(村田 1900a，1900b，1901a，1901b，1902)

を著すのをはじめ，明治中〜末期における札幌農学校所属博物館の鳥類標本の大部分を収集していること，また標本管理も行っていたことから，東京仮博物場における鳥類標本の管理も村田の手によって行われていたと推測される。

この東京仮博物場は，1881(明治14)年開拓使東京出張所が廃止となるにともない閉鎖され，その資料は札幌，函館の博物場，札幌農学校，また東京の国立博物館などに分散されることになった。ブラキストンは東京仮博物場を「the Museum of the "Kaitakushi" (Departomant for Agriculture)」(「BJ」1878),「the Kai-taku-shi at Shiba」(「BJ」1880),「the 'Kaitakushi' Shiba collection to Sapporo college」(「BJ」1882)と記しており，東京仮博物場の鳥類標本は廃止後札幌農学校へと移管されたことがわかる。

ブラキストンおよびプライヤーと東京仮博物場の関係は彼らの目録作成の調査だけにはとどまらない。第2章で検討したように，東京仮博物場は北海道産の鳥類図を展示するために，その模写のモデルとしてブラキストンの標本200点ほどを借用して，画工牧野数江が中心となって鳥類図150点あまりを制作した。標本の貸し出しにあたっては，ブラキストンから直接東京仮博物場に送られたのではなく，横浜に住んでいたプライヤーが仲介に立っていたことがブラキストンやプライヤーの書簡から知られる。ブラキストンからの積極的な働きかけというものではないが，函館博物場に標本が寄贈される前から，ブラキストンの手元に多くの標本が保管されていることを開拓使が把握していたことを物語る事例である。

1.3　教育博物館(27)

ブラキストンが「"Kiyoiku Hakubutsukan" of the "Mombusho"(Education Department」(「BJ」1878),「"the Keu-iku Haku-butsu-kuwan of the Mon-bu-shiyau"」(「BJ」1880),「"Education Museum at Tokyo"」(「BJ」1882)と呼んだ教育博物館は，1870(明治3)年の大学南校物産局を起源とし，1871年の文部省設置後に博物局へと引き継がれた文部省博物館の1877年頃の名称である。

文部省博物館は1873(明治6)年3月に太政官正院に置かれていたウィーン万国博覧会事務局に吸収され，11月には内務省の設置にともない博覧会事務局ごと内務省の所管となった。しかし，もともと「教育博物館」としての役割を目指していた文部省博物館にとっては，殖産興業を目的とする博覧会事務局の中での位置づけに満足できず，1875年2月に旧文部省所属の博物館，書籍館，小石川薬園が内務省から文部省所管へと戻ることとなった。その際，大学南校の頃から収集していた標本類は内務省の博物館へと引き渡され，新たな博物館の標本・資料は改めて収集し直すことになったものである。分離した博物館は，内務省に残った博物館が「博物館」という名称を用いたため，「東京博物館」と称し，1877年には上野公園に場所を移し，「教育博物館」と呼ばれることになった。これが，現在の国立科学博物館の起源である。

内務省の博物館に標本類を提供した教育博物館が所蔵する鳥類標本は，1875(明治8)年段階でわずか15点に過ぎず，収集の促進を図るため，横浜の商社に勤務していたプライヤーを雇うことになった。プライヤーは1876年7月から10月まで奈良，高知へと赴き標本を収集し，また分類・同定にあたった。1876年時点では所蔵鳥類標本が395点へと増加し，プライヤーの力が大きかったことが想像できる。

これまでにみたように，ブラキストンの記述からも教育博物館の鳥類標本の状況についてみてみると，「BJ」1878で4種(記載313種中)，「BJ」1880で8種(記載325種中)，「BJ」1882で24種(記載359種中)というように順調に種数が増加しているが，上述したプライヤーの採集標本の増加が反映されていないようにみえる。これについては，ブラキストンの鳥類目録では「Tokyo Museums」に相当数の種(「BJ」1882で172種)が所蔵されているとされ，開拓使の東京仮博物場の標本が札幌農学校へ移管された後にも「Tokyo Museums」という表記がなされていることを考えると，後述する内務省の博物館と教育博物館をあわせて「Tokyo Museums」と記載されたものと思しく，教育博物館には上記の種数にとどまらない鳥類標本が所蔵されていたものと考えられる。同館の1881(明治14)年時点での鳥類標本所蔵数は1,404点，内容としては，トビ，ミミズク，フクロウ，アカゲラ，ホトトギス，カッコウ，スマトラ島産鳥類，モズ，アカモズ，ツグミ，ウグイス，キクイタダキ，ミソサザイ，ヒバリ，シメ，イスカ，キレンジャク，ヒレンジャク，ミヤマカケス，ヨタカ，アオバト，シラコバト，キジバト，ウズラ，ライチョウ，ヤマドリ，キジ，ダチョウ，オオバン，欧州南部産のバンの一種，タゲリ，ミヤコドリ，タシギ，ゴイサギ，アマサギの類，ヘラサギ，トキ，クロトキ，ダイサギ，ハクチョウ，アメリカ産ハクチョウの骨格，ヒシクイ，マガン，マガモ，オシドリ，カワアイサ，ペリカン，アホウドリ，カイツムリ，家畜鳥類などが記録に残っていることからも，まず間違いない。

教育博物館はプライヤーの辞任後も，波江元吉[28]をはじめとする動物学分野スタッフが各地へ採集旅行に赴き標本の充実を図っていた。さらに，この博物館はスタッフによる収集にとどまらず，国内外の博物館との資料交換を行っていたため，上述の外国産鳥類標本を入手することができた。スタイネガー(Stejneger 1886d, 1887c)によれば，1886(明治19)年より少し前に，USNMは東京教育博物館から琉球で採集された「fine collection」を受け取っている。同時に，スタイネガーに同定を依頼する目的で，波江が別の標本群を送っていることがわかる。その後も「Tasaki」,「Nishi」という採集者によって採集された琉球の標本，1887年に波江が伊豆諸島で採集した標本など，続々とUSNMに送られ，スタイネガーによって同定・記載されている(Stejneger 1886d 他)。ここで注目しておくべきことは，アメリカ産の鳥類標本を交換で入手するためだけに標本を送っているのではなく，教育博物館の標本としての地位を確保した上で，同定してもらうために送っている標本が多数含まれていたという点である。自らのコレクションをより体系的にするために，外部に協力を求めるという姿勢は，「陳列場」としての役割を目的としていた開拓使の博物場にはみられない特徴である。

ブラキストンと教育博物館の関係はあまり知るところがないが，ブラキストンのノートに記述された教育博物館の標本についてスタイネガーが言及していること，ブラキストンと波江の間で情報交換が行われていたことを伝える書簡が存在すること[29]，この書簡とともに波江の手元にあったブラキストンの報告に，ブラキストン自筆の校正が加えられていること(第3章参照)，現在国立国会図書館に所蔵されているブラキストンの報告(Blakiston 1884)の表紙には，「東京教育博物館印」が押され，「明治十七年四月九日納付　ブレキストン氏」という記述もあることから，ブラキストンの帰国後も活発な交流があったことをうかがわせる。

1.4　国立博物館(山下博覧会，山下博物館)(30)

ブラキストンが「"Yamashita Hakurankai" of the "Naimusho"(Home Department」(「BJ」1878)，「"the Yamashita Haku-butsu-kuwan" of the Nai-mu-shiyau」(「BJ」1880)，「"the 'Yama-shita Hakubutsu-kwan' has been removed to the new building of the National Museum in Uyeno Park, Tokio"」(「BJ」1882)と呼ぶ博物館は，現在の東京国立博物館にあたる博物館である。この博物館は，1872(明治5)年3月に文部省博物局(前述教育博物館の前身)が主催した湯島における博覧会が起源となる。この博覧会は，ウィーンで行われる万国博覧会の出品準備を兼ねていたもので，万国博覧会への参加のため前年の1871年に設置されていた博覧会事務局は，日比谷門内から山下門内の旧佐土原及中津藩邸に移転し，翌1873年に合併された文部省博物館も山下門内に移転することとなった。その後，この組織は内務省の所管となり，1875年に文部省博物館，書籍館，小石川薬園が分離されたが，そのすべての標本類は内務省の博物館に引き継がれた。その後，数度名称が変更されたが，1877年に行われた第1回内国勧業博覧会に深くかかわりつつ，1881年に内務省から農商務省へと移管された後，上野公園に移転した。ブラキストンが「山下博覧会，山下博物館」から「National Museum in Uyeno Park」(「BJ」1882)へと名称を変更したことに符合する(以下，「国立博物館」と表記)。

これまでと同様に，ブラキストンの鳥類目録を参照してみよう。「BJ」1878で8種(記載313種中，1点の絵画資料を含む)，「BJ」1880で7種(記載325種中，1点の生標本を含む)，「BJ」1882で19種(記載359種中，1点の絵画，3点の生標本を含む)となる。記載数の増減については，標本がなくなったというよりは，上述したように「Tokyo Museums」として教育博物館と一括して記載されていることによるものだろう。

国立博物館が所蔵していた鳥類標本の詳細について明らかとする材料はそれほど多くはないが，元文部省博物館に所蔵され，分離の際に引き継がれた鳥類剥製54点，1876(明治9)年に購入した鳥類80羽，コウノトリ2羽，鷲1羽，鷺1羽が知られる。農商務省の管轄下にあった時期の「博物局第一報告書」(1882年)によれば天産部資料(動物・植物・鉱物資料など)の総数が71,362点，「博物局第二報告書」(1883年)によれば76,229点，「博物局第三報告書」(1884年)では81,342点と増加していることが確認できる。内務省時代(1875～1880年)の「博物局年報」でも毎年数千点ずつ天産部の標本が増加していることが確認されるので，相当数の鳥類標本が収集されていたものと推測される。標本の入手の方法は，「吏員」による採集の他，内国博覧会や万国博覧会からの引き継ぎや購入，寄贈などによっていたことが年報類から知ることができる。教育博物館と同様に，海外の博物館との交流も盛んであったようで，1880年の「博物局第五年報」では英国グラスゴー博物館から天産部の資料31点が届いていること，1884年の「博物局第三報告書」では，「米国華盛頓府新築博物館(USNM)」から天産資料を含む標本交換の申し出があり，採集，送付したこと(31)が確認される。1880年には勧農局からの寄贈による豪州産の剥製鳥類59点も収蔵されている。

ブラキストンが「BJ」1880および1882に記したように，国立博物館には生きた鳥も飼育されていた。1879(明治12)年の「博物局第四年報」には54羽の鳥を飼育していたことが記載されているし，1885年段階では142羽が飼育されていたようである。また，国立博物館には，鳥類に関する絵画資料も所蔵されていた。第2章でみた『博物館図譜』と呼ばれる資料は，当時博物館のスタッフであった田中芳男を中心として，江戸時代の禽譜を収集，また新たに制作されていた鳥類図譜であり，それらをブラキストンが利用していたことが「BJ」の記述から理解される。田中がブラキストンらと深い関係にあったことは，「BJ」の序文に田中への謝辞があることからも明らかである。なお，ブラキストンは単に博物館に所蔵されている図譜を利用するだけではなく，逆に図譜の制作にも協力している。第2章で検討したように，田中の下で働いていた小野に対してブラキストンは標本を貸し出し，『博物館図譜』の一部が制作されている。

関(2005)が述べるように，この国立博物館は後に宮内省へと移管され，古美術や芸術品を中心とする皇室の博物館へとその性格を変えてゆき，天産部の資料は「やっかいもの」となってしまう。しかし，ここまで確認してきたごとく，ブラキストンがかかわった時期の国立博物館は天産部の資料収集をおろそかにしていたわけではない。1875(明治8)年の段階で，博物科長田中芳男を筆頭に，動物掛5名，植物掛10名などスタッフは充実し，資料収集は着々と進められていた。1882年開拓使の廃止により，札幌博物場が農商務省の博物局の管理下に入った際に事務引き継ぎを行った小野職愨は，北海道出張中に1,000点あまりの天産部資料を収集している(「博物局第二報告書」)。

美術館的要素の強い博物館を目指していた博物局長，博物館長町田久成の視点と，後の帝室博物館の状況，関東大震災後に教育博物館へ天産部資料が移管された事実を知る現在の我々からすれば，国立博物館の天産部資料は「やっかいもの」であったかのように考えられるが，ブラキストンがかかわっていた時期の国立博物館の天産部の標本・資料は，町田が意図した博物館構想とは別に，田中の意向に沿って充実していたものと考えられる。しかし，町田の意向は徐々に国立博物館に浸透してゆく。町田の後に2代目の博物館長となった田中はわずか7カ月でその職を追われ，田中の目指す博物館の方針は退けられてゆく。「博物局第五報告書」によれば，1885(明治18)年には天産部の資料は2,764点の増加がみられるが，重複資料は他の博物館や学校へ分与せられ，また腐食などで400点あまりの動物標本，160点の植物標本が失われたとされる。

田中が館長の職を追われたのは，ブラキストンの離日の前後である。国立博物館所蔵の鳥類標本の評価をブラキストンとかかわりのあった時期に限定すれば，田中・小野の活動の盛んであった時期ということもあり，ブラキストンのみた国立博物館は充実した鳥類標本(生標本・絵画資料を含む)を所蔵する博物館であったものと考えられるが，スタイネガーの報告にブラキストン経由で教育博物館の標本が多く引用されているのとは対照的に，国立博物館の存在を見出すことが難しい。ブラキストンの滞在中においても天産部資料の位置づけは確固としたものではなかったのかもしれない。

1.5　札幌農学校標本室(32)

札幌農学校は，教頭クラークの教育方針に基づき，農学関係科目の他，基礎科学の動物学・植物学など自然史に関する教科が少なくなかったため，これらの教育に必要とされる標本類が必要であったこと，また教官陣が学生を連れて行ったフィールドワークの過程で収集された標本を保管するためにも動物学および産業，ないし鉱物・地質・植物標本室を持つ博物館の設置が急がれていた。しかし，その計画は予定通りには進まず，演武場(現在の札幌時計台)の一部を利用した標本室の整備にとどまっていたという。この標本室の収蔵資料の状況は明らかではないが，1883(明治16)年に札幌農学校長であった森源三が「農学校内ニハ博物室アレトモ列品多カラス。列品採集ハ二，三年以来ノ事ニテ，多クハ廃使ノ際，東京出張所ノ博物場ヨリ持来リシ物品ニテ漸ク体裁ヲナシタリ」(33) というように，東京仮博物場の標本を引き継いだことで充実しつつあったようである。

ブラキストンは「BJ」1882で，「Kaitakushi-museum」の標本が移管された「Sapporo College Museum」には33種(記載359種中)の鳥類標本があるとするが，この種数が東京仮博物場におけるものであったのか，農学校の標本すべてを調査した結果であるのかは明らかとはならない。1881(明治14)年6月25日に東京仮博物場から札幌農学校へ送られた資料の一覧(34) によれば，鳥類剝製「参拾壱羽」1箱と同「六拾四羽」1箱が含まれており，この95羽の存在は確認できるが，種数が明らかとはならない。一方，1882年の札幌農学校博物場物品目録(35) によれば，鳥類標本は鷲11，梟1，烏4，小鳥39，白鳥1，鶴2，雁1，鴨類4，水鳥36，雑鳥3の101点の所蔵が確認できる。この目録は，札幌博物場が札幌農学校に移管される以前のものなので，演武場内にあった標本室の収蔵標本を示すものと考えられる。これが標本のすべてを示しているかどうかわからないが，東京から送られたという標本数とそれほど隔たりはなく，この標本室に所蔵されていた鳥類標本の大部分は東京仮博物場由来のものであったのかもしれない。標本管理体制も明確ではなく，札幌農学校の標本室とブラキストンとの関係を明確にすることは現時点で困難である。

この標本室は後に札幌博物場と統合され，所蔵標本が引き継がれることになる。現時点で農学校標本室由来と位置づけられる鳥類標本は見出しえていないが，第1章でみた「本校ヨリ」という記載のある標本がこれに該当する可能性がある。『採集日記』に，1889(明治22)年12月18日に「農学校教室ヨリ受入」れた118点の鳥類標本に関する記載があり，明治末から大正期にかけて利用された整理カードには「本校ヨリ」の記載のある標本55点が確認される。この標本照合は今後の課題としておきたい。

1.6　札幌博物場(札幌仮博物場，札幌農学校所属博物館)[36]

最後に，ここでの主たる検討対象である札幌博物場について，確認することとしたい。

札幌博物場の前身である札幌仮博物場は，1877(明治10)年に開拓使札幌本庁により，偕楽園内に開設された博物館である。偕楽園内には，清華亭の他，魚卵孵化所，温室，競馬場などが設けられ，勧業施設的役割を持っていた。設立の目的は，「本道に産する天産，人工の物品を網羅蒐集して此に陳列し，時日を定めて開場し，衆庶に無料縦覧を許」[37]すことおよび「博覧会一切ノ事務ヲ掌ル」[38]ことにあり，開拓使の設立した他の博物場とほぼ同じ目的であった。この仮博物場は「年ヲ追テ物品増加シ場所狭隘展列ノ余地ナキ」[39]状態となり，新たに博物場を建設する必要に迫られた。この計画は1880年に認可され，1882年6月に新館が完成した。これが札幌博物場であり，現在の北大植物園・博物館本館である。この建物が完成した時点では，すでに設立主体であった開拓使が廃止され，農商務省博物局，農商務省北海道事業管理局，札幌農学校へと移管されてゆく。これらの経緯については関(1991)が詳述しているので，ここでは省略することとしたい。

さて，以上のような経緯で活動をしていた札幌博物場の鳥類標本の収集状況について確認してゆきたい。札幌仮博物場時代には「年ヲ追テ物品増加シ」とあるように標本数が増加していたと推測されるが，年次ごとの増加状況は不明である。札幌博物場が設立された1882(明治15)年に開拓使がまとめた標本点数は総数2,585点，うち鳥類標本は264点(40)，同年7月に，開拓使から農商務省博物局が博物場を引き継いだ時点での総標本数は2,824点，うち鳥類標本は256点(123種)(41)であった。8点ほど減少している理由は定かではないが，おおよその状況を示しているものと考えてよかろう。この総資料点数には，廃止された東京仮博物場の標本・資料(42)も含まれているものと考えられるが，同場の鳥類標本は札幌農学校標本室に移管されているので，ここに挙げた鳥類標本の点数は，札幌博物場独自で収集したものとみなしうる。函館博物場がブラキストン標本以外の鳥類標本をほとんど所蔵していなかったのに対して，積極的な収集の様子をうかがうことができる。開拓使廃止後も収集は積極的に行っていたようで，札幌博物場が札幌農学校に移管された1884年段階で，標本総数6,055点，うち鳥類標本402点(132種)(43)，1885年段階で標本総数6,429点，うち鳥類標本491点(44)というように，その充実は目覚ましいものがある。

ブラキストンは，札幌博物場の鳥類標本について次のように記している。「BJ」1878には札幌仮博物場の存在は見出せないが，「BJ」1880ではハクチョウ，ヒシクイ，タンチョウ，ショウドウツバメの4種が所蔵されており，「BJ」1882では103種(359種中)の標本があるとする。ブラキストンの記す種数の増加からも，札幌博物場の標本充実について知ることができる。

さて，このような標本の充実を図っていた札幌博物場の職員体制はどのようなものであったのだろうか。札幌仮博物場時代の職員は，雇1人(内藤梅吉)，小使1人(酒井長吉)の2名体制であったことがわかっている。現在北大植物園・博物館に所蔵される鳥類標本のうち，採集時期が1878(明治11)年から1881年にかけてのものが100点近くあり，彼らを中心として標本を収集していたものと考えられる(45)。札幌博物場へと施設が移った後の1882年7月には二等属仁田登，六等属山口吉太郎，准判任官御用掛山口義幸，内田瀞，伊藤一隆，足立元太郎，雇内藤梅吉の7名体制となった。足立および伊藤は

「博物場動植鉱物名称順序等取調ノ為メ」[46] 札幌県准判任御用掛との兼務となっており，札幌農学校卒業生の能力を生かすべく配置されたものと考えられる。さらに，翌年2月には，上記7名に加え，七等属斉藤実昭，場雇矢作利助，看守人椎名佐次郎，小使酒井長吉の名前もみることができる[47]。函館博物場のような「看守」という職名ではなく，調査のためのスタッフが配置されていたという点に札幌博物場の特徴があったといえよう。ただし，教育博物館や国立博物館が行っていたような欧米の博物館との交流は見出せない。確認できるのは，八田三郎が教授として赴任した1900年前後のものが古いもののようである[48]。

以上，ブラキストンがかかわった各博物館の状況について概観してきた。国立博物館や教育博物館は，近代化促進や殖産興業の政策の中での評価が与えられているが，その収集・研究体制においても分野に対する重点配分には差があったにせよ，全国的かつ国際的な活動が行われており，開拓使の各博物場とは一線を画するものであったという点は高く評価されてしかるべきであろう。一方，「第三の系統」(椎名 1989)とされる開拓使の博物場は，その設置目的が北海道の物産陳列，博覧会への準備というものであったがゆえに，収集の方針が教育研究ではなく，北海道を中心とした物産の「陳列」に重きを置いていたという点に特徴があり，国立博物館・教育博物館と共通の側面は有するものの，資料の充実を支える体制にはやはり不十分な点が多く，同列に扱うことは難しいといえるのではないだろうか。

本章の主たる関心である札幌博物場を開拓使の他の博物場と比較して評価するならば，札幌博物場は，伊藤一隆・足立元太郎といった札幌農学校卒業生を擁し，人事・予算面において，所蔵標本・資料をより学術的に利活用できるような体制を整えていた(関 1991)。鳥類標本においては，ブラキストン標本に依存していた函館博物場とは異なり，独自に充実を図っており，その延長で函館からのブラキストン標本の移管を試みたものと推測される。標本移管こそ失敗したものの，「BJ」にみるように，所蔵標本数の増加は顕著であり，ブラキストン自身もこの標本を調査・利用していたものと考えられ，「陳列場」ではなく，現代的評価からする博物館として最も充実していたといえよう。この傾向は，札幌博物場が札幌農学校に移管され，「本博物館は大學の學生々徒の研究を以てその本旨とする」(49) と位置づけられるように，札幌農学校の教育研究支援機関としてさらに充実してゆくのである。

しかし，札幌博物場においては他の開拓使系博物場が行ったようなブラキストンとの協力体制が確認されないことから，活動の実態はあまり知られていないのが現状である。ブラキストンと札幌博物場とのかかわりは「BJ」以外に知ることができないのも事実であるが，以下に札幌博物場とブラキストンとの関係をうかがわせる断片ともいうべき事例について報告することとしたい。

2. ブラキストンの採集したノガン

2.1 ブラキストンと札幌の関係

ブラキストンは，札幌について『Japan in Yezo』(Blakiston 1883b)の一章(第22章)を割いて著している。ここでは札幌の状況についてそれほど好意的な表現をしていないが，「札幌が成長していく各段階を続けて見てきた」と記述しているごとく，長い滞在期間中にいく度も札幌を訪れていたようである。北大植物園・博物館に現存するブラキストン標本のうち，札幌で採集した標本は300点を超え，採集時期も1874(明治7)，1875，1877，1878，1880，1881，1882年とほぼ毎年である。これらの中には当時札幌在勤であった福士成豊が採集したものも含まれている可能性もあるが，一時期に集中して多数の標本がある時期(1877年4～6月，1878年4～6月，1882年6，9～10月)などはブラキストンが滞在していた時期のものと考えてよかろう(50)。特に，6月前後の標本が多い理由は，札幌で開拓使に雇われていたエドウィン・ダン(後にブラキストンとは義兄弟になる)が記したように「殆ど毎年豊平川にやって来て，われわれの一行に加わっ」ていた(高倉編 1962)ためと考えられる。

ブラキストンと札幌の関係については，以上のようなものしか明らかとはならず，「BJ」における記述を除けばブラキストンと札幌博物場との関係は，見出すことができない。しかし，「BJ」1882において，札幌博物場のある標本についてのブラキストンの記述は検討に値するものである。

2.2 「Birds of Japan」のノガン記載

「BJ」の中に記載される種の中で，ノガン(*Otis tarda*)に関する記載は，極めて異彩を放っている。「BJ」1878では，印刷行数にして4行，「BJ」1880で7行の記述に過ぎなかった記載が，「BJ」1882になると3頁，80行にまで急増するのである。「BJ」の中で，これほどの文章が1種に割かれていることはなく，極めて特徴的である。長文になるが，引用することとしたい。

「BJ」1880

152. OTIS TARDA, L.

Bustard. Jap. 'No-gan.'

A bird supposed to be a great Bustard was brought into the Hiyaugo market quite fresh in December, 1876. It weighted 13 1/2 pounds. It probably was of this species, which is found at Shanghai, Hankow, and Peking in winter. The Japanese are acquainted with the bird, and their ornithologists class it with the geese.

「BJ」1882

152. OTIS TARDA L. (?)

[514] Great Bustard　　Jap. 'No-gan'

A bird supposed to be a Great Bustard was brought into the Hiogo market quite fresh in December, 1876. It weighed 13 1/2 pounds. It probably was of this species, which is found at Shanghai, Hankow, and Peking in winter, according to Swinhoe's 'Revised Catalogue,' (P.Z.S., 1871, p. 402), where he notes having a female from Shanghai "smaller than the ordinary European bird, and more broadly banded with black on the upper parts," and mentions a small species observed by Pere David near Peking.

Japanese were aware of the existence of a Bustard, and gave the Shimosa plains to the eastward of Tokio as one of the localities where it was to be found, but we were unable to obtain any examples until last year Mr. Edwin Dun of Sapporo was fortunate enough to kill two while out shooting with one of the authors on the 11th and 13th November, near the mouth of the Iskari River on the north-west coast of Yezo. These two specimens were preserved. One of them is mounted in the Sapporo Museum, and the other has been sent to Mr. Seebohm in London for proper identification. They both appear to be in their second year, say about eighteen months old. The organs of generation were not clearly discernable in either, owing to damage of the parts by shot, but one seemed to be a young female. The crops and stomachs contained herbs (artemesia, dandelion, etc.), and grasshoppers. There was no sign of the water-pouch, mentioned by Yarrell as belonging to the male, in either; nor do they agree with his description of adults of O. tarda, but we are inclined to believe they would coreespond with birds of that species of the age we take them to be. The principal points of difference from Yarrell's description are as follows:

First Example. (Sapporo Museum specimen) young female?

Length 790mm. (=31in.).

Wing 480mm. (=18.75in.).

Bill along gape 65mm. (=2.5in.).

From front of nostril to end of bill, 25mm. (=1.0in.).

Tarsus, 120mm. (=4.75in.).

Middle toe with nail, 62mm (=2.44in.).

Extent of outstretched wings, 1550mm. (=61in.).

2nd and 3rd primaries the longest, 5th equal the 1st. Iris of eye, dark hazel. Legs, feet, and bill, dusky-slate, lower mandible lightest. Weight, 6pounds. Chin, pure white. Neck, delicate lavender. All under parts white. Primary quills white, running into dusky towards the tips. There are no plumes from the chin, nor bare space under where they should be. A few mottled woodcock-like feathers on the top of the head. On the inner webs of each of the third, fourth, and fifth primaries, just where they suddenly narrow, about eight inches from the end of the wing, a small spot of white. There is more black on the back than there should be in an adult, the wing-coverts are turning white, the centre tail feathers not being yet tipped with it. Evidently changing in most parts from the woodcock-like plumage of an immature bird.

Second Example (spec. No. 2756 sent to Mr. Seebohm).（以下略）

（下線部引用者）

「BJ」1880 執筆段階ではブラキストンには利用できるノガンの標本がなく，その存在を示すのみであったのが，下線部にみるように，「BJ」1882 発表の前年，11 月 11 日と 13 日の 2 日にわたって，札幌のダンと鳥類目録執筆者の一人が石狩川口において 2 羽のノガンを撃ち，採取したことで，その計測データが詳細に記述されることになったものである。採集者のダンとは，上述したエドウィン・ダンであり，執筆者の一人(one of the authors)とはブラキストンである。彼らが採取したノガンの標本は，「One of them is mounted in the Sapporo Museum, and the other has been sent to Mr. Seebohm in London for proper identification」とあるごとく，本剝製にした 1 体が札幌博物場へと保管されることになったのである。これに関する史料があるので，これらについても確認しておきたい。

2.3　伊藤一隆によるノガン図

ダンとブラキストンによって採取されたノガンについては以下に挙げる史料がある。

東京　　　　　　　　　札幌
　開拓使残務取扱　　　　同上
　　　　小牧昌業殿　　　　内海利貞

昨十四年十一月英商ブラキストン氏ボーマン氏ト共ニ銭函海岸ニ於テ猟獲スル所ノ野鳥一羽博物場へ出品致候處、該鳥ハ未本邦ニ見馴レサルモノニテ、其鳥名ヲ知リ難候、或ハ英國ノ「ボスタード」ニ類似シタルヲ以テ出品主ヨリ英国へ問合、追テ其実否通知之アル筈ニ付右確報ヲ得次第其趣届出候心得ノ處、逐々数月ヲ経過候へ共、未タ該報無之ニヨリ右畧報候旨、今般同場係伊藤一隆ヨリ別紙ニテ返申出候条、為御心得此段及御通報候也、

明治十五年四月十九日

明治十四年十一月十一日英商ブラキストン氏札幌ニ滞留セシ際、御雇教師ダン氏ボーマン氏ト共ニ銭函海岸ニ遊猟セシニ、一種ノ野鳥ヲ猟獲シ当博物場へ出品セリ、該鳥タルヤ其景状七面鳥ノ雌ニ類似シ脚稍長ク、大サ嘴尖ヨリ首根マテ十一インチ半、首根ヨリ尾根マテ九インチ半、尾根ヨリ尾尖マテ九インチ、肩尖ヨリ翅尖マテ二フート六インチ半、地面ヨリ背上ニ至ル一フート五インチ、重量六ポント、此鳥ハ英国ニ於テ食料ニ貴重セラルヽ処ノ大「ボスタード」(Otis tarda)ト同属ナレトモ其何種ニ属スルヤ判然スル能ワス、而シテ重量形状モ亦大「ボスタード」ヨリハ軽、且小ナレトモ恐クハ同属同種ノ雌或ハ雛ナルモ計ラレス、故ニ又其後ニ至リ再ヒ前三氏同所ニ遊猟シ打殺シ得ル同鳥ヲ以テ其何種タルヲ識別セント欲シ、以テ英国ニ送ル故ニ、其確報ヲ待ツテ廣ク報知スベケレトモ、今茲ニ其概略ヲ報告仕候也、

博物係

御用係　伊藤　一隆

十五年四月十四日

附言、下総地方ニ於テ野厂ト称スルモノハ大「ボスタード」同種ナルノ説アリ、又千八百七十六年十二月兵庫ノ市場ニテ該鳥ヲ見タリトノ説アリ、該鳥ハ冬時北京上海等ニ居ルト云爾(51)

これらは，剥製がブラキストンから寄贈された翌年2月に開拓使が廃止さ

れたことにより，その残務取り扱いを担当していた部局の書類である。これによれば，1881(明治14)年11月11日ブラキストンはダンとボーマー(ルイス・ベーマー)とともに銭函海岸で遊猟しており，そこで得られた鳥の剝製を札幌博物場に出品することとなったが，その鳥は日本では見慣れない鳥であるため，その種名を明らかにすることができないままであった。英国産の「ボスタード」(ノガン)に類似しているので，ブラキストンが英国に問い合わせることになっており，その情報に基づいて報告する予定であったが，数カ月を経ても返答がないため，札幌博物場の伊藤一隆が調査した結果を報告することとなった，といったところである。

この伊藤の調査を裏付ける資料が，北大植物園・博物館に保管されている。「ノガン図」【33311】は，1882(明治15)年の開拓使の廃止後，北海道事業管理局に札幌博物場の管理が移管された時点および1884年に博物場が札幌農学校に移管された時点での移管資料リスト(52)両者に含まれており，札幌博物場由来のものであることが確認される資料である(加藤 2001)。この図は展示用のものではなく，ペンでおおよその姿が描かれ，計測値が書き込まれているという，いわば調査用のスケッチである(写真4-1)。

この「ノガン図」の右下には，「Otis tarda L.?　Juv.♀?, Zenibako 11/11/81　~~Shot in by Cap. Blakiston~~　Shot by Mr. Dun　790×480　wt.6lb」という記載がある(写真4-2)。「Shot in by Capt. Blakiston」の文字が抹消されていたため，これまであまり注目されることのなかった図であるが，ここに記載されている情報は，明らかにこれまで考察してきたノガンのものと合致する。図に記載してある計測値は，写真にみるように，

嘴の先から首の付け根まで：11インチ半(写真4-3)

(ただし，11フート5インチと記載してある)

首の付け根から尾羽の付け根まで：9インチ半

尾羽の付け根から尾羽の先まで：9インチ

肩の先から羽の先まで：2フィート6インチ半

地面からの高さ：1フィート5インチ(写真4-4)

重量6ポンド

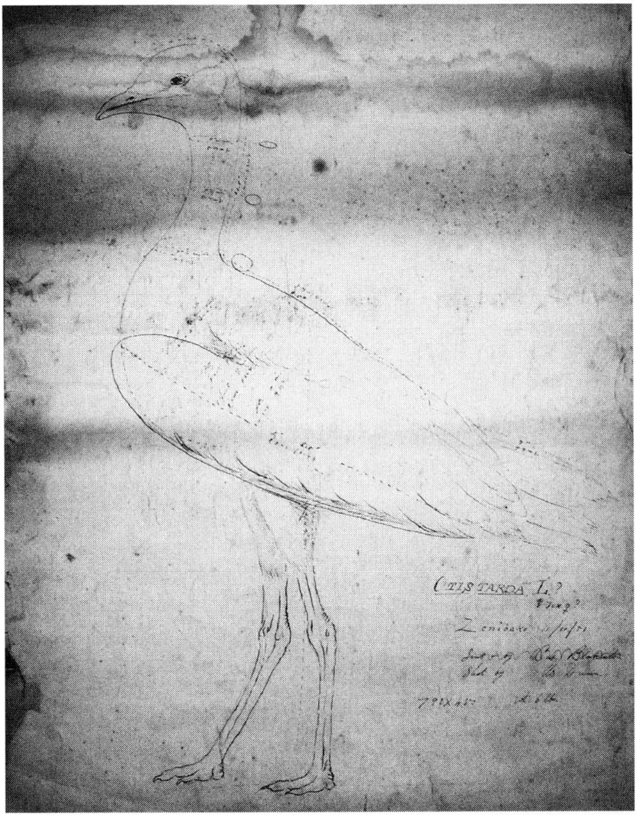

写真 4-1　「ノガン図」【33311】（北海道大学植物園・博物館所蔵）

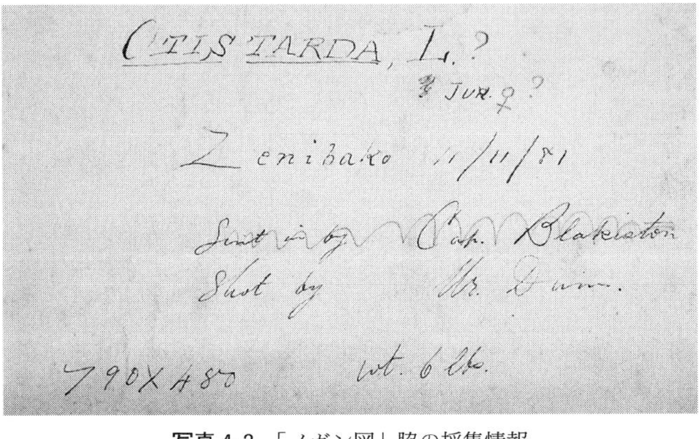

写真 4-2　「ノガン図」脇の採集情報

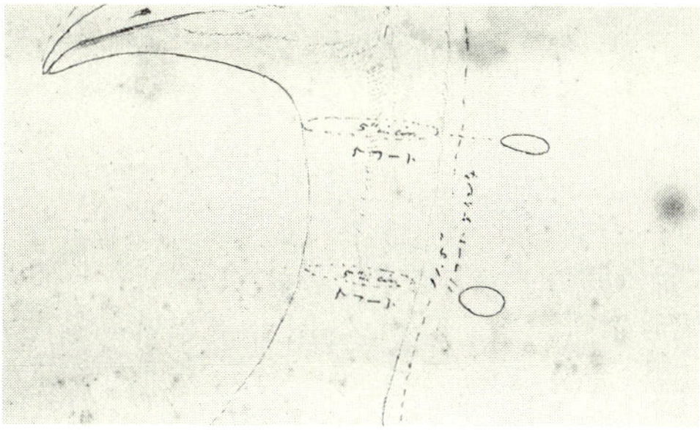

写真 4-3　「ノガン図」背部の計測値

写真 4-4　「ノガン図」脚部の計測値

という開拓使残務取扱掛に提出された伊藤一隆のデータと合致し，この「ノガン図」が伊藤一隆の手によるものであることは明らかである。

さて，この「ノガン図」のモデルとなったダンとブラキストンが捕獲し，札幌博物場に出品したというノガンの剝製そのものは確認できるであろうか。現在，北大植物園・博物館が所蔵するノガン標本は 2 点ある(【9302】，以下剝製 A(写真 4-5)，【39011】，以下剝製 B(写真 4-6))。これらはともに本剝製であるが，1961(昭和 36)年以降に付与された管理ラベルに記載される標本番号以外

写真 4-5　ノガン剝製【9302】(剝製 A)

写真 4-6　ノガン剝製【39011】(剝製 B)

に情報はなく，このままではいずれがダンとブラキストンが捕獲したノガンであるのか，あるいは，どちらでもないのかを明らかにすることはできない。標本を観察しつつ，検討を進めたい。

2.4 札幌博物場，北大植物園・博物館のノガン標本

まず，北大植物園・博物館のノガン標本についての情報を整理することとしたい。情報のない標本の由来を探るために，博物館の資料管理にかかわる史料・整理カード類にノガンの記載があるか確認することとする。

ブラキストンから札幌博物場にノガン標本が寄贈されたのが1881(明治14)年である。その翌年札幌博物場は開拓使の廃止にともない，一時的に農商務省北海道事業管理局の管轄下に入る。その移管作業の中で作成された資料目録(53)の中に，「野厂　一点」の記載がある。おそらく，これがブラキストンから寄贈されたノガンであろう。次に，1884年，札幌博物場が札幌農学校に移管された際に作成された資料目録(54)の中にも「野厂　1」の記載がある。1884年段階で，ノガン標本は1点のみ所蔵されていたことが確認される。

これらの資料目録の次に利用されたと考えられる目録は，『採集日記』である。この『採集日記』は，1886(明治19)年3月以降に採集，入手されたあらゆる分野の標本・資料がほぼ年代順に，大正初年まで記載されている目録であり，それぞれの資料に類別番号(分類ごとの通し番号)が付与されている。『採集日記』に記載される最初の標本は，1886年3月2日採集のウソ(類別番号501)であり，これ以前に収集された500点の鳥類標本については記載がない。このためブラキストンが寄贈した，上述目録に記載のあるノガン標本を『採集日記』中に見出すことはできない。『採集日記』には他のノガンの記載もなく，明治期にノガンが標本として博物館に所蔵されるようになったことはないかのように考えられる。しかし，この『採集日記』は，これのみで標本を管理していたのではなく，標本を分類した「類別簿」と並行して管理されていたことが『採集日記』中の記載から知られることに留意しなければならない。類別番号欄に「自717至834」と記載された鳥類標本は，「22.12.18農学校教室ヨリ受入，類別簿ニ記入済」とあるように，1889年に農学校か

ら移管された110点あまりの標本を個別に記載するのではなく一括登録しており，この中に別のノガンの標本が入っていた可能性もあるからである。ただ，後述する他の史料から明治期に新たなノガンが収蔵された形跡はないので，ノガンについては大きな問題とはならない。

次に利用できる史料は，北大植物園・博物館旧事務所に保管されていた「明治34年12月現在鳥類標本採集調」およびその作成に用いられたカードである。前者は，1901(明治34)年段階の鳥類標本数と1880年から1902年にかけての採集年次ごとの標本数が記載されているものである(55)。この調書において，ノガンは1881年の1点のみが記載され，1902年段階でも所蔵ノガン標本は1点であることが確認される。後者は，作成後1910年頃まで利用されていたものであるが，このカードでもノガンは1点のみ確認でき，「小樽郡銭函村，十四年十一月十二日，254，剝」という記載がある。ここまでに確認した史料，目録上にみるノガン標本は1882年以前の収集であることは確認されるものの，ブラキストンが寄贈したものであることを証明することはできなかったが，この史料およびカードにより所蔵ノガン標本の採集年が1881年であることが明らかとなり，ブラキストン寄贈の標本であると断定することができる。なお，カードの「十二日」は，これまでにみた史料の「十一日」と異なるものの，筆写の際の誤写だろう。「剝」は本剝製(展示用に作られたもの)を示し，他のカードにある「仮」は仮剝製(研究用の標本で筒状に製作されたもの)を示している。ただし，このカードを利用するにあたっては注意が必要である。カードによる管理は，「明治34年12月現在鳥類標本採集調」作成後には混乱が生じ始めており(加藤ら 2010)，1902年から10年の間にノガン標本が受け入れられていなかったと断定することは難しい。

次に，『採集日記』の記載が終了するのとほぼ期を同じくして刊行された博物館の展示資料目録『札幌博物館案内』(村田編 1910)がある。これは，展示目録という性格上，すべての所蔵資料を網羅するものではないことに留意しなければならないが，記載によれば，当時博物館にノガンが1点展示されていたことがわかる。そこには「のがん♀　一四，一一，後志国銭函村，大なる野鳥にして，しちめん鳥の雌に酷似せり，往昔開拓使時代本道海濱にて見ることありしも現今其の影を見ず」という記述がある。この情報は，まさしくダンとブラキストンが捕獲したノガンのものであり，1910(明治43)年に博物館に展示されていたノガン標本が，ブラキストンの寄贈標本であると確認される。

これ以降に利用されたと考えられる目録などは断片的なものにとどまり，ノガンが何点所蔵されていたのかを知ることはできないので，ここまで確認することができた情報に基づいて検討してみたい。

まず，2点のノガン剝製のうち，剝製Aには，和名の記載された丸いラベルが付属している(写真4-7)。このラベルは，他の標本にもみることができるもので，特徴としては展示用の本剝製に付属する傾向がある。ラベルの両面に同じ記載があることからも展示の際のキャプション代わりに利用された可能性が高い。さらに，このラベルが付属する標本には他の資料情報が記載されたラベルが付属していないことも，これらの剝製が展示されるために管理されていた可能性が高い。加えて，このラベルは「あをじ」【8120】,「すゞめ」【8107】などといった古い仮名遣いがされており，この特徴は『札幌博物館案内』の記載と共通である。

しかし，このラベルの付属のみをもって，『札幌博物館案内』掲載のノガン剝製であると判断することは慎まなければならない。標本カードや『札幌博物館案内』に資料情報が記載されているにもかかわらず，標本そのものに現時点で情報がないのであるから，和名の記載された展示用ラベルが本当に

写真4-7 剝製Aに付属するラベル

『札幌博物館案内』の時期に利用されていたかを証明できないからである。『札幌博物館案内』の編集者であった村田庄次郎は米国に鳥類標本を送る際に日本語のラベルを外していた(加藤・市川 2004)ことが確認され，『札幌博物館案内』さえあれば，情報管理ができると考えて外したのかもしれない。しかし，『札幌博物館案内』に掲載されている標本とみなしうる標本のすべてについてラベルが外されているわけでもなく，軽々に判断を下すことはできない。このラベルの利用時期，目的については，さらなる検討が必要であろう。ここでは，このラベルが付属している剥製Aが古い時代に展示されていたと考えられるという判断のみを下しておくこととする。

次に，剥製そのものから，その製作年代を検討することとしたい。剥製Bの内部には綿が詰め込まれている。これに対して，剥製Aには，麻か樹皮と考えられる繊維が詰められている。これにより，剥製Aの方がより古いものと考えることができるが，これだけでは剥製Aが札幌博物場由来のものであると断言することはできない。古い時代に製作されたノガンの剥製が1910(明治10)年以降に北大植物園・博物館に寄贈されたという可能性を排除できないからである。ここで，ブラキストンがノガンを寄贈した時期の札幌博物場の標本製作方法について検討することとしたい。

ブラキストン自身が剥製を製作する場合，剥製の内部に綿ないし紙を入れ，腹部を縫合しない状態の仮剥製で保管していたと報告されている(高倉ら 1986)。実際は縫合してあるもの，していないものがあるが，基本的に綿を入れて仮剥製として製作されている。寄贈されたノガンの標本がブラキストンの手によって製作されたとするならば，剥製Bの剥製がブラキストン製作の標本として考えることができる。しかし，ノガンの剥製がブラキストンの用いた仮剥製ではなく，本剥製であることを考えるならば，陳列のために札幌博物場で製作された可能性を考慮に入れる必要がある。そこで，ブラキストンからノガンが寄贈された1881(明治14)年頃の採集情報を持つ剥製について調査を行ったところ，次のような結果を得ることができた。

・ハイタカ【4262】　1881年9月　札幌
　：内部　綿

・シジュウカラ【39942】1881年10月19日　札幌
　　：内部　綿
・オオルリ【39998】　　1881年11月　札幌
　　：内部　綿
・シマフクロウ【13291】1881年11月　札幌
　　：内部　麻ないし樹皮繊維
・カワガラス【8143】　 1881年11月　札幌
　　：内部　麻・樹皮繊維を綿でくるむ
・オシドリ【7472】　　 1881年11月4日　札幌
　　：内部　麻ないし樹皮繊維

これらの鳥類標本に加え，1879(明治12)，1881年に札幌市内で捕獲されたエゾオオカミの剝製(【9889】および【9890】)の内部には木屑と鹿の毛が詰められていたことを考え合わせるならば，当時の札幌博物場では中型以上の鳥獣類の剝製を製作する場合に，綿ではなく麻や樹皮などを詰め物として利用していたと考えることができよう。ブラキストンの捕獲したノガンが札幌博物場によって製作されたと考えた場合，剝製Aがそれに該当する可能性が高いと考えられる。

一方で，剝製Bも1910(明治43)年前後には博物館に所蔵されていたことを示す材料がある。写真4-8は，博物館に保管されていたガラス乾板に写されている写真である。この写真は，1911年に当時の皇太子嘉仁親王(後の大正天皇)の北海道行啓時に献上するために制作されたもので，1911年頃の博物館所蔵標本を撮影したものである。この写真の右奥に写っている剝製は明らかに剝製Bである。1902年段階で所蔵ノガン剝製が1点であり，それ以降の受け入れ記録が存在していないため評価が難しいが，仮に1902年から1911年までの間に標本が増加していないとするならば，剝製Bがブラキストンの捕獲したものとなる。

剝製A・Bのいずれがブラキストンとダンが銭函で捕獲したノガンであるかどうかについては，付属ラベルの検証や他の調査も必要であり，今後の課題としておきたい。

写真4-8　剝製写真。写真資料番号-61686

一部留保せざるを得なかった点もあるが，ノガン剝製，「ノガン図」，伊藤一隆の報告書の存在から，これまでに知られていないブラキストンと札幌博物場との関係を明らかとすることができた。しかし，これのみをもってブラキストンと札幌博物場が緊密な関係にあったということはできないだろう。ブラキストンがノガンを寄贈した理由がどこにあるのか，さらに検証することとしたい。

3. 札幌博物場の能力——むすびにかえて

ブラキストンはなぜ，自らのコレクションが所蔵されていて，また自宅にほど近い函館博物場ではなく，札幌博物場にノガンを寄贈したのだろうか。理由のひとつとしては，ブラキストン標本の札幌博物場移管計画が影響しているものと考えられる(第3章参照)。札幌博物場の移管希望に対して前向きな返答を行ったのは，ノガン捕獲のわずか2日前のことで，函館側からの差し止め依頼もなかった時点で，ブラキストン自身は将来自分のコレクションが札幌博物場に保管されることになることを予想して寄贈したのかもしれない。また，札幌博物場の標本の充実もブラキストンの行動に影響を及ぼした可能性もある。ブラキストンが函館博物場からの標本移管の受諾の手紙に「I believe that this addition to the New Museum, will make it, in an ornithological way, the most complete in Japan at the present time」(56) と記したごとく，ブラキストンにとっては鳥類学にどのように貢献すべきかを重視しており，札幌博物場の体制が，ノガンの保管のためにはよりふさわしいと評価したのかもしれない。仮に札幌博物場をブラキストンが高く評価していたとするならば，1879(明治12)年の函館博物場への寄贈時とは異なり，1881年段階でブラキストンと札幌博物場の関係はより緊密であったといえよう。

しかしながら，札幌博物場の能力はブラキストンが期待するほどのものであったのだろうか。もちろん標本収集能力は他の開拓使の博物場に比べて高いものであったことはこれまで確認してきた通りである。しかし，伊藤一隆の作成したノガン図を改めて確認するならば，次のような記述があることに留意しなければならない。伊藤が開拓使残務取扱係に提出した計測値の他に，「ノガン図」にはブラキストンが「BJ」1882に記した計測値「790×480」が書き込まれている(写真4-2，この記載は後筆と考えられる)。また，伊藤が提出した書類にある「附言，下総地方ニ於テ野厂ト称スルモノハ大「ボスタード」同種ナルノ説アリ，又千八百七十六年十二月兵庫ノ市場ニテ該鳥ヲ見タリトノ説アリ，該鳥ハ冬時北京上海等ニ居ルト云爾」という記述は，「BJ」1882の「Japanese were aware of the existence of a Bustard, and gave the Shimosa plains to the eastward of Tokio as one of the localities where it was to be found」および「BJ」1880，1882の「A bird supposed to be a Great Bustard was brought into the Hiogo market quite fresh in December, 1876」，「It probably was of this species, which is found at Shanghai,

Hankow, and Peking in winter, according to Swinhoe's 'Revised Catalogue', where he notes having a female from Shanghai」という記述のままである。伊藤は，ブラキストンが英国に送った標本から，この鳥がいかなる種であるかを報告するのを待っていたが，連絡がないため自身の調査結果を報告したとしている。しかし，ブラキストン自身は伊藤による報告以前にこの標本について，すでに「BJ」1882にまとめてしまっている。ブラキストンの記述が伊藤の調査結果に基づいているとするならば，ブラキストンは何らかの謝辞を述べているであろうし，伊藤自身ノガン図にブラキストンの計測値を書き込んでいるところをみると，伊藤の調査報告は，自身が計測した情報以外はブラキストンの調査結果の引き写しとみるべきである。このようにしてみると，職員・予算・標本収集の充実がみられた札幌博物場においても，ブラキストンが行っていたような種の同定や記載というレベルでの活動，特に普段観察することのない，迷鳥のようなものの判断は困難であったのだろう(57)。もちろんこれは現在の我々からの評価であり，当時としては十分な能力を兼ね備えていたとみるべきである。しかし，1882(明治15)年および1884年の札幌博物場の所蔵品目録(58)をみれば，函館博物場の標本管理体制と同じく，管理番号による管理はなされておらず，ブラキストンが行っていたような学術的な利用に耐えうる標本管理を行いえていたかは疑問である(59)。函館博物場における標本管理への不安が，帰国にあたってブラキストンがすべての標本を残していかなかった理由と考えるならば，札幌博物場においても同様の不安があったのであり，ノガンの寄贈や，函館博物場からの移管承諾の手紙の存在のみをもって札幌博物場の機能を過大に高く評価し，ブラキストンとの関係についても必要以上に緊密であったということはできないだろう(60)。

ここでは1881(明治14)年11月頃にブラキストンがノガンを寄贈し，それを受け取った札幌博物場の対応について紹介し，当時のブラキストンと札幌博物場の関係の一端を明らかとするにとどまった。ブラキストンと各博物場の関係は，函館博物場への標本寄贈，札幌博物場の新営と移管依頼，ノガンの捕獲，開拓使の廃止による博物場管轄の移動，ブラキストンが帰国することになったそれぞれの時点で，ブラキストン側，博物館側双方の状況による要因が絡み合って成立しているもので，事実として行われたことを列記することはできたとしてもブラキストンが各々の時点でどのように博物場をみていたかについては，さらに事例を集めて検証を継続するべきものと考えられたためである。ここで明らかとなったことは微々たるものではあるが，函館博物場の所蔵資料点数の検討および札幌博物場に寄贈されたノガン標本の検討により，これまでブラキストンが自らの標本を日本，函館に残すことに意義があると考えて標本を寄贈したという「通説」は，1879年の当初寄贈の時点では該当するかもしれないが，最終的にブラキストンがとった行動を客観的にみるならば，必ずしも該当するものではないことを確認することができたという点，『日本鳥類目録』第4版(黒田 1958)(61) に掲載される後志産のノガンがブラキストンの捕獲したものであり，これが北大植物園・博物館に残されているとみられること，このノガンに関連する史資料を見出したことを一応の成果とし，明治期における北海道の博物館と周辺に存在した外国人自然史学者たちとの関係を明らかにするための一礎石としておきたい。

(1) ブラキストン，プライヤーによる「Birds of Japan」は刊行年次により名称が異なるが，ここでは煩雑を避けるため，すべて「BJ」と略記することとする。
(2) 函館博物場は，時期，陳列施設の建設により名称がさまざまであるが，これまでと同じく函館博物場に統一して表記することとする。
(3) 本節は，特に断らない限り，関ら(1990)を参考として記述している。
(4) 文書館簿書2661「従明治十一年一月至十二月　十二年マテ　函館博物場并公園地書」-3
(5) 関ら(1990)による「函館仮博物場陳列品」一覧表，函館支庁勧業係「第五期報告書原稿」(文書館簿書4015)に基づく。
(6) 関ら(1990)による「函館仮博物場陳列品」一覧表，『開拓使事業報告』明治18年，勧農・仮博物場の項に基づく。
(7) 文書館簿書4082「明治十二年ヨリ十三年マデ　函館博物場書類」-16
(8) 文書館簿書4767「願伺届録　明治十四年ヨリ十五年三月函館県エ引継迄ノ分属之」-147
(9) 市立函館博物館所蔵「明治廿三年四月一日現在，博物場陳列品其他越品調書，函館博物場列品目録」では，1880年から翌年にかけて収集された鳥類関係資料が5点存在していることがわかる。
(10) 市立函館図書館所蔵「BJ」1880(資料番号0008-58123-4006)末尾に添付されている書類

(11) 前掲注(9)「明治廿三年四月一日現在，博物場陳列品其他越品調書，函館博物場列品目録」
(12) この数字は，犬飼らが目録を作成した時点での点数。第1章で述べたように，この数字にはブラキストン標本以外のものが多数含まれており，信頼することはできない。
(13) コクマルガラス，ブラキストンの目録番号194
(14) シマフクロウ，ブラキストンの目録番号302
(15) ブラキストンまたはその協力者が採集した分。後述する教育博物館の情報は除く。
(16) この点については，ブラキストンが所有していた標本すべてを寄贈したという仮定に基づくものである。スタイネガーの報告に掲載されている標本の中には，ブラキストンがロンドンや広東で入手した標本も含まれており，ブラキストンにとって重要なものは手元に所持していた可能性もある。
(17) 前掲注(9)「明治廿三年四月一日現在，博物場陳列品其他越品調書，函館博物場列品目録」においても，魚類，哺乳類，植物などの標本の増加が顕著である。
(18) 文書館簿書4082「明治十二年ヨリ十三年マデ　函館博物場書類」-26
(19) ヤマゲラ【3670】および【3675】，ともに1891年11月2日函館採集。ニュウナイスズメ【3402】，1891年11月10日函館採集。ウズラ【4191】，亀田郡亀田村採集
(20) 文書館簿書4082「明治十二年ヨリ十三年マデ　函館博物場書類」-27，30
(21) ここに現れる長崎護通については開拓使・函館県・北海道庁の職員録などからは確認することができないため，博物場の職員ではないと考えられる。なお，第1章ではコクマルガラス【3045】はブラキストン標本の可能性を残す標本群Aとしている。
(22)『函毎』1911年1月10日号に，ブラキストンは寄贈にあたって「函館博物館に留め一般公衆に縦覧せしむる事，標本の形態を変せざる事」を条件にしたという記述がある。
(23) 本節は特に断らない限り，関(1975)，関ら(1990)を参考として記述している。
(24)『開拓使事業報告』明治18年，勧農・仮博物場の項
(25)「開拓使日誌」1876年3月29日号(『新北海道史』7所収)
(26) 文書館簿書1959「履歴短冊，明治十年」
(27) 本節は，特に断らない限り，国立科学博物館(1977)を参照して記述している。
(28) 波江元吉は，教育博物館勤務の後，東京大学動物学教室の助手となった人物で，ナミエゲラなどにその名前を残している。
(29)『函毎』1911年8月8日号に，ブラキストン没後二十年祭に出品された波江宛のブラキストン書簡(1882年3月27日付)の写真が掲載されている。マイクロフィルムの写真からでは判然としないが，アジサシ属の鳥について連絡しているものとみられる。
(30) 本節の内容については，特に断らない限り，東京国立博物館(1973)を参考として記述している。
(31)「博物局第四報告書」(1885年)で，送られた標本数は1,332点であることが確認される。
(32) 本節は，特に断らない限り関(1991)を参考として記述している。
(33) 河野常吉『博物－弐』(稿本，犬飼哲夫旧蔵)，関(1991)による。
(34)『北大百年史』所収，農学校史料459「仮博物場標本類等送付の件通知」(農107)
(35)『北大百年史』所収，農学校史料明治15年付6「博物場陳列品目録」
(36) 本節は，特に断らない限り関(1975，1991)を参考として記述している。
(37) 村田編(1910)序文

(38)『開拓使事業報告』明治18年，勧農・仮博物場の項
(39) 文書館簿書7263「札幌博物場，札幌牧羊場，札幌育種場書類」
(40) 前掲注(38)
(41) 文書館簿書10446「博物場引渡目録」
(42) 民族資料が札幌博物場に移管されていることについては，拙稿(加藤 2004，2008)を参照されたい。
(43) 文書館簿書8532「博物場農学校転轄書類」
(44) 北海道大学附属図書館所蔵，札幌農学校簿書228「局長上申本局稟議録」
(45) ブラキストンによる「the White-eyed Duck, was obtained by collectors for the Sapporo Museum at a lake in the vicinity」という記述があり(Blakiston 1883a, p 27)札幌博物場には採集人がいたことがわかる。なお，ここで挙げた100点の中には，ブラキストン採集のものは含んでいない。
(46) 東京国立博物館所蔵，農商務省博物局「明治十五年　重要雑録」)
(47) 東京国立博物館所蔵，農商務省博物局「自明治十六年至明治十七年　重要雑録」，酒井の名前は仮博物場時代にも確認することができるので，斉藤を除く3名については当初から勤務していた可能性もある。
(48) ただし，現在北大植物園・博物館が所蔵する札幌農学校時代の図書には，欧米の鳥類学にかかわるテキスト・図鑑類が多数あり，閉鎖的な環境ではなかったことは間違いない。
(49) 村田編(1910)序文
(50) 1881年の標本については，ブラキストンの採集行記録がある(Blakiston 1882, 1883a)。
(51) 文書館簿書7241「明治十五年　本庁文移録」-47
(52) 文書館簿書10446「博物場引渡目録」および文書館簿書8532「博物場農学校転轄書類」
(53) 文書館簿書10446「博物場引渡目録」
(54) 文書館簿書8532「博物場農学校転轄書類」
(55) 1901年に一度まとめられた後，1902年の情報が追加されているもの。詳細については拙稿(加藤ら 2010)を参照されたい。
(56) 第3章で紹介したブラキストンの書簡
(57) いうまでもなくこれは一面的な評価である。鳥類学の面ではブラキストンに肩を並べるようなことは困難であっただろうが，伊藤は後に水産学の面で多大な功績を上げているし，足立元太郎も札幌農学校の教員として活動している。当時の北海道においては最先端の体制であったことは評価すべきである。
(58) 前掲注(52)
(59) ただし，札幌農学校に移管される前の札幌博物場ないし札幌仮博物場由来と考えられる民族資料に付属するラベルには番号が記載されているものがある(加藤 2004)。しかし，動物学資料については現時点で札幌農学校移管以前に利用されていたと考えられるラベルや管理番号を見出しえていない。
(60) 教育博物館や函館博物場にブラキストンが多くの文献を寄贈していたように，札幌博物場にも文献を寄贈していたかもしれないが，現時点ではブラキストンゆかりの文献類を確認することができない。ブラキストンがこれらの文献を寄贈していなかったとするならば，やはり札幌博物場とブラキストンとの関係は，函館博物場と比べて希薄なものであったといわざるを得ない。

(61) この目録のノガンの項には，採集・確認された記録として「Shiribeshi(1881, Sapporo-Mus)」という記載がある。

第5章　明治初期の「自然史」通詞
野口源之助

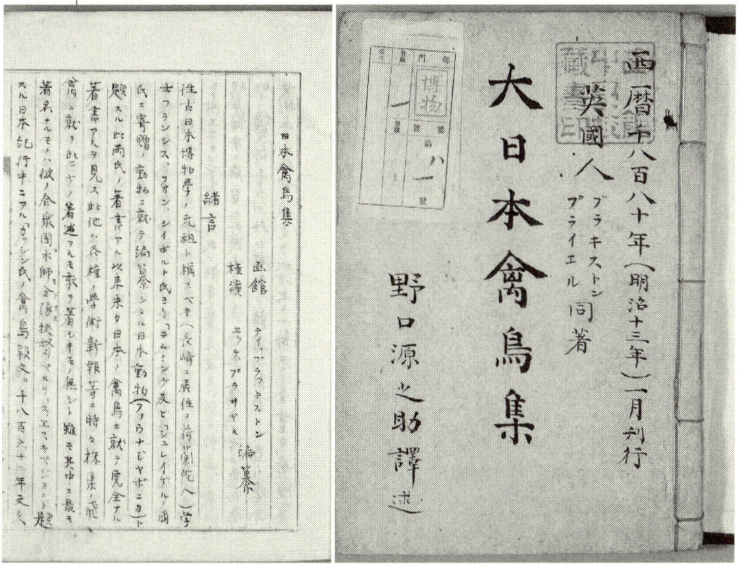

野口源之助が翻訳した『大日本禽鳥集』（函館市中央図書館所蔵）

本章では，ブラキストンや協力者のプライヤーらと深い関係にあった「通詞」野口源之助の生い立ちや経歴に注目し，彼が明治初期に果たした自然科学関連の業績について考察する。

はじめに

ここまで,「ブラキストン標本」を取り巻く諸問題について,検討を続けてきた。ブラキストンについて検討するにあたっては,これまでもたびたび登場してきている採集協力者福士成豊の存在を忘れることはできない。福士については,開拓使における測量作業の中心人物として,またブラキストンから学んだ測候を行った人物としても著名であり,詳細な考察がなされている(高倉ら 1986)。福士と同じくブラキストンの協力者であったプライヤーについても,彼の主たる関心事であった昆虫学の側面から,また先に触れた教育博物館に雇われた自然史学者として紹介されており(江崎 1956a,梁井 1997),ブラキストンの周辺に存在した人物についてはおおよそ明らかとなってきている。しかし,これまでの検討で,複数回にわたってブラキストンと接触していることが確認できる野口源之助という人物については,これまでまったく触れられることがなかった。野口とブラキストンとの接触は,第2章で見たブラキストン標本の東京仮博物場への貸し出しの際に開拓使側の窓口として確認され,第3章では,二十年祭の出品目録の中で函館中学校から出品された「日本禽鳥集」に関する記述として「ブ氏ノ著 Birds of Japan ヲ開拓使屬野口源之助ノ和譯セルモノニシテ元函館博物館ノ藏品タリシナリ」とあるように,ブラキストンとプライヤーの著した「Catalogue of the Birds of Japan」の翻訳者として確認することができる。これまでのブラキストン標本に関する検討からは脇道にそれることになるが,補論として,この野口源之助について検討することとしたい。

なお,これまでは西暦を基準に記述してきたが,ここでは太陽暦・太陰暦が混在することになるため和暦を用いて記述することとしたい。

鎖国の鍵を抉じ開けることになったペリー艦隊の来航で,一躍脚光を浴びた役割がある。“I can speak Dutch.” という言葉に始まる,英語による国際交渉の開始が「英通詞」(1) という存在を求めるようになったのである。当時の英通詞としては次のような人々が知られている。先に挙げた “I can speak Dutch.”という言葉を発し，ペリーとの交渉にあたった堀達之助，翌年のペリーの再来日の際に主席通詞として堀の上に立った森山栄之助，森山と同じく交渉に立ち会うために長崎から派遣された名村五八郎など，阿蘭陀通詞出身者の活動がペリーの『日本遠征記』(ペルリ提督 1953-1955)から知られる。この他には，函館奉行の下にあった諸術調所において活動した蘭学者武田斐三郎，函館の船大工の息子として生まれ，洋船を建造するために英国人から直接英語を学び，測量・測候技術を得た福士成豊，長崎において特定の家系に独占されていた阿蘭陀通詞の中で，一代限りの新規英語通詞として任命(2)され，後に『附音挿圖 英和字彙』を編纂した柴田大助やその協力者で読売新聞社の創設者でもある子安峻などがよく知られている存在である(3)。

ここに挙げた人物が通詞として名を残した理由は，日本側ではなく，外国側の情報として記録されていることや，英語教育や辞典編集，測量など，通詞の職務以外の部分で個人的な業績を残したことにある。通詞は，異言語間でのコミュニケーションのためには必要不可欠な存在であったが，逆に空気のような存在であり，史料に名を残すことが少なく，仮に残っていたとしてもこれまでの研究では，特別の業績のない通詞に対してはあまり関心が払われなかった。

本章は，野口源之助という，名を後世に残さなかった英通詞の足跡を追い，一人の通詞が果たした役割について明らかとすることを第一の目的とする。ここで明らかとなるものは一人の通詞の経歴であり，さまざまな出自・活躍場所・能力を持つ，すべての通詞の役割を明らかにするには至らないが，長崎・横浜・函館という開港場を渡り歩いた野口の活動はその一端を明らかにする一助にはなるものと期待している。

野口が通詞として立ち会った場面は，以下に明らかにするごとく，日本で初めてのこと，日本に広く普及していなかったものを導入するといった場面が多いため，家譜も個人としての記録もまとめられていない野口の活動を確認することができるが，換言すれば，通詞としての公務以外の活動についてはまったく知ることができないということである。ところが，それらの活動の前後に，野口源之助と重なり合うもう一人の「Noguchi」という人物が存在していた。開国後，数多くの外国商人が開港場に居を構えていたが，その中でも特に英国商人の一部はヴィクトリア朝の風潮から，商業活動のかたわらアマチュア生物学者として各地の動植物を採集・調査し，本国の専門家に標本を送ったり，自身で新種の記載を行っていた(メリル 2004)。彼らにとって，未知の国である日本の生物群は宝の山であり，19世紀末の英国で刊行された専門誌には，日本に滞在した商人たちからもたらされた標本を用いて執筆された報告が多数掲載されている。それらの報告の中に，英国商人の有能な現地採集人として，また標本採集に貢献した人物として「Noguchi」という人物がいたことが記載されているのである。この「Noguchi」が野口源之助と同一人物であるという明確な証拠は残されていないが，その可能性について検証することを本章の第二の目的としたい。

1. 野口源之助の履歴

野口源之助の足跡をたどるにあたって，まず残されている履歴を用いて全体像を確認したい。以下の履歴は，野口が史料上最後に勤務した函館県時代に残した最も詳細な履歴(4)(以下「履歴」と表記)を，その他の史料を用いて補記したものである([　]が補記した部分)。

長崎縣彼杵郡長崎大浦田町五十四番地
長崎縣平民小森蓮翁二男
野口源之助
弘化元年甲辰五月二日生
廃　實名信一

辰四月[二日](5)
一、通弁御用相勤候様可致候
但シ月給金拾弐両被下候事
寺島陶蔵・
井関齊右エ門

辰四月

一、運上所江罷出通弁御用相勤候様被仰付候事　仝上

[辰閏四月廿日

神奈川裁判所通弁申付候事、](6)

辰十二月[三日](7)

一、従事補通弁官月給金拾五両被下候事

右判事衆御達ニ付申渡之

巳十一月

一、判任史生　神奈川縣

仝十一月

一、別段為手当壱ヶ年金弐拾両被下　仝上

庚午十二月

一、右別段為御手当壱ヶ年都合金五拾両宛被下候事、

神奈川縣

辛未二月[十四日](8)

一、判任権少属　仝上

辛未二月廿五日

一、北海測量英国シルビヤ艦ニ乗組候様、神奈川県ヨリ御口達相成候事、

仝八月

一、北海測量シルヒヤ艦帰港ニ付、乗組相解候事、

兵部省

仝十月[七日](9)

一、四等訳官申付事、　神奈川縣

壬申二月五日[二日](10)

一、任三等訳官　仝上

壬申五月廿四日

一、御用有之香港へ差遣候事、　正院

壬申九月十五日

一、御用済、香港ヨリ帰県復命仕候、

仝十月八日

一、任二等訳官　神奈川縣

明治六年五月八日

一、依願免本官　仝上

同日

一、絹壱匹、月給二ヶ月分

勤仕中勉励ニ付書面ノ通下賜候事、　仝上

仝年五月十七日

一、御用掛申付候事、

但シ、月給七拾円　開拓使

同日

一、翻訳掛申付候事、但弁方并写真取扱兼務可致事、

仝上

同年九月十四日

一、月給百円被下候事、　仝上

明治六年九月廿二日

一、外国諸注文取扱兼務申付候事、　開拓使

仝九年五月六日

一、判任官ニ可准事、　仝上

明治十年一月廿二日　御達

一、開拓使中准陸軍武官ヲ除ノ外大判官以下被廃〈本項朱書〉

仝十年一月廿九日

一、御用掛申付候事、

准判任官月俸金八拾円　開拓使

仝十一年八月九日

一、幌内岩内両煤田開採事務係兼務申付候事、　仝上

仝十二年十二月廿五日

一、職務格別勉励ニ付、為慰労金弐拾円被下候事、

仝上

仝十三年三月廿四日
　一、石狩河口改良係兼務申付候事、　　　　　仝上
仝十三年五月一日
　一、月俸金百円被下候事、　　　　　　　　　開拓使
仝十四年六月廿三日
　一、石狩河口改良係兼務差免候事、　　　　　仝上
仝十五年二月八日御達
　一、開拓使被廃〈本項朱書〉
仝年二月九日
　一、従前ノ通、事務可取扱事、
仝年三月十四日
　一、開拓使残務取扱差免候事、　　　　　　　開拓使残務取扱所
仝年三月十五日
　一、御用係申付候事、
　　　　准判任官　　　　　　　　　　　　　　函館縣
仝日
　一、月俸金百円被下候事、　　　　　　　　　函館縣
明治十五年六月三十日
　一、開拓使奉職中事務勉励候ニ付、為其賞金百円被下候事、
　　　　　　　　　　　　　　　　　　　　　　開拓使残務取扱所
仝年七月一日
　一、開拓使会計残務整理委員申付候事、　　　大蔵省
仝年十一月六日
　一、開拓使会計残務整理委員差免候事、　　　仝上
仝年十一月六日
　一、庶務課申付候事、　　　　　　　　　　　函館縣
仝十六年七月廿六日
　一、御用有之、札幌県出張申付候事、　　　　仝上
仝十七年八月十二日

一、御用有之、札幌県出張申付候事、　　　　　　仝上

仝年八月廿一日

一、御用有之、青森県出張申付候事、　　　　　　仝上

仝年十二月十一日

兼任函館師範学校一等教諭

函館縣大書記官従六位堀金峰奉

仝十八年十二月廿五日

職務勉励ニ付、為慰労金弐拾円下賜候事、　　　函館縣

「履歴」から，野口は弘化元(1844)年に小森蓮の二男として生まれ，本籍は長崎縣大浦田町にあったことがわかる。大浦田町という地名は現在残されておらず，ほとんどの地名辞典でも確認することができない(11)が，「居留場全図」(12)によれば，大浦「田町」は，現在オランダ坂と呼ばれる道を示す地名であり，外国人居留地の中にあったことが確認される。出自の小森・野口という家は，神奈川県時代に同僚として勤務する英通詞らと異なり，長崎で活躍していた阿蘭陀通詞の集団を構成する家々には含まれていないため，家族関係などについては管見の限り明らかとはならない。

以下，勤務地である横浜・東京・函館とそれぞれ節を分け，野口の諸活動について確認してゆくこととしたい。

2. 神奈川県時代

2.1 判 事 衆

慶応4(1868)年4月，野口はその姿を横浜に現す。「履歴」および他の開拓使関係の史料によれば4月2日付の通弁御用，運上所通弁御用が最初の役職であるとするが，その経歴の出発点に限り史料によって異同があるので，詳しく確認しておきたい。

「履歴」では，野口は4月2日に上述の通弁御用，運上所通弁御用として採用され，12月に従事補通弁官となっているが，神奈川県の「旧官員履歴」(13)では，4月の採用は記載されず，閏4月20日付で神奈川裁判所通弁

を申し付けられ，12月に従事補通弁官となっている。これについて，どちらの記述を採るべきであろうか。『横浜税関沿革』(14) によれば，4月21日に運上所を統括する横浜役所・戸部役所を横浜裁判所・戸部裁判所と改称した上で，総称を神奈川裁判所とし，運上所は横浜裁判所の一部局となっている。「旧官員履歴」では，野口の勤務先は「神奈川裁判所」となっており，組織名称改変後に採用されたかのようにみえる。仮に，「旧官員履歴」において，運上所の通弁として雇用されていたことについて記載が漏れ，組織改変の際の記述から開始したと考えた場合，次の点に問題が生じる。「旧官員履歴」で野口と同じ判任部に記載されている菊名啓之の履歴冒頭には「明治元年戊辰四月廿日，神奈川県裁判所調役引続奉職」とあり，組織名称改変時に在職していた人物に対しては当日付で「引続」という記載がなされているのに対し，野口には閏4月付で「申付」けられている。「旧官員履歴」の記載のルールに基づく限り，野口の履歴の開始は4月にさかのぼることはなく，記載が漏れたと解釈することは難しい。ここで注目しておきたいのが，野口が12月3日に申し付けられた従事補通弁官という役職である。この役職は，11月21日に改正された神奈川県の役職名であり，先述した菊名を例にとるならば，11月23日付で「同裁判所庶務ト唱替」(「旧官員履歴」) とあるように，ほぼすべての官員の役職名が変更されている。しかし，野口源之助を含む判任部の通詞の一部に限って，11月23日付ではなく，12月3日，12日など12月に入ってから「任」，「申付」，「拝命」と記載されている点に留意すべきである。『横浜税関沿革』には，通弁らが任命された属司補通弁官，庶務試補訳官，従事補通弁官などの役職に対する旧役職がまとめられているが，彼らが菊名のように「唱替」とされなかったのは，新しい役職に該当する旧役職についていなかったためであるという解釈ができる。ここで，野口の「履歴」を改めて確認すると，従事補通弁官となるにあたって，脇に「右判事衆御達ニ付申渡之」とあることが注目される。「判事衆」という身分は「旧官員履歴」にみることもできず，『横浜税関沿革』に掲載されている神奈川県の新旧役職名にみることもできないが，語義通りにとれば，判事である寺島陶蔵(宗則)・井関齊右エ門(盛艮)の直属の部下と解釈される。「履歴」の各項目の下に記載されている任命者がこの12月を境に「寺島・井関」から「神奈川縣」へと変更されていることからも，野口が従事補通弁官となるまでは，他の神奈川裁判所官員とは異なる身分，寺島・井関の指揮下にあったことを示唆する。他の判任部通詞らが「判事衆」であったか否かは定かではない(15)が，野口が「判事衆」であったがために，神奈川裁判所・神奈川県の正式な履歴に正しい情報が残っておらず，神奈川県官員となる以前の情報が「履歴」と異なる記載となった理由であると考えたい(16)。このように考えることができるならば，野口の履歴の出発点が閏4月20日となったのは，この頃に三職八局が廃されたことで，寺島・井関両判事の立場に何らかの変化が生じたことによるものと推測される。

さて，野口が「判事衆」であったという記載は「履歴」以外には確認できないが，判事衆となる契機およびそれ以前の身分についても検討してみたい。「神県御役人附」(17)によれば，野口は「旧幕府吏」とされ，以前から運上所で勤務していたか，他の土地で幕府役人として活動していた可能性を示唆する。「旧官員履歴」にみる旧神奈川奉行所の役人には「引続奉職」という記述があるのに対し，野口にはその記載がないこと，4月になって初めて横浜に赴任した寺島・井関両判事の部下として動いていることを考えるならば，4月以前から横浜で勤務していたと考えるべきではなかろう。野口が判事衆として横浜で勤務することとなった契機はどこに求められるだろうか。

慶応4(1868)年4月以前の野口の足取りを明らかとする史料は見出せないが，判事の一方である井関盛艮と野口との関係を示す資料が存在する。東京都港区郷土資料館に所蔵される井関資料の中に，野口の写真(18)が現存している。この写真の裏面には，「神奈川縣二等譯官野口源之助」という記述とともに，「HONGKONG PHOTOGRAPHIC ROOMS」という撮影写真館のスタンプが押されている。「履歴」にみるように，野口が香港に派遣されたのは明治5(1872)年のことであり，帰国後に神奈川県二等訳官に任命されていることから，この写真が井関の手元に入ったのはそれ以降である。井関はこの時点で名古屋県権令となっており，神奈川在勤の野口との接点は存在しない。それにもかかわらず，この写真が井関に送られていたことは，両者の深い関係を示しており，野口が判事衆となった契機は井関にあったと考えることは不可能ではなかろう。ここで，野口が判事衆となった時期の井関の活動について確認したい。

井関は，アーネスト・サトウと慶応2(1866)年末に長崎で面会した(サトウ 1960)後，慶応4年1月の長崎奉行の脱走後に設置された長崎会議所のメンバー(19) として活動している。また同月に徴士外国事務掛参与助勤を仰せ付けられた際にも「長崎在勤」(20) を命ぜられており，この頃までは長崎にいたことが確認されるが，その後4月14日に兵庫で横浜へ向かう姿が確認(21) されるまで，どこでどのような活動をしていたのか定かではない(22)。ここで鍵になるのが，野口が判事衆となった4月2日という日付である。東久世横浜裁判所総督と寺島・井関両判事が横浜へ向かう際に乗船したキウシウ号は，長崎を出て4月3日に兵庫に到着している(2日に翌日の到着が伝達されている)(23)。判事衆の任命日が，3月27日の判事任命日や4月18日の横浜到着日ではなく，4月2日であることは，井関がキウシウ号に乗って長崎から兵庫に到着し，兵庫で活動していた寺島と揃って初めて任命されたことによるものと考えられ，上記の井関と野口との関係からすると，野口は井関に同行してきた可能性がある(24)。裏付けとなる材料には乏しいが，判事衆として横浜に現れる以前の野口の居住地は長崎であったと考えておきたい。

野口が横浜に赴任する頃の状況については，以上のように推測することができるが，それ以前において野口は長崎で「幕府吏」として活動していたのだろうか。「慶応元年明細分限帳」(25) には野口の名前は確認できず，また，長崎における通詞の職務は基本的に阿蘭陀通詞の家に独占されていたことから，野口が通詞として長崎奉行所に所属していたとは考えづらい。これまでの検討から，寺島や井関の下で活動していた野口を「旧幕府吏」として記載したと考えておきたい(26)。

2.2　神奈川県通詞

判事衆から神奈川県の通詞として立場を変えた野口源之助は，いくつかの業績を残している。それらについて確認してゆきたい。

野口の活動が確認できる最初の事例は，北海道の測量に向かった英軍艦シルビア号に通詞として乗り込んだことである。「履歴」では，明治4(1871)年2月25日付で「北海測量英国シルビヤ艦ニ乗組候様，神奈川県ヨリ御口達相成候事」，同年8月付で「北海測量シルヒヤ艦帰港ニ付，乗組相解候事」とある。まず野口がシルビア号に乗り込むまでの経緯について確認することとしたい。

英国は慶応4(1868)年1月に九州平戸海峡の測量を申し入れ，軍艦シルビア号をその任務にあてた(27)。この際に，通詞として真島襄一郎(28)が雇われ，翌年の瀬戸内海付近の測量時にも艦長のブルッカーが真島の再雇用を申し入れている(29)。この瀬戸内海の測量に際しては，英国側から日本側に対して水路測量の指導をも申し入れていたが，日本側が必要な艦船を準備することができず，真島を乗船させることと，近隣諸藩への手配にとどまった。同年9月に日本は英国人を雇って北海道沿岸部の測量の指導を仰ごうと試みたが，英国人士官の指導，日本の主導という実施体制では測量作業に手間取ることが予想されたため，英国が予定している伊勢・紀伊沿岸測量に同行し，指導を受けた上で日本が予定する翌年の北海道沿岸測量にあたってはどうかと英国側から提案された(30)。この提案に基づき，日本政府は柳楢悦率いる第一丁卯丸を派遣し，シルビア号艦長セントジョン(H. C. St. John)の指導の下，本州南岸的矢・尾鷲および瀬戸内海で水路測量を行った。この訓練の上，翌年2月より開始された日本海軍軍艦春日丸による水路測量に同行したシルビア号の通詞として乗船したのが野口源之助である。

野口が通詞として選定された経緯は，以下のようなものである。

1月17日　シルビア号が日本軍艦の水路測量に同行するにあたり，英公使パークスから澤外務卿および寺島外務大輔に対して日本側の軍艦名および乗組士官の名前の確認，必要な石炭などの準備の進捗状況の照会があった(31)。

1月20日　外務省において澤・寺島とパークスの会談があり，3日前の書簡内容の確認と通詞として前年に同行した榊原安太郎(32)の同行についての依頼があった。

2月7日　英公使館において大隈・寺島とパークスの会談があり，測量船が春日丸に決定していること，英国側が希望した通詞榊原が病気のため野口源之助を乗り込ませたいとの申し入れがあった(33)。

2月12日　弁官宛兵部省上申書により野口源之助を乗船させるべく対処して欲しい旨の依頼があった。この件については寺島外務大輔が神奈川県に掛け合っていること，外務省からも依頼があったようである(34)。

2月19日　以上の依頼に対して神奈川県より以下の上申と弁官の対応があった。

〔史料1　神奈川県上申書　弁官宛〕

今般北海道筋測量トシテ英国軍艦御差向ケ相成候ニ付テハ、同艦為通弁当県官員野口源之助為乗組候筈御決議相成候ニ付テハ、差迫リ候儀ニ付、急速同人へ達方取計可申旨、御沙汰之趣承知仕候、如何ニモ差掛リ候儀ニ付、不取敢御沙汰ノ趣源ノ助へ申渡シ、組出帆為致候へ共、一体当港ノ儀ハ、外国人民居住彼我通商ノ一大港ナル事ハ申上候迄モ無之、右故諸般ノ応接向多端ノ處、通弁ノ者多忙差支多ニ候へ共、彼是差繰漸ク間ニ合セ居候儀ニ付、兼テ兵部省ヨリ同人借請度掛合有之候へ共當時必用ノ人物ニ付、何分難用立ニ付外人物数名撰シ遣シ雇入レ候テハ如何ト引合居リ候折柄、前以テ御尋ネモ無之突然他ノ御用向被　仰付候様ニテハ實以テ當県御用ノ差支ニ相成リ候間、以来ハ前以テ御沙汰ノ上御用被　仰付度、就テハ前書ノ通リ差支へ候間、急速通弁反訳トモ熟達ノ者御人撰ノ上、急速出仕被　仰付様仕度奉存候、此段申上候以上、

辛未二月十九日　　　　　　　　神奈川県

弁官御中(35)

〔史料2　弁官達　外務大輔寺島宗則〕

別紙〈神奈川縣上申書〉ノ通、神奈川縣ヨリ申出候間、野口某ノ代人可然モノ御見込ニ御坐候ハヽ、御取調ノ上早々御申立被成度、先般同人ノ儀ニ付彼是御厚配被成候事ニ付、此段御問合申進候也、

辛未二月廿二日　　　　　　　　弁官

寺島大輔殿(36)

神奈川県としても野口は多忙を極める対外折衝には欠くことのできない人材であり，他の通訳を使って欲しいと申し入れていたが，結局野口が通訳としてシルビア号に乗り込むこととなった。この経緯をみる限り，採用にあたっては野口の元の上司であった寺島の影響が大きかった可能性がある。

春日丸は2月29日に出航し，3月から北海道沿岸測量を開始，6月に函館港に帰還し，その任務を終えた。7月29日付で英国公使館書記官アダムスから測量がおおむね終了した旨が岩倉・寺島に伝えられ[37]，8月25日付でシルビア号艦長セントジョンからの書簡が送付された。この書簡に野口の名前が確認される。

〔史料3　英国臨時代理公使ヨリ岩倉外務卿宛　北海道沿海測量ニ関スル英国測量艦『シルヴィア』号艦長ヨリノ書翰写送付ノ件〕

Copy.

H. M. S. "Sylvia"
Yokohama October 3, 1871.

Sir,

It is with pleasure I am able to give the following report relative to the Japanese Surveying Officers who have been in company with me during the summer months of the past and present year.

Captain Zanigi, commanding the Kasugamaru, and Mr. Ito, have worked on parts of the Yezo coast quite distinct from that on which I was employed.

Their work I have carefully and critically examined, and consider it both correctly and creditably executed.

These two officers are now quite capable of carrying on surveying work independently and by themselves, and may be so employed on any part of the Japanese Coast the Government wish executed.

For the last two summers these officers have used instruments I was fortunately able to spare them, but I hope very shortly those I ordered from England will arrive. Mr. Noguchi, the Interpreter the

Japanese Government kindly provided for my Yezo trip, has been of the greatest assistance, and I shall be much pleased if the Government will allow his remaining on board, until I finish this season's work.（以下略）

I have, etc.,

H. C. St. John

F. O. Adams Esq.(38)

ここにみるごとく，セントジョン艦長は野口を非常に高く評価し，次の測量にも同行させたいと述べている。実際同年11月に瀬戸内方面の測量にあたって，名指しで野口の雇用を申し入れている。

〔史料4　英国臨時代理公使ヨリ寺島外務大輔宛　英国測量艦『シルヴィア』号瀬戸内海及四国沿海測量ニ付通弁周旋方依頼ノ件〕

Yedo, December 12, 1871.

Sir,

I have the honour to inform you that Captain St. John of Her Majesty's Ship "Sylvia" intends leaving Yokohama in a week to resume surveying operation in the Inland Sea, and also to survey certain harbours in the island of Shikoku.

In order to enable Captain St. John to carry out his surveying operations, he will require an Interpreter, and he would be if Noguchi, who has already been his Interpreter could be spared for this occasion.

As the time of Captain St. John's departure is drawing near, I shall be obliged to Your Excellency if you will give me a speedy reply to this note.

I avail myself of this opportunity to renew to Your Excellency the assurance of my highest consideration.

F. O. ADAMS,

Her Britannic Majesty's Charge d'Affaires in Japan

His Excellency

Terashima Munenori,[39]

〔史料5　明治4年11月2日　於外務省寺島外務大輔并公使館附サトウ応接記〕

一、シルブイヤ艦瀬戸内并四国邊為測量罷越候ニ付、通弁之者之義ニ付、昨日申上候野口某拝借仕度、御差支之筋者無之哉、若御差支有之候ハヽ、他人ニテモ宜敷候、

一、兵部省ニテモ通弁之者少く候ニ付、帰港致し候哉問合置候間、相分次第御返答可申候、一体同人先ニ乗組候節モ好テ乗り候次第柄ニモ無之、急速他人ヨリ申事も難及候間成丈同人紹介可致候、

一、当人之為ニモ相成候間、何分御頼候、[40]

これまでに確認してきたように，英海軍は通詞として，気心の知れた前任者(真島・榊原)の再雇用を希望してきており，また野口の場合のみ英国人艦長からの書簡が残っていることを考慮に入れるならば，特別に野口が有能であったと断言することはできない。野口がこの測量行で果たした役割についてはさらに検討が必要である。春日丸による北海道沿岸水路測量については，その場に立ち会った二人の人物によって記録が残されている。ひとつは，春日丸の艦長であり，前年の伊勢・紀伊における測量にも加わった柳楢悦の報告書兼紀行文『春日紀行』[41]である。もうひとつは，北海道沿岸測量そのものの記録ではないものの，シルビア号の艦長セントジョンの東アジアにおける任務期間中に見聞した自然・文化の記録である『Notes and sketches from the wild coasts of Nipon』(St. John 1880)である[42]。前者は2月に東京を出発し，6月28日に調査を終えるまでの日記であり，その記述のすべてが北海道測量行のものであるのに対し，後者は記述の範囲が日本各地から朝鮮半島・中国にまで広がっており，野口の同行した測量行の記述であるか否かについては慎重に読解する必要があるが，いずれも野口と考えられる人物の描写が若干ではあるが存在する。それぞれについて確認してみたい。

『春日紀行』4月8日条によれば，春日丸とシルビア(思利花)号は北海道東岸の野付半島から国後島へと向かうこととしていた。ここに「思利花艦氷間

ニ宿ス。風景殊勝，天度ノ異ナルヲ証セン為メ野口其(ママ)(権少属)ニ命シ写真ス。本日如武(ジョン)氏山野ヲ巡狩シ，野鶏二，三ヲ獲テ帰ル」という記述がある。当時野口源之助は神奈川県権少属であり，ここに現れる「野口」が通詞としてシルビア号に乗り込んでいた野口源之助であることに疑いはない。柳の記述に現れる野口はこの一度のみであるが，野口が写真を撮影していたことに注目したい。写真技術は開国前から，西洋技術に関心を持つ藩主や蘭学者によって研究されてきていたが，文久年間に上野彦馬(長崎)，下岡蓮杖(横浜)らが民間で写真館を開き始めた頃から一般に広がり始めたものである。この北海道測量行はそれから十年ほど経過した頃のことであり，また長崎出身の野口にとって，写真技術はそれほど縁遠いものであったわけではない可能性はあるが，蘭学者の家出身でもない野口が，写真撮影技術をこの時点ですでに習得していた事実は，注目してよかろう。当時の通詞は，語義通りに翻訳することや読解をすることはできても，商売や数学などの専門的な英語には暗かった[43]といわれるが，野口には西洋技術に対応する能力があったことをうかがわせる。

次に，セントジョンの記述をみてゆこう。彼の紀行文中に「野口」の名前を確認することはできないが，「Interpreter(通訳)」が現れる場面が2度ある。1度は北海道の内陸を馬で調査している際に，通詞が馬を御しきれずにセントジョンの足に噛み付き，一月ほど寝たきりになったことに不満を述べている場面[44]，もう1度は日本人の食事(漬物)に対して不満を述べたときに，通詞が英国人の食べるチーズこそ腐ったものではないかと反論した場面[45]である。後者については北海道測量の時点で行われたのか否かははっきりしないので，野口の前任者である榊原や後任の通詞の言動かもしれないが，前者は間違いなく北海道で起こった事件であり，野口であったとみてよい。大怪我を負った以上，その原因となった通詞を悪く表現するのは当然であるが，ここのみをもってすれば，なぜセントジョンが野口に対して「greatest assistance」と評価し，次回の測量時に再雇用を申し入れたのか理解しがたい。しかし，はじめに述べたように，通詞は空気のような存在であり，トラブルが起きなければ前面に現れてくるものでもない。とすれば，馬による怪我以外のセントジョンの活動を円滑に推進することができたという点で，野口の能力が高く評価されたと位置づけることは，間違いとはいえないであろう。ここで，セントジョンが北海道で行ったこと，関心を持っていたことについて確認することとしたい。

セントジョンは，安政2(1855)年，函館開港の年から少なくとも明治4(1871)年まで日本近海の任務にあたっていた。彼の紀行文の冒頭に「幼児の時から博物と真のスポーツを愛することを教え，家路遥かに離れた未知の国々の永い年月を飽かず楽しむことを得せしめ給うた父上に捧ぐ(高倉1970)」とあるように，海軍軍人としての任務のかたわら，任務地の自然，文化に関心を持ち，記録していたセントジョンは，いくつかの自然科学上の業績を残している。

第一に，自らの職場である海に生息する腕足類を収集し，その標本を大英博物館に寄贈している。この標本に基づき，スミスは日本産腕足類の目録(Smith 1874-1875)を執筆している。スミスがその目録の冒頭で，セントジョンの標本は詳細な採集地，採集された地点の水温やその地域の状況について記載されたものであるために，非常に興味深く，研究のために有用であると記しているように，セントジョンは単なる収集家ではなく，当時の自然科学が求める情報を適切に付与しつつ採集していたことが理解される。第二に，セントジョンは海洋における動物にとどまらず，陸上生物への関心も極めて高かった。彼の紀行文は17章よりなるが，第4章「鹿狩り」，第7章「昆虫」，第9章「鳴禽と草花」と陸上生物に3章を割いているし，目次に記載されている各章の内容のほとんどは，動植物の記述である。そのいずれもが単なる興味本位ではなく，当時の日本においては，ごく限られた範囲でしか知られていなかった学名をともなう西洋学問のルールに則したものである。特に，付録として著した日本産鳥類リスト(46)は注目に値する。従来，日本における初めての総合的な鳥類目録は，明治11(1878)年にブラキストンとプライヤーによってまとめられた「Catalogue of the Birds of Japan」(Blakiston and Pryer 1878)であると評価されている。特に，ブラキストンは，北海道と本州を隔てる津軽海峡に動物相の違いがあるということを明らかにした点で，その功績は現代にまで至っている。セントジョンのリストは，ブラキストンらによる目録記載の詳細さには及ぶべくもないが，紀行文の第8章で「ライチョウは，わずか10マイルの津軽海峡を隔て，北海道には生息しておらず，逆に本州には豊富に産する」(47)と記述しており，ブラキストンが報告する以前に本州と北海道の動物相の違いを把握できた観察力は，高く評価されてよいものだろう。

セントジョンの本来の任務が，海軍軍人として日本沿岸の測量にあたることであった以上，野口の再雇用申し入れはその任務に適した通訳であったことによるものとみるべきであるが，彼らの北海道測量行が日本海軍を指導する立場であったために，鹿狩りや鳥獣類の観察にもかなりの時間を割くことができた模様である。野口がどれほど同行していたかは明らかとはならないが，後段で検討することになる野口の自然科学との関係がここにみたセントジョンの個人的な関心と重なり合うように思われる。先にみた写真撮影の技術を含め，西洋学問に対する理解力を有していたか，測量行時に理解・習得しえた野口だからこそ，セントジョンの関心・責務に適した通詞として，再雇用を申し入れられたものと考えたい。

北海道測量行の次に確認できる野口の活動は，明治5(1872)年5月から9月までの香港出張である。「履歴」以外の史料としては，5月24日付で「〈神奈川県三等訳官〉野口源之助，(神奈川県七等出仕兼邏卒総長心得)石田英吉，〈神奈川県邏卒検官〉栗屋和平へ達〈各通〉，御用有之香港へ被差遣候事」(48)というものがある。この史料は，神奈川県が5月21日付で「当港邏卒規則并港規則等取調ノ為メ右官員ノ内支那香港へ差遣度段相伺候處，人撰ノ上可申上旨御達ノ趣拝承仕候，就テハ来ル二十八日当港ヨリ仏国郵船便御座候間，右便ヲ以テ別紙名前ノ者差遣申度奉存候」(49)として上申したことに対する達であり，横浜における警察制度整備のための視察に派遣されたことがわかる。この視察については梅森(2004)が詳述しているので，参考にしつつ紹介することとしたい。

横浜では居留地の制度そのものが英国主導，上海の制度をモデルとして発展してきており，警察権においてもそれがモデルとなってきた。攘夷運動の沈静化にともない，新政府と諸外国の公使らとの折衝の中で，徐々に警察制度が成立することとなる。居留地の存在を背景とした神奈川県では，他地域に先んじて西洋式ポリスの編成が進行していったが，その制度そのものは香港警察の情報が利用された。そのような中で，いっそうの制度拡充のために香港警察の調査に赴いたのが邏卒総長心得の石田英吉と邏卒検官の粟屋和平であり，その通訳として同行したのが野口源之助であった。

この調査の結果は帰国後の10月に石田らによって，神奈川県令大江卓宛建言書の提出，政府への神奈川県からの報告書提出へとつながり，日本の近代警察制度の基盤の一部となった。この視察における野口の姿は史料上にみることはできないが，石田らの提出した報告書は「上海邏卒規則」「香港邏卒規則見聞記」など20万字に及ぶ膨大なもの(50)であり，その中の「香港土産見聞雑記」は石田の質問に現地の当局者が答える形式をとっている。この当局者の答えた内容は野口の口から発せられたものに他ならず，この報告書の歴史上における意義が野口の活動を位置づけることになるといってよかろう。

視察を終えた石田・粟屋は9月25日に神奈川に戻ったが，野口は「三等訳官野口源之助儀モ同様出張罷在候處，帰途長崎表ニテ少々病気ニ付，後便帰朝可仕筈ニ御座候」(51)とあるように，故郷で下船したようである。石田による報告書以外には野口の活動を知ることはできないが，前節に挙げた井関資料に含まれる野口の写真はこの香港行で撮影されたものである。

3. 開拓使東京出張所時代

3.1 開拓使への転職

香港出張を終え，神奈川県二等訳官となった野口であったが，翌明治6(1873)年5月，神奈川県の職を辞し，開拓使に勤務することとなる。転職の経緯については明らかとはならないが，黒田清隆主導の北海道開拓十年計画の中で，事業の促進に欠くことのできない外国人教師・技師たちの招聘が進められていた時期であり，開拓使が有能な通詞を必要としていたことは想像に難くない。開港場であった函館には長岡照止，堀達之助らを中心とする開拓使の通詞団がいたが，開拓使機構の中心として機能していた東京出張所においては，史料をみる限り野口を超えるような通詞が所属していたようにはみえないことから，特に開拓使機構の中心であった東京出張所で活動する通詞を必要としていたものと考えられる。野口はシルビア号に乗って北海道各地を回り，函館では開拓使長官東久世通禧(52)および権判官杉浦誠と面談(53)しており，開拓使からみて魅力的な存在に映った可能性はある。野口にとっても，寺島・井関の両判事は神奈川を去り，周囲は野口より高給の長崎阿蘭陀通詞出身の通詞が増えるなど，置かれていた状況から抜け出すことができるという点で魅力的な職に映ったのかもしれない。

これまでと同じように，野口の活動について確認していきたい。開拓使では「翻訳掛，弁方(54)，写真取扱掛」という役割が与えられ，直後に「外国諸注文取扱」兼務を命ぜられた。開拓使東京出張所における対外国業務，折衝や開拓事業にかかわる輸入物品，技術の担当である。

はじめに，写真取扱係について確認することとしたい。この頃，開拓使は北海道の開拓状況を撮影して東京に提出するために，写真事業に力を入れており，明治5(1872)年9月に横浜在住の写真家スティルフリードと契約し，北海道に派遣した。同時期の開拓使のお抱え写真師には，河田紀一(東京)，紺野治重(函館)，武林盛一(札幌)の3人がおり，河田は東京・横浜から北海道に至る全行程，紺野は函館から札幌まで，武林は札幌から函館までスティルフリードに同行し，それぞれ指導を受けたといわれる(岩佐 1970，越崎 1946)。スティルフリードは明治11年に印刷局に雇われていることが確認されるが，開拓使との契約がいつ終了したかは定かではない。確実な記録として，明治5年12月27日付で開拓使に「北海道ニテ写シタル種板」についての書簡(55)を出しており，おそらくこれがスティルフリードと開拓使との契約の完了を示すものだろう。野口源之助が写真取扱掛となったのは，スティルフリードとの契約終了直後であり，指導を受けた日本人写真師を中心とした開拓使の写真関連事業が実施されることになった時点で，後方支援を行うために野口源之助を配置したものと考えられる。

野口は写真取扱掛として，必要資材の輸入などにかかわっていたものと推測されるが，実際に確認できるものは，明治7(1874)年のスティルフリードによる測量図の複写に関する書簡のやりとり(56)のみである。しかし，ここで注意しておきたい点として，北海道には明治初期の写真が多数残されており，その資料価値が高く評価されている点がある。それらの写真を撮影した武林らの写真師については研究が進められてきているが，それらの写真が適切に「残された」という観点からの評価はなされていないのが原状である。北海道大学附属図書館が所蔵する明治期写真資料群(57)の大半は，開拓使および開拓使の博物館(58)由来のものであり，その保存管理にかかわっていたと推測される写真取扱掛の役割は高く評価されるべきであろう。開拓使による写真の保存・管理に関する研究の進展により，野口の活動が明らかとなるかもしれない。

その他の野口の活動についても確認してゆくこととするが，開拓使への転職直後に「履歴」に記載されていない活動の記録が存在する。次節でこの活動について紹介したい。

3.2 「金星過日」観測(59)

明治7(1874)年12月9日に，世界各地の天文学者が日本を訪れた。この日，105年ぶりに金星が太陽の前を通過する「金星の太陽面通過(金星過日)」が観測されることとなっており，観測に最も適した東アジア地域を中心として英・米・仏・露・伊・独・墨国の観測隊が各地に派遣された(日本ではこの観測を「金星試験」と呼んでいた)(60)。各国からの依頼に対して，政府は当時唯一の天文学関係官庁であった水路寮へと諮問を行い，当時水路寮長官であった柳楢悦(北海道測量行の春日丸艦長)が水路寮職員の格好の教育機会ととらえたことにより，各国観測隊を丁重に受け入れることが決定された。9月25日のアメリカ隊を皮切りとして，続々と到着する観測隊の中で，最も遅れて到着したメキシコ隊は，横浜の野毛山および山手に観測基地を構えた。そこに，日本側から実習生として吉田重親海軍中尉・山崎喜勝海軍少尉補・高野瀬廉生徒の3名が派遣された。吉田は兼任のため観測所にはそれほど出入りせず，残りの2名が隊長ディアスらからその観測技術や数学などを学んだが，日本人実習生はスペイン語も英語も話すことができず，ディアス隊長も日本語を解さないため，意思疎通は通訳の屋須弘平[61]を介して行っていた。しかし，屋須も「数学には門外漢で，専門用語で説明してもほとんど通訳ができず，彼らの質問内容も十分呑みこめなかった」[62]ため，効率が悪かった。この状況を改善するために呼び出されたのが野口源之助であった。水路寮がこの金星観測に関する記録を取りまとめた「金星試験顚末」[63]によれば，野口の雇用に至る経緯およびその活動内容は以下のようなものであった。

12月6日，吉田から水路寮に対して「漸今朝委員エ引合申候処，何分通弁不良ニテ當惑仕候，(略)明朝者右委員同行可仕様申呉候ニ付テハ，何卒野口源蔵ト申人開拓使エ奉職仕居候間，右使エ御掛合，御雇置被下度，此通弁者青木中村モ篤ト存シ人ニ御座候，住所ハ三島丁牛屋ノ裏ニ御座候，(略)写真之義ノ六ケ敷仕掛ニ者御座ナクト奉存候，野口源蔵者写真術モ心得居者ニ付萬端都合ニモ可相成ト奉存候」という書状が出され，この件は即日開拓使へと打診された。開拓使は，「源蔵」は「源之助」の書き損じである旨を書き添えた上で承諾し，野口は「写真傳習及通辨トシテ」[64]雇い入れられることとなった。当初，吉田とメキシコ隊の観測員が上京した7日のみの貸与の予定であったが，「本日当人御差廻相成候処，右星学家エ質問等之義，至極都合宜敷，右源之助ナラデハ百事差支候間，当又明日ヨリ来ル十三日まで日数六日之間，是非借用致度」[65]といわれるほどの活躍をみせ，水路寮の依頼通り13日まで雇い入れられることとなった。

野口を通詞に指名した吉田は，先にみた北海道測量に向かった春日丸の乗組員であり，また同じく野口を知る青木(住真)，中村(雄飛)も同艦の士官であった。北海道測量行時，シルビア号と春日丸は常に同行していたわけではなく，また測量行から3年が経過した後であるにもかかわらず，野口を指名したということは，その英語力と，西洋技術・学問に対する理解力が，彼らに強い印象を残していたことを示している。

水路寮に雇われた野口の活動は，次の史料から読み取ることができる。

〔史料6　明治7年12月17日付　海軍省宛　水路寮申入〕

開拓使御用掛月給百円

野口源之助

右者當寮士官金星試検写真之義、墨斯格国星学家ヨリ傳習相受候節右同人同使ヨリ雇入度段申出、秘三套八百六十八号御指令濟ニテ則雇入、観象台ニテ金星写真モ過日御届仕候通粗出来、且右エ相用候玻璃板及薬品其他横濱表エ三度往返右旅費等ニ至ルマテ悉皆自費ニテ相辨候義ニモ有之傍以

一、金二十五円

内譯

金十五円横濱旅費通辨料共

金十円　写真薬品其外一切費

右之通被下候様致度、此段至急申出候也

七年十二月十七日　　水路寮

本省　御中(66)

ここにみるように，野口は3度の横浜出張と観象台における写真撮影を行ったことが確認される。ここで検討しておかなければならないのは，金星の太陽面通過当日の野口の居場所に関する斉藤国治の見解である。斉藤は，はじめ「金星試験顚末」所収業務分担表の「観星儀　吉田海軍中尉　但触時ト高度ヲ測ス」および「触象写真　開拓使驛(ママ)官　野口源之助」に基づき，吉田重親と野口は東京麻布飯倉町にあった水路寮観象台で撮影していた（斉藤・篠沢 1973b）と述べたが，後に「ディアスの記述ではともに野毛山にいた」（斉藤 1974）と見解を改めている。斉藤のいう「ディアスの記述」がどの部分にあたるのか定かではないが，「日本政府の役人が，われわれの方法を学び取り，我々の機械を模倣して，写真機に小さな望遠鏡を取り付けて，日面経過写真を撮影したが，一部の写真においては相当な出来栄えであった。吉田氏よりそれらの写真集を送っていただいたが，写真の周囲が多少ぼけていたのが唯一残念に思われた」という記述がそれに該当するものと考えられる。斉藤の見解の修正は，当日の横浜野毛山での観測の様子を伝える新聞記事に「日本書生三人来り居れり」(67) とあることについて「これらは水路寮派出の

吉田重親海軍中尉らであろう」としながら，吉田が東京の観象台で観測していたという矛盾を解消するためになされたものと推測されるが，この解釈は妥当なものであろうか。

まず，ディアスの記述には，観測当日に吉田が野毛山にいたというものはない。先にみた吉田からディアスに送られた写真も，野毛山で撮影した写真であると断定することはできない。逆に，吉田が当日観象台で観測していたことは，先にみた業務分担表だけでなく，『水路部沿革史』(水路部編 1916)所収の金星観測の記事にも「観象台　中村大尉，青木大尉，吉田中尉」とあること，前掲した史料からも野口が観象台にいたことが確認されることから，吉田および野口は横浜にはいなかったと考えるべきである。新聞記事にみる3人の日本人書生は，吉田以外の山崎・高野瀬と通訳の屋須であったと解釈すべきではないだろうか(68)。

この金星試験に際しては，長崎アメリカ隊の上野彦馬，神戸フランス隊の清水誠が撮影を行ったことが知られているが，長崎の上野は天候不良のため撮影することができなかった。清水は15枚の日面経過写真を撮影し，これはフランスの報告書に掲載されている。一方，野口の撮影した金星の写真はどのようなものであったのだろうか。ここで注目したいのが，宮内庁所蔵の「太陽面斑點及金星觸象」および「金星太陽面通過写真」である。これらは，「品川の御殿山で内務省地理寮御雇英人技師ヘンリー・シャボーによって観測され，英人ブラックをして撮影せしめている。本図はおそらくこのときに撮影されたものであろう」(武部・中村編 2000)とされてきた。しかし，「太陽面斑點及金星觸象」図には，「水路寮出仕　狩野応信謹図」とあり，狩野の名前は「金星試験顛末」にも確認されることから，この図の基となった写真は地理寮ではなく水路寮によって撮影されたものであるとみるべきである。この点については，次の「金星試験顛末」所収の史料をみれば，いっそう明らかとなる。

〔資料7　明治7年12月12日付　海軍省宛　水路寮申入〕

一　(ママ)大陽面斑點及金星觸象見取之写　　一枚

一　金星太陽ヲ経過スルノ写真　　二枚

右之通當寮士官於観象台實測致候節相写候分差出候間早々
天覧ニ御備相成度、尤右実測手續ハ一昨日申出候筈ニ御座候間、御見合有之度、此段申出候也

七年十二月十二日　　　　　　　　　　　　　水路寮

本省　御中

ここから明らかとなるように，「太陽面斑點及金星觸象」と「金星太陽面通過写真」は，水路寮から天覧に供するために進められたものであり，「金星太陽面通過写真」および「太陽面斑點及金星觸象」に図示されている３枚の金星の日面通過図となった写真は，麻布飯倉町の観象台で野口源之助が撮影したものであると断定してよい。野口は，開拓使の「写真師」ではなかったが，写真師として名高い上野彦馬やフランスの学校で学んだ清水に劣らぬ撮影技術を持っていたことが理解できるのである(69)。

3.3　開拓使御用係

「履歴」にみるように，開拓使時代の野口の役職としては，幌内と岩内の煤田開採事務，石狩河口改良係というものがある。これらを含め，開拓使時代の野口の活動を知ることができるまとまった史料は存在しないが，北海道立文書館や北海道大学附属図書館の所蔵する開拓使関係史料を精査することにより，野口の活動を知ることができる。これらを分類し，それぞれ例を挙げてゆきたい。

①開拓使上層部と外国人との交渉書簡の翻訳

北海道大学附属図書館には，約4,800件の開拓使外国人関係書簡および関連史料が所蔵されている(70)が，それらのうち野口源之助が差出あるいは宛先になっている書簡は340件を超す。4,800件のうちにはロシア領事館や函館奉行所時代の史料なども含まれているので，英語で交換された書簡の約１割に野口の名前を確認することができる計算になる。しかし，野口の業務は，このような史料に名前の残るものばかりではない。ここに挙げた書簡類の大部分は開拓使宛の外国人来書簡である。これらに対応する，開拓使が発した往書簡をまとめた「外国人往書翰写」(71)に含まれる差出黒田清隆，宛先ケプ

ロン(72)や差出黒田清隆，宛先クロフォード(73)といった書簡の下端に「Noguchi」という記載があり，差出や宛先となっていなくとも，翻訳者として野口がこれら開拓使上層部と外国人教師・技師らとの交渉にかかわっていたことが確認される。この「外国人往書翰写」は，明治12(1879)年から15年までのものが残されているが，その大部分が差出ないし翻訳者として野口が発信しているものであり，他の通詞は野口の代理として時折確認される(74)のみである。筆跡からみて，この「外国人往書翰写」自体，野口が編集したものと考えられ，翻訳掛として開拓使東京出張所における対外国人業務の窓口を一手に引き受けていたことが確認される。

②開拓使業務にかかわる外国企業との折衝・御雇外国人の業務における必要資材の購入

札幌農学校の米国人教師たちによる必要機材の購入は，残されている書簡類(75)から，野口を窓口として行われていたことが確認される。これらを含め，東京出張所を介して購入する外国人関係の物品購入は野口が一手に引き受けていたようである。中でも，史料が多く残されているものは，クロフォードとの折衝に関するものである。

クロフォード(J. Crawford)は，明治11(1878)年より開拓使に雇われた米国人で，この頃までに有望視されていた幌内炭山の開発と輸送計画にあたって鉄道敷設と車道建築の顧問として活動した人物である。開拓使は幌内から産出する石炭を輸送するために幌内から小樽(手宮)までの鉄道を設置する計画と，これと平行してその中間地点にあたる石狩川河口における水運計画を立てていた。石狩川河口改良はオランダ人ファンヘント(Van Gendt)が受け持つこととなったが，相次ぐ洪水や河口の形状が港として不適当であったこともあり，思うような結果を残せないまま，石炭の搬出計画から除外され，明治13年12月のファンヘントの急死にともない，石狩川河口改良係は廃止となった。一方で，鉄道の敷設計画は順調に進み，クロフォードが輸入した汽車は明治13年11月に手宮―札幌間が開通して運行が始まり，開拓使廃止後ではあったが明治17年に幌内―札幌間も開通することとなった(76)。野口源之助は，幌内・岩内煤田開採事務係および石狩河口改良係を兼務し，クロフォードおよびファンヘントの業務に関与する立場にあったが，実際は東京での物資輸入・搬送にあたっていたようである。後方支援という立場ではあったが，野口は，北海道における鉄道敷設にかかわったこととなる。

野口の活動としてこれらの他に確認されるものは，開拓使が主要産業として見込んでいたラッコ皮や鹿・鮭肉缶詰の輸出に関する照会や，英字新聞購読やそれらの新聞への広告掲載依頼など多種多様であるが，開拓使の博物場における業務というものがある。この点について紹介したい。

開拓使は，開拓計画の促進のため，東京・札幌・函館に博物場を設置した。そこでは「開拓殖民のため，裨益ある物品すなわち農業漁業山林の諸産物およびその製品ならびに供用物品および器具等を陳列し，陸水二産増殖の模範たらしむる」[77]ことを目的として，自然・産業にかかわる資料や標本，模型を収集・展示し，また内国勧業博覧会や万国博覧会へと出品していた。その収集資料のひとつに，北海道鳥類図というものがある。第2章でみたように，この鳥類図は東京仮博物場において，北海道に生息する鳥類を模写図で展示しようとしたもので，その制作にあたっては当時函館で日本産鳥類を収集していたブラキストンの標本を借用して模写することとなった。この標本借用は，開拓使の西村貞陽から依頼がなされたが，実際の標本のやりとりはブラキストンの研究協力者で横浜在住のプライヤーと野口との間で行われたことが確認される。標本のやりとりの他，図譜に描かれた鳥の名前の確認を依頼するなど，開拓使の博物場における展示，資料管理にあたっても野口が活動していたことが知られる。

ここで，野口と交渉することになったプライヤーについて確認したい。ブラキストンの研究協力者であったプライヤー(H. J. Pryer)は，明治4(1871)年に来日した英国商人である。プライヤーは横浜の商社で働くかたわら，日本各地の動物採集を行っており，明治9年に文部省に雇われ，東京開成学校および教育博物館の標本類の採集，分類にあたった。プライヤーが雇用された時期の教育博物館の所蔵標本数は36倍となり，その功績は大きなものであったようである。翌年も博物館に雇用され標本整理にあたったが，中途で辞職している。プライヤーはブラキストンと共著で鳥類目録を執筆したが，本来は蝶・蛾を専門とする昆虫学者であった。明治16年から18年にかけて日本アジア協会報に「日本鱗翅類目録(A Catalogue of the Lepidoptera of Japan)」(Pryer 1883-1885)を発表し，明治20年にはその集大成として『日本産蝶類図譜(Rhopalocera Nihonica)』(Pryer 1886)を出版した。この図譜は全3巻の予定であったが，プライヤーが完成途中で急死したため，友人らによって2，3巻は刊行された。この図譜は日本で最初に刊行された昆虫図譜として，学界に大きな影響を与えるものとなった。

さて，プライヤーはブラキストン鳥類標本のやりとりの中で，野口に対してある依頼をしていたようである。明治10(1877)年12月14日付プライヤー書簡[78]をみると，プライヤーは開拓使から北海道の蝶の標本を譲り受けていることが確認できる。この礼として，自身の標本を開拓使へと提供し，かつブラキストン標本の模写図に描かれた鳥の名前の指導，その他東京仮博物場所蔵鳥獣の同定にあたってもよいと述べている。北海道における蝶類標本採集の嚆矢は明治11年のフェントン(M. Fenton)によるものとされる(江崎1955b)が，プライヤーが開拓使から標本を得たのはその前年にあたる。この未知の標本を入手することができたプライヤーの喜びが，書簡の表現につながっているとみてよかろう。横浜には，この頃外国人研究者向けの標本商が店を構えており，昆虫標本自体はそれほどめずらしいものではなかったと考えられるが，当時の開拓使博物場には昆虫標本は乏しく[79]，プライヤーが喜ぶような標本を開拓使がどのように採集しえたのかはわからない。しかし，プライヤーは野口を窓口として入手したこの標本によって，前述した「日本鱗翅類目録」や『日本産蝶類図譜』を執筆することができたものと考えられる。

博物館関係ではこの他，上記幌内炭山をはじめとする北海道各地の地質調査にあたったライマンが収集し，開拓使へ提出した岩石コレクションについて，個別の岩石名を把握するために，開拓使の職を離れていたライマンへその名称調査を依頼する[80]など，当時急速に発展していた西洋的な学問体系に基づく博物館運営のための外国人との交渉に，野口があたっていたことも確認される。

③御雇い外国人の世話

野口の発信した書簡は，横浜の運送会社であるキャロル社，エドワーズ，ローマン社宛のものが多い。エドワーズやローマン社宛の書簡の大部分は，札幌農学校の教師の荷物を札幌へ送る依頼文書であり，米国と北海道を結ぶ東京で諸々の業務を行っていたことが確認される。この他，船便の確認やホテルの宿泊料の照会，開拓使への雇用を希望する外国人への断りなども野口の名前で出されており，英語をともなうあらゆる雑務を処理していた。

開拓使時代の野口の活動は，そのほとんどが開拓使の外国人・外国企業との間に取り交わされる業務の通訳，仲介というものであり，水路測量や金星観測のときのような野口の個人的能力は前面には現れてこない。しかし，その業務は西洋技術や学問体系を理解していなければ交渉することが困難な分野のものも多く，野口だからこそ円滑に仲介することができたものと考えられる。一方，対外交渉の窓口業務を一手に引き受けていた野口は，外国人からの私的な依頼の窓口でもあった。ライマンは知人の化石研究のための標本借用について，上官である山内隄雲に申し入れる前に，野口へ申し立てている[81]し，先に挙げたプライヤーの蝶の標本の件も，プライヤーからの私的な依頼が野口に対して出されたものと推測される。在留外国人にとっても，野口との交流は欠くことのできないものであったに違いない。

4. 函館県時代

4.1　函館県職員としての活動

開拓使が明治15(1882)年に廃止され，北海道は札幌・函館・根室の三県体制となった。開拓使の残務取り扱い担当の任務を終えた野口は，函館県の職員として3箇所目の開港場での生活を始めることになる。

これまでと同じく，史料上に見出しうる野口の活動について確認してゆきたい。

「履歴」にみるように，野口は明治17(1884)年12月に函館県の職務のかたわら函館師範学校の英語教諭を兼務することとなった[82]。函館師範学校では，同年1月の「小学校教則綱領」の改正(土地の状況に応じて小学校で初歩の英語の授業を行うことができる)にともない英語科を新設し，その教諭として野口を招き入れたのである。当初文部省では，東京でも着手していない英語科の設置を函館師範学校に置くことに難色を示していたが，野口らを擁して明治18年1月から授業を実施していたことが認められ，その設置が同年7月になって公式に認められたという(83)。「函館縣学事第三年報　明治十七年」によれば，函館師範学校の教員数は，「校長一人，一等教諭一人〈本縣御用係ヨリ兼務〉，二等教諭三人，三等教諭二人，一等助教諭二人，二等助教諭七人〈内二人本縣御用係ヨリ兼務〉，書記兼三等助教諭一人，書記二人，雇教員四名」の23名体制であり，野口は校長を除く教員の中で，最上位の教諭であったことが確認される。

この他の活動として，明治17(1884)年8月に英国公使が北海道を訪れた際に通訳を勤めたこと(84)，明治17年末から翌年にかけて函館在住ドイツ人のライマースが引き起こした借家契約上の問題に対処したこと(85)，明治18年1月に英国商船グレサム・ホール号が松前郡大沢村沖で座礁した件の被害調査および通訳を行ったこと(86)などが確認できるが，「履歴」にみる青森や札幌出張がどのようなものであったのかについて，明らかとする史料は管見の限り見出せない(87)。

4.2　生物学にかかわる業績

函館時代における野口には，「履歴」に記載されていないもうひとつの業績がある。現在，函館市中央図書館に所蔵されている『大日本禽鳥集』という史料がある(88)。この史料は，ブラキストンおよびプライヤーによる「Catalogue of the Birds of Japan」(Blakiston and Pryer 1880)を野口源之助が翻訳したものである。

〔史料8　『大日本禽鳥集』例言〕

此大日本禽鳥集ニ編集シタル飛禽ハ蓋シ北海道ニ産生スルモノ夥數ナルヲ以テ本道ノ禽鳥ニ有志ノ者ニハ聊カ裨益スル処アランコトヲ欲シ、函館縣廳ノ下僚ニ在テ余カ常務ノ餘暇ヲ得テ之ヲ飜譯セリ、(中略)素ヨリ本書ハ、英国人ブラッキストン、プライエル両編纂家ノ主意ニ基キ勉メテ解シ易カランコトヲ欲シ、普通ノ文字ニテ譯述セシヲ以テ譯字ノ不穩當ナルト文章ノ拙劣ナルハ看官夫レ之ヲ恕セヨ

明治十七年三月

野口源之助　識

この例言にあるように，『大日本禽鳥集』は，ブラキストンとプライヤーが目録に記載した325種の日本産鳥類の学名(89)，英名，和名とその生息地や特徴およびその標本を所蔵する博物館についての記載を翻訳したものである。

ブラキストンは，函館に居を構えた文久3(1863)年より，福士成豊，プライヤーらの協力の下，日本産鳥類標本を収集していたが，明治12(1879)年に鳥類標本1,314点を開拓使の函館博物場へと寄贈した。ここまでに検討したように，ブラキストンは明治16年春に離日(90)するまで採集を継続し，それらの標本も追加・交換したことで，寄贈標本数は一時的に増加していたが，当時の函館博物場ではブラキストンの期待した現状維持および学術的利用に供するための管理ができていなかったため，最終的に当初寄贈点数のみを函館に残して帰国し，残りは英米の博物館に寄贈するため持ち帰ったと考えられる。このような状況から考えるに，「編纂家ノ主意ニ基キ勉メテ解シ易カランコトヲ欲シ，普通ノ文字ニテ譯述セシ」という『大日本禽鳥集』の表現と，その翻訳時期(ブラキストンの帰国直後)，「ブラキストン歿後二十年祭」に出陳されたこの『大日本禽鳥集』が，元函館博物場の所蔵資料であり，標本といっしょに函館中学校に移管されていたということは，標本管理の状況を憂慮したブラキストンとプライヤーが，博物場での標本管理を適切に実施させるための道具として，自らの鳥類目録の日本語版の作成を依頼したということを意味していると考えられる。その際，「函館縣廳ノ下僚ニ在テ余カ常務ノ餘暇ヲ得テ之ヲ飜譯セリ」という記述を信頼するならば，函館県職員としてではなく，ブラキストンないしプライヤーとの個人的な関係に基づいて依頼を受けた可能性が高い。前節にみたように，野口とその周辺に存在した自然史学者たちとの関係は，開拓使の業務に関係するものにとどまらず，個

人的な付き合いもあったと考えられる。プライヤーにとって，野口は東京出張所時代以来の知人であり，彼の主たる関心事であった蝶の標本の入手に便宜を図った人物である。ブラキストンとの個人的な関係は史料上確認することはできないが，鳥類図制作のために開拓使が鳥類標本を借用した際の窓口が野口であったことはすでにみた通りであり，函館に来た野口との関係は少なからずあっただろう。英語に堪能で，かつ生物学にも理解を示す野口源之助という存在は，彼らにとって貴重な存在であり，それゆえに翻訳を依頼したのだと考えられる。

4.3　通詞としての野口源之助——小括

明治19(1886)年，函館・札幌・根室の三県が北海道へと改組され，野口の兼務していた函館県師範学校も札幌へと吸収された。再編された北海道庁の職員録や北海道師範学校の教官一覧には野口の名前を確認することができず，これ以降の野口源之助の足跡をつかむことはできなくなる。

ここまで野口の活動について年代を追って確認してきたが，その特徴について整理することとしたい。

野口源之助は，長崎大浦を本籍とする通詞であるが，当時の英通詞の多くを占めた阿蘭陀通詞の家の出身ではない。慶応4(1868)年4月に神奈川裁判所判事の寺島宗則・井関盛艮両判事の下で判事衆として公務に就き，後神奈川県，開拓使東京出張所，函館県で通詞や対外国人交渉の窓口としての職務を果たした人物であった。明治初期の英通詞の英語力は時に揶揄されるほど貧弱なものであったとされるが，野口の英語力は優れたものであり，中でも西洋技術・学問に対する理解力に秀でていたため，接触した外国人には高く評価されていたようである。その能力ゆえに日本初の水路測量，西洋式ポリス制度の導入，天文観測，北海道の鉄道敷設など，それぞれ歴史に残る場面に立ち会うこととなり，史料に名を残すこととなった。

さて，以上のような能力を持った野口源之助は，いかにして英語を学び，また西洋技術・学問を習得しえたのだろうか。明治時代になり，各地に英語学校が設立され，また各種の辞典が出版され，英語というものが一般に広く知られるようになったことで，英通詞という役割が脚光を浴びることは少なくなってきた。森山栄之助らの阿蘭陀通詞が，漂流した米国人マクドナルドを教師として必死に英語を学び，辞書を作成していた時期，福沢諭吉が蘭学から英学へと転向し，蘭英対訳辞書を片手に必死に英語を習得した時期とは対照的に，明治初期の新渡戸稲造らは幼い頃から英語学校に通い，札幌農学校では外国人から直接英語を学ぶことができたのである。野口は福沢より若干後の世代であり，蕃書調所，洋書調所，開成所において英語教育が開始された時期に育ったが，これらの教育機関は一部の特権階級を対象としたものであり，阿蘭陀通詞でもない野口がここで学んだとは考えられない。長崎という土地に生まれ育ったとはいえ，英語を学ぶことができた場ないし人物がなければ，有能な通詞としての活動はできなかったはずである。また，これほどまでの業績を積み重ねた野口源之助は，北海道庁設置後どこに行ったのだろうか。これらの点について，試論という範囲を超えるものではないが，西洋人生物学者とかかわりの深いもう一人の「Noguchi」という人物の存在について確認し，野口源之助との関係について検討することとしたい。

5. もう一人の「Noguchi」

5.1　ノグチゲラ *Sapheopipo noguchii*（Seebohm）の「Noguchi」について

「野口源之助」の名前が慶応4（明治元，1868）年から明治19（1886）年までしか確認できないことは，前節までにみた通りである。しかし，野口源之助が史料上に現れる前後に，英国人との関係が深い「Noguchi」という名を持つ人物が存在したことが知られる。

ノグチゲラは沖縄本島にのみ生息するキツツキの一種である。「ノグチゲラ」という和名は，明治20年にシーボームがこの鳥を「*Picus noguchii*」という学名で新種記載した「noguchii」（Noguchi 氏の）に由来する[91]（Seebohm 1887）。ある生物種の学名を規定するためには，その根拠となる模式標本が必要となるが，ノグチゲラの場合はプライヤーが英国のシーボームに送った剥製が模式標本となっている[92]。シーボームは，この鳥に「noguchii」という学名を付与した理由を「I have named according to Mr. Pryer's instructions」(Seebohm 1887)と記し，標本提供者であるプライヤーからの指示であるとしている。このプライヤーの行為は，献名と呼ばれるもので，採集や研究にあたって貢献した人物の名前を学名に残すことで，その謝意を表するものである。これに基づき，「Noguchi」は「不明の人。Preyer(ママ)の採集人かと思われる」(内田・島崎 1987)[93]といわれてきた。しかし，模式標本にはプライヤー以外の採集者の名前は記載されておらず，シーボームの記載も採集者であると限定してはしていないことから，献名された「Noguchi」が採集者であるか否かについては検討の余地がある。この「Noguchi」がこれまでいわれてきたような採集者であるのかについて，残された史料は少ないが検討するとともに，野口源之助との関係についても検討してみたい。

プライヤーは，明治19(1886)年5月採集のため沖縄へ向かった。シーボームの記述によれば，プライヤーは5月と6月に現地で採集を行ったのみで横浜に戻ったが，8月末まで採集人を残し採集を続けさせたという。そこで採集されたのがノグチゲラ(模式標本には8月採集と記載してある)である。これまで，現地に残された採集人が「Noguchi」という人物であったと考えられてきたが，これは史料上確認することができない。ここで，現地の採集人ではなくプライヤーの足跡をたどると，採集人ではない「Noguchi」がその周辺に存在していたことが確認される。

プライヤーは，6月10日に横浜に戻ってきた。プライヤーの利用した船の乗客名簿には「Per Japanese steamer Hiroshima Maru, from Shanghai and ports: -Messers. J. B. Parker, W. B. Mason, Lovatt, Pryer, Shimada, and Noguchi in cabin」[94]とあり，プライヤーと同じ客室に「Noguchi」という人物がいたことが記録されている。もとより，この「Noguchi」がプライヤーの同行者であったかどうかは定かではない。しかし，この広島丸が上海から横浜に向かう途中で寄港した長崎での乗客名簿をみると，「昨四日，午前十一時二十分入港，上海より上等洋人二名，下等廿一名，内支那人十八名」[95]，「米人　ダブリュー　ビーメーソン，ロクマット，島田某」[96]とある。上海からきた「洋人二名」とは，W. B. Mason と Lovatt を指し，日本人は計算に入っていないが島田某も上海からやってきたことが確認される。これらの記事からすれば，横浜に到着した広島丸の上等客室にいた乗客のうち，パーカー(J. B. Parker)とプライヤー，「Noguchi」が長崎ないしそれ以降の寄港地から乗船したと解釈でき，「Noguchi」がプライヤーの同行者である可能性が高まる。

ここで，プライヤーの献名の傾向について触れておきたい。プライヤーはこの沖縄採集以外にも多数採集人を雇っていたことが確認されるが，彼が新種として記載した昆虫のうち，ルーミスシジミ(*Amblypodia loomisi*)[97]を除けば，人名を学名に用いることはしていない。ルーミスシジミの由来となったルーミスという人物は宣教師であったが，同時に蝶・蛾のコレクションを持つアマチュア昆虫学者であり，プライヤーの死後，そのコレクションを譲り受けるなど，採集人ではなく，研究協力者であった(江崎 1956b)。献名という行為の大きさを考えた場合，シーボームに「Noguchi」という名前を用いるよう依頼したということは，その人物がプライヤーにとって，単なる採集人ではなく重要な役割を果たした存在であったと考えるべきである。広島丸の乗客「Noguchi」がプライヤーの同行者であったならば，この人物こそが献名の対象者としてふさわしい人物なのではないだろうか。

次に野口源之助と，この「Noguchi」との関係について検討してみたい。プライヤーの沖縄採集は明治19(1886)年5，6月である。野口はこの年1月の北海道庁設置以降，その姿を確認することはできず，この時期にプライヤーと同行していても矛盾はないが，野口源之助がプライヤーとともに採集旅行に向かう理由はあるだろうか。これまでにみたように，プライヤーの主たる関心事であった蝶の標本のうち，北海道産のものの一部は野口源之助の仲介によって入手できたものであり，野口はいわば恩人・研究協力者である。前節でみた鳥類目録の翻訳が，ブラキストンやプライヤーとの個人的な関係によるものであるとすれば，その完成がブラキストンの帰国後であったこととあわせ，野口とプライヤーとの関係が函館時代においても継続していたことをうかがわせる。職を失った野口を通訳として，プライヤーが沖縄に向かったという推測はまったく成り立たないわけではなかろう。また，野口自身が鳥類採集を行っていたという形跡はなく，仮にプライヤーとともに沖縄へ向かっていたとするならば，現地に残るよりは通訳としてプライヤーと同行しただろうから，広島丸の乗客「Noguchi」とを重ね合わせても矛盾は生じない。これらはいずれも状況証拠でしかないが，これまで謎の採集人とされてきた「Noguchi」は，プライヤーの通詞野口源之助であるというひとつの可能性を提示することは許されるのではないだろうか。

さて，実はもう一人，ノグチゲラの採集人として候補に挙げられている人物が存在する。江崎悌三は，プライヤーについて触れた際に「彼が琉球へ同行し，同地に残して採集させた人は『野口』と言ったらしいが，野口のことも何も解かっていない。琉球の非常な珍鳥 *Picus noguchii* Seebohm, 1887 (ノグチゲラ) にその名が残っている。Lewis の使った採集人にやはり『野口』というのがいたが，あるいは同一人だったかも知れない」(江崎 1956) と述べている。この記述が確たる裏付けに欠けるものであることはいうまでもないが，この点について次節で検証してみたい。

5.2　ジョージ・ルイスと「Noguchi」

江崎のいう「Lewis」は，ジョージ・ルイス (George Lewis) という英国商人である。彼は元治元 (1864) 年，開港間もない長崎に茶商人として来日し[(98)]，明治 5 (1872) 年まで商売のかたわら甲虫を採集していた昆虫学者でもある。ルイスはいったん帰国した後，明治 13 年に夫人とともに再来日し，翌年まで日本中を渡り歩き，昆虫を採集した[(99)]。ルイスは，最初の滞在の時期から本国のベイツ (H. W. Bates)[(100)] らに標本を送り，また自身も新種を発見・記載し，多くの論文を執筆しているが，最終的に『日本甲虫目録』[(101)] (Lewis 1879) を刊行し，「日本の甲虫研究者にとって忘れることのできない」人物と評価されている。

江崎のいうルイスの採集人「野口」とは，ベイツの日本産甲虫類の論文 (Bates 1873) に確認することができるノグチアオゴミムシ *Callistomimus noguchii*[(102)] とノグチナガゴミムシ *Pterostichus noguchii* に名前を残している人物であると考えられる。ルイスが採集した標本に基づいてこれらを新種として記載したベイツは，前者の学名の由来について「Names after Noguchi, Mr. Lewis's meritorious Japanese collector」と述べており，江崎の記述の根拠はここにあるものと考えられる。このゴミムシの採集地は，前者が「河内」，後者が「長崎」とあるが，これ以外にルイスの採集人「Noguchi」に関する情報はない。プライヤーと異なり，日本人採集人に対して献名を行ったのは，居留地外を自由に動くことができなかったルイスの代わりに採集を行った人物への感謝の意を込めたものだろう。果たして，この採集人「Noguchi」は，江崎の推測するようにプライヤーの協力者であった「Noguchi」と同一人物で，野口源之助と合致する可能性があるだろうか。推測に推測を重ねるようではあるが，ルイスの採集人が野口源之助である可能性について検証してみたい。

ルイスの採集人「Noguchi」の活動時期は，明治6(1873)年のベイツの記述がルイスの5年間の滞在の標本に基づいていることから，元治元(1864)年から明治2年までの間に限定できる。野口源之助は慶応4(明治元，1861)年まで長崎にいたものと考えられるので，矛盾は生じない。ここで，長崎におけるルイスと野口源之助との接点を探ると，興味深いことが判明する。図5-1は，ルイスが長崎に居住していた時期の大浦居留地の地図である。ルイスは慶応元年1月より大浦一番地(①)，三十三番ろ地(②)を借地していた。また東山手十四番地(③)はマイボルク借地であったが，ほぼ同時期に英国人「ロイス」の名前が同居人として確認される[103]ので，この3箇所を基盤として活動していたものと考えられる。野口の本籍を改めて確認すると，ルイスの基盤となる3箇所をつなぐ現在のオランダ坂がまさしく「田町」に該当するのである(田

図5-1　大浦・東山手居留地

町一丁目は④，二丁目は⑤，三丁目は⑥)。居留地として利用された大浦は，文久2(1862)年に埋め立てられて成立したが，田町の存在する東山手はもともと日本人が住んでいた地域である。野口がもともとこの地域に居住していたのか否かははっきりしないし，田町「五四番地」がこの地域のどこに該当するのか定かではないが，この距離からみて，ルイスとの関係は十分に考えられる。もとより，これらもプライヤーのノグチゲラにおけるのと同様の状況証拠にしか過ぎないが，もうひとつの状況証拠がある。

野口源之助が長崎から横浜に向かったのは，井関に連れられて，寺島と井関の判事衆となったのが契機であると考えられることは先にみた通りであるが，なぜ阿蘭陀通詞の出身でもない野口が，突然井関に取り立てられたのだろうか。寺島や井関らの長崎における拠点のひとつとして，トーマス・グラバーの存在が挙げられるが，ここで野口との接点が生まれた可能性がある。グラバーは，薩英戦争に破れ投降した寺島と五代友厚をかくまい，また薩摩藩士の留学や武器の輸入に携わった著名な商人であり，寺島・井関が横浜に向かった際に乗船したキウシウ号も彼の商船であった。グラバーの商業上の事務所は，大浦二番地であり，先にみたルイスの借地である大浦一番地の隣にあたる。また，寺島らが身を潜めていた「グラバー邸」の山側にもルイスの借地があった(104)。ルイスは長崎に到着した当初，グラバーの借りていた住宅に身を寄せている(105)し，野口が横浜に出て行ってからのことであるが，帰国直前に事務所や製茶工場を構えていた借地の契約を終えた後，グラバー商会の一員ないし同居人としてその名前が確認される(106)ことから，ルイスとグラバーの接点は間違いなくある。もちろん当時の長崎居留地は狭いコミュニティが成立していたから，同国人であれば関係は当然あっただろう。しかし，井関・寺島と西洋技術・学問に通じた優秀な英通詞野口源之助，井関・寺島とグラバー，グラバーとルイス，ルイスの優秀な(英語ができたであろう)昆虫採集人「Noguchi」という関係を考えたときに，野口源之助とルイスの昆虫採集人「Noguchi」が同一人物である可能性は十分あり，グラバーの周辺に存在した優秀な通詞として，井関が野口を横浜へ連れて行った可能性が提示できる。この推測の積み重ねが妥当であるとした場合，野口の西洋学問への理解の深さ，堪能な英語はこのルイスとの関係が出発点であったと考えることもできるのではないだろうか。

次に，ルイスの2度目の来日時における野口との関係について検討してみたい。ルイスは明治13(1880)年2月26日，フランス客船ボルガ号(107)に乗り再び日本を訪れ，日本各地を回った後，翌14年11月4日英国客船スンダ号(108)に乗って帰国することとなる。この時期の足跡については草間(1971)に詳しいのでそれに譲ることとするが，この2年間の滞在期間の間に野口が何らかの協力を行った可能性はあるだろうか。ルイスはこの滞在期間中，自ら採集を行うだけでなく，各地に採集人を派遣しているが，この時期の野口は開拓使東京出張所で多忙を極めており，採集人として活動していないことは明らかである。この時期のルイスと野口との関係を示す材料はほとんどないが，2点可能性として挙げられるものを紹介したい。

ひとつは，ルイスの情報の中に確認できる「Adachi」という人物である。ベイツによる報告の中で，エゾカタビロオサムシ(*Calosoma chinense*)について「Sapporo, Yezo. Two examples obtained by Mr. Adachi, a native collector.」(Bates 1883)という記述がある。明治13(1880)年当時の札幌で昆虫採集を行っていた「Adachi」という人物は足立元太郎であると考えられる。足立は札幌農学校の2期生で，内村鑑三や新渡戸稲造，宮部金吾らと同級生であり，ルイスの札幌滞在時は，最終学年を迎える直前であった。宮部の述懐によれば，「在校中から昆蟲學が好きで，盛に採集をして居た。卒業の時の希望は第一が畜産學で，第二が昆蟲學であつた」(宮部金吾博士記念出版刊行会1953)という。足立は卒業後，開拓使の札幌博物場の職員となり，母校の嘱託講師も勤めている(第4章参照)。東京・横浜においては，石川千代松や佐々木忠次郎，岩川友太郎らがルイスを訪問し，採集方法や標本の保管方法の指導を受けていたが，札幌農学校の足立元太郎はいかにして，ルイスの知遇を得ることができたのだろうか。逆にルイスはいかにして札幌農学校の学生足立元太郎を現地の情報源として採用しえたのだろうか。当時の状況を知る材料はないが，札幌農学校の教師たちとの交渉にあたっていた野口源之助という存在をそこにみることは不可能だろうか。

もうひとつは，ルイス夫妻が横浜から長崎に向かった明治14(1881)年2月9日である。この日野口は開拓使東京出張所の職務を休んでいることが史料上確認できる(109)。これのみをもって，故郷長崎へ向かうルイスと面会するための欠勤というには根拠に乏しいが，可能性として挙げておきたい。

以上のように，明治13(1880)年から翌年にかけての野口とルイスとの関係は明らかとはならない。しかし，この時期のルイスに関する記録類をみると，ブラキストンがルイスを訪問していること(石川 1931，佐々木 1927，岩川 1927)，帰国後のルイスの報告で，プライヤーから譲り受けた標本を利用していること(110)が知られる。開拓使職員としての野口とプライヤー，ブラキストンとの関係はこの時期にも確認され，アマチュアの昆虫研究者，動物研究者という狭い世界において，野口とルイスの接点があった可能性は皆無ではないだろう。

本節で述べたことは推論に次ぐ推論であり，一試論，仮説にしか過ぎない。しかし，プライヤーやルイスの周辺に存在した「Noguchi」という人物について考える場合，野口源之助という通詞の存在を考慮に入れないではいられないことも，その経歴をみる限り明らかである。この点についての検討は，今後も継続してゆきたいと考えている。

むすび

ここでは，野口源之助という明治初期の通詞の活動について考証を試みた。野口自身は，他の著名な通詞らと異なり，個人としての業績は残していない。しかし，彼がかかわったさまざまな場面において，その英語力，西洋技術・学問の能力がなければ，スムーズな交渉，技術の伝達はなしえなかった。また，野口の活動した時期は，学問としての西洋自然科学が御雇い外国人教師たちによって輸入される直前，直後であり，彼らに学んだ学生たちがその発展に寄与するようになるのは，さらに後のことになる。このような時期に，野口が「自然史」通詞として存在したことで，日本の近代化がスムーズに行われたというのは言い過ぎかもしれないが，このような存在が重要であったと評価することは許されよう。

ただし，通詞である野口は，これまで確認してきたように書簡の翻訳や外国人の荷物発送，裁判処理や物品購入など前面に現れない雑多な職務をこなしていたことも忘れてはならない。明治初期の通詞たちが，貧弱な英語力であったにせよ，このような細々とした雑務を行っていたからこそ，西洋社会との交渉が成立したのである。神奈川県や開拓使の官員録には相当数の通詞たちの存在が確認できる。華々しい業績を残した通詞の蔭に隠れた彼らもまた，日本の近代化を支えた存在であるといえよう

(1) 通詞は，通弁・訳官などとも呼ばれたが，本書では史料中に引用される場合を除き，「通詞」と記述することとする。
(2) 長崎市立博物館所蔵「慶応元年明細分限帳」(長崎歴史文化協会『長崎歴史文化協会叢書』1，1985年)，柴田大助の項
(3) 通詞に関する文献としては，以下のものが挙げられる。堀達之助については，村田(2003)，柴田大助(昌吉)・堀については古賀(1947)，柴田については岩崎(1935)，武田斐三郎，福士成豊など函館の通詞については井上(1987)，福士については高倉ら(1986)など多数ある。また，明治以前における長崎の阿蘭陀通詞に関しては片桐(1985)などがある。
(4) 文書館簿書7588「自明治十五年二月　履歴録　ノノ部」
(5) 文書館簿書881「諸官員明細牒」など，野口の明細短冊
(6) 「旧官員履歴」(『神奈川県史』8　附録部1所収)，野口源之助の項
(7) 前掲注(6)「旧官員履歴」
(8) 前掲注(6)「旧官員履歴」
(9) 前掲注(6)「旧官員履歴」
(10) 前掲注(6)「旧官員履歴」
(11) 『長崎県の地名』(『日本歴史地名体系』平凡社，2001年)には記述がある。
(12) 長崎県立図書館所蔵
(13) 前掲注(6)「旧官員履歴」
(14) 『税関月報』付録(横浜税関，1902年)
(15) 判任部通詞のうち，林道三郎，中島才吉，佐波銀次郎は新役職に「任」ぜられているのに対し，森山幸之助は「拝命」とある。「旧官員履歴」の記載が厳密なルールに基づいているとはいえないものの，「任」はそれ以前より神奈川県に採用されている官員が，役職変更，昇進の際に用いる表現であり，野口の「申付」と森山の「拝命」というのは，新たに採用された際に利用されている表現であると考えられる。この点からすると，森山は「判事衆」であった可能性がある。判任部通詞のうち，森山だけは野口と同じく寺島・井関の赴任した4月から神奈川で勤務していたこと，森山が長崎出身であることも野口との共通点として挙げられる(林は7月，中島は5月，佐波は閏4月だが，「神奈川県翻訳方引続奉職」とあり，判事との関係が深かったとは考えにくい)。なお，「慶応四戊辰年日録」(『神奈川県史』8　附録

部1所収)6月19日条には，「長崎通詞吉雄辰太郎　石橋庄次郎　森山幸之進(ママ)当地ニおゐて御間遣ニ相成長崎へ通達」という記述がある。吉雄は「旧官員履歴」では，「旧幕臣」とあり，明治元年4月12日付で「神奈川裁判所通詞引続奉職」とあり，属司補通弁官任命にあたっては，野口や森山らとは異なり11月23日付で「申渡」されている。石橋は，「旧官員履歴」にその名前を確認できないが，長崎阿蘭陀通詞の出身である。森山を「判事衆」と考えた場合，吉雄・石橋との関係に若干の疑問が生じる。ただし，この記述により「旧官員履歴」の記述そのものが信頼できないという可能性を提示することもできる。

(16) 前掲注(5)明細短冊では「神奈川縣通弁御用」とある。

(17)『神奈川県史』資料編15所収，明治3年改

(18) 東京都港区教育委員会『写真集 近代日本を支えた人々 井関盛艮旧蔵コレクション』(東京都港区立港郷土資料館，1992年)

(19) 慶応4年1月21日に，脱走した長崎奉行の職務を引き継ぐための長崎会議所の設置に際して，各藩代表者が発した誓約書に井関の名前がある(『維新史料綱本』第8冊，「薩長土等十八藩士誓書」。なお，以下『維新史料稿本』は東京大学史料編纂所，維新史料綱要データベースを利用した)。

(20)『百官履歴』(日本史籍協会叢書，東京大学出版会，1973年)，井関の項

(21) 前掲注(15)「慶応四戊辰年日録」同日条に，「井関斉右エ門来，今夕乗船決定宇和島伊予守入来」とある。

(22) 大久保(1983)によれば，2月20日に参与兼外国事務局判事に任命された井関は，3月に大坂の外国事務局にいたとされるが，史料上確認することはできない。町田久成などのように，同じ立場にありながら長崎で活動していた者もいることから，外国事務局判事という身分のみで判断することは困難である。また，関(2005)では，2月末に井関は横浜へ赴任したとするが，その根拠は明確にはされていない。前掲注(15)「慶応四戊辰年日録」同年6月4日条に，「二月三日」付で寺島・井関連名で，本野周蔵宛に西運上所出勤の仰せ渡しが掲載されているが，これは「六月三日」付の誤りであると考えられるため，2月段階の足取りとはいえないだろう。

(23) 前掲注(15)「慶応四戊辰年日録」，同日条

(24) 到着した3日でないことについては，官員明細短冊の誤記，到着日が2日深夜であった，などの可能性を提示しておく。

(25) 前掲注(2)

(26) 上述した林道三郎や吉雄，森山らの阿蘭陀通詞出身者と同様の立場にあったことで，「旧幕府吏」として記述されたのかもしれない。なお，野口に関する資料として「横浜裁判所役宅絵図」(神奈川県立図書館蔵)がある。住宅配置図の中に井関・寺島らとともに野口の名前が確認できる。

(27)「英国公使ヨリ澤外務卿宛　英国測量船「シルヴィア」号ノ北海道沿海測量ニ際シ同行ノ日本船名，乗組仕官名并ニ日本側ノ手配ニ関シ照会ノ件」(『大日本外交文書』1，史料566)，附記1，慶応4年正月21日付岩下佐次右衛門宛アーネスト・サトウ書簡

(28) 真島襄一郎は，島田組名代。明治6年より蓬莱社製紙・製糖造局長として全権を委任された(王子製紙株式会社『日本紙業総攬』，1937年，社団法人製糖協会『近代日本糖業史』上，1962年)。

(29) 前掲注(27)附記2，慶応4年2月25日付伊達中納言・東久世中将宛ハリー・パークス書簡

(30) 前掲注(27)附記4，明治2年3月2日付パークス書簡
(31)「英国公使書翰」(「外務省日誌」『維新史料稿本』第10冊)
(32) 明治4年正月20日付「外務卿・大輔，英国公使対話書」(『維新史料稿本』第10冊)に，今回の北海道測量行の通詞について「榊原安太郎儀，此前も測量船エ乗組，能事馴居候」とある。この榊原は神奈川県職員録(寺岡寿一編『明治初期の館員録・職員録』2(寺岡書洞，1977年))に名前がある榊原保太郎であろう。榊原については「生粋の英語の通弁というのは，横山孫一郎・渡辺牧太・星亨・矢野次郎・富永冬樹・榊原保太郎・工藤助作・鳴戸義民(略)などの人々でしたが，榊原は県庁勤め，工藤は裁判所附で判事格でした」(石井・東海林編1973)という記述もある。
(33)「大隈参議・外務大輔・英国公使対話書」(『維新史料稿本』第10冊)
(34)「兵部省上申書　弁官宛」(『維新史料稿本』第10冊)
(35)『維新史料稿本』第10冊
(36)『維新史料稿本』第10冊
(37)「英国臨時代理公使ヨリ岩倉外務卿宛　北海道沿海測量概ネ終リタル旨通知并ニ同處及昨年度瀬戸内海測量ノ際ノ日本官民ノ厚意ニ対シ謝意表明ノ件」(『大日本外交文書』1，史料569)
(38)『大日本外交文書』1，史料569，附属書。下線部は引用者，以下同じ
(39)『大日本外交文書』1，史料571
(40) JACAR(アジア歴史資料センター)Ref. B03030046900，外務省記録，一門 政治，一類 帝国外交，(外務省外交史料館所蔵)
(41) 本稿では北海道大学附属図書館所蔵写本を利用した。なお，高倉(1970)も参照した。
(42) 高倉(1969)をも参照した。
(43) 石井・東海林編(1973)および斎藤(2001)第1章など
(44) 第8章，169頁
(45) 第10章，189頁
(46) シーボルトがまとめた日本産鳥類リストに，セントジョンが確認した種を加えたもの。
(47) 第8章，165頁
(48) JACARRef. A20010000177，太政類典，明治4～10年，外国交際30・諸官員差遣2(国立公文書館所蔵)
(49)『法規分類大全』警察門，警察総，225頁
(50) 由井・大日方(1990)，Ⅳ警察の機構，四「ポリスにつき石田英吉等建言書」，頭注
(51) 前掲注(49)『法規分類大全』
(52) 東久世は，慶応4年3月に横浜裁判所総督として任命されており，野口の上官であった時期がある。
(53) 高倉(1970)『春日紀行』3月5日条
(54) 文書館簿書878「六年自四月至五月　進退録」の野口の採用時の書類には「通弁」とある。
(55) 北海道大学附属図書館所蔵「開拓使外国人来輸目録(従明治四年至同十五年)」
(56) スティルフリードは，明治7年6月25日に「写真其外代受取書」に関する書簡と「測量図員数証書」を開拓使に対して出している(前掲注(55)「開拓使外国人来輸目録(従明治四年至同十五年)」および北海道大学附属図書館所蔵外国人書簡スチルフリート002，外国人書簡ウィルマン001，外国人書簡ボイントン001)。この写真代はおそらく測量図の複写代金であり，開拓使との雇用関係は終了していると考えら

れる。

(57) 北海道大学附属図書館(1992)にこれらの写真が掲載されている。

(58) 明治 15 年における札幌博物場の写真所蔵点数が 47 点(文書館簿書 10446「札幌博物場，札幌牧羊場，札幌育種場引継書類」)であるのに対し，東京出張所・東京仮博物場が管理していた資料が移管された後と考えられる明治 17 年における点数は，1,188 点(文書館簿書 8532「博物場農学校転轄書類」)となっている。

(59) 本節については，斉藤・篠沢(1973a，1973b)，斉藤(1982)，コバルビアス(1983)などを参考とした。

(60) この観測結果により，地球と金星・太陽との距離を確認することができる。

(61) 蘭学者屋須尚安の息子として藤沢に生まれ，医学・天文学を学ぶ。スペイン語に通じ，明治 7 年の金星観測の後，観測隊とともにメキシコに向かう。ディアス隊長のグアテマラ赴任とともに移住し，現地で写真館を開いた。

(62) コバルビアス(1983)第 6 章

(63) 海上保安庁海洋情報部所蔵

(64)「金星試験顚末」12 月 7 日の項

(65) 文書館簿書 1169「七年，海軍省往復」。開拓使側の記録は，この簿書にまとめられており，野口への派遣命令なども残っている。この記事は「金星試験顚末」にも含められているが，若干文章が異なり，解釈に苦しむところがあるため，ここでは開拓使側の記録を引用した。

(66)「金星試験顚末」同日条

(67)『東京日日新聞』明治 7 年 12 月 12 日付，雑報

(68) 屋須でなかったとすると，文部省から派遣されていた高良二であった可能性もある。高は野毛山ではなく，山手の別働隊について学んでいた。しかし，ディアスの記述に，当日ディアスを訪れた文部省役人一行の中に高の名前が確認されるので，高であったと解釈するのは妥当ではなかろう。

(69) なお，開拓使もこの金星観測にかかわっている。函館では福士成豊が観測を行っており，また皇居での明治天皇の観測に際して開拓使五等出仕荒井郁之助，開拓使測量技師デイが説明を行った。

(70) 北海道大学附属図書館編『開拓使外国人関係書簡目録』(1983 年)

(71) 文書館簿書 4456「外国人往書翰写　自明治十二年一月至同十三年十二月」(以下「往書簡写」A)および 5467「自明治十四年至同十五年八月外国人往書翰写」(以下「往書簡写」B)

(72) 明治 12 年 4 月 25 日付書簡，「往書簡写」A の 71 件目

(73) 明治 14 年 12 月 13 日付書簡，「往書簡写」B の 156 件目

(74) 野口以外の通詞として，Tashima という人物が「外国人往書翰写」中に確認できる。Tashima が出している書簡には，「for Noguchi」(明治 14 年 5 月 24 日付ローマン社宛書簡，同日付エドワーズ宛書簡，「往書簡写」B の 67，68 件目)とあるものや，追伸として「Mr. Noguchi went to Hakone on the 24th last and is absent for some weeks」(明治 14 年 7 月 29 日付エドワーズ宛書簡，「往書簡写」B の 82 件目)とあるように旅行中である旨が記載されており，基本的に野口が一手に引き受けている職務の代理であることが確認される。

(75) 例として，明治 14 年 11 月 2 日付ブルックス宛野口書簡(「往書簡写」B の 126 件目)とそれに対応する同年 11 月 26 日付野口宛ブルックス書簡(外国人書簡ブルックス 088)で，物理実験器具の発送通知と受領通知の状況が把握できる。

(76) 北海道の鉄道史については，田中(2001)を参考とした。
(77) 農商務省博物局『明治十五年 重要雑録』(東京国立博物館所蔵)
(78) 外国人書簡プライヤー003に，「I am much obliged for the trouble you have taken about the butterflies.(中略) If he can I will come up to Tokyo on that day and bring with me a box of butterflies to give in exchange for them and I will also affix the names to all the drawings of Capt. Blakiston's birds and to the birds and animals in the Kaitakushi Museum. This I shall be glad to do in consideration of receiving the Yezo butterlies」とある。
(79) 前掲注(58)の札幌博物場所蔵標本数史料によれば，明治15年段階で鱗翅類(蝶・蛾の類)の標本数は24点に過ぎなかった。また，『開拓使事業報告』によれば，明治8年段階の東京仮博物場(当時は北海道物産縦観所)の列品のうち昆虫類は「獣類昆虫火酒漬」19点，「昆虫硝子函入」4点にしか過ぎなかった。
(80)「往書簡写」Bの231件目以降，関連する書簡は20件を超す。
(81) 文書館簿書3736「明治十二年一月　文移録　仮博物場係」-103
(82)『函館新聞』明治17年12月12日付雑報にも「○兼任　当県御用係野口源之助氏は函館師範学校一等教諭に(中略)昨日兼任さりぬ」という記事がある。
(83)『函館市史』第10章，「学校教育の発生と展開」
(84) 明治17年8月20日付『函館新聞』の雑報に「○英公使　同公使の一行は当港在留英領事ウーレー氏と共に当県庁より御用係野口源之助氏が付添い，昨日陸路室蘭港へ出発され蓴菜沼へも立寄らるる筈なりといふ」記事がある。
(85) 北海道立文書館所蔵マイクロフィルムF-1，1431「明治十八年　諸課文移録」，外国人書簡追加ライマース書簡
(86) 北海道史編纂掛「函館県(外事)」(北海道大学附属図書館所蔵)，明治18年1月23日付野口書簡「グレサム・ホール号救助費支出メモ」(外国人書簡追加難破船グレサム・ホール号168)など
(87) 開拓使初期にも「履歴」に現れない野口の出張は多数確認される。例えば，文書館所蔵簿書1174「明治七年七月ヨリ同十二月マテ　進退録」には，明治7年8月18日付で日光山，12月27日付で横浜出張の達がある。これらについても詳細は不明である。
(88) 現在ブラキストンの標本を所蔵する北海道大学植物園・博物館にも写本がある。
(89)『大日本禽鳥集』では羅句名と記されている。学名はラテン語で記載されることによる。
(90) ブラキストンの帰国年については諸説あるが，彌永(1979)に従う。
(91) ノグチゲラは，後にHargittによってPicus属からSapheopipo属に変更され，1属1種の鳥となった。
(92) 英国自然史博物館所蔵
(93) Jobling(1991)は，この「noguchii」という名前の由来について「After T. Noguchi Japanese collector.」と記載している。この件について，梁井貴文氏がイギリス自然史博物館および著者に問い合わせたところ，この「T. Noguchi」という名前の根拠となるものは博物館の標本には付属していないという回答であり，著者からは回答を得られなかったという(梶田学氏からの教示による)。ジョブリングの辞典は，ブラキストンに由来する「blakistoni」について，「After Captain A. W. Blakiston」と記しているなど誤りも多く，本書では参考とするにとどめたい。なお，ジョブリングの根拠は，Warren and Harrison(1971)に，「*Motacilla blakis-*

toni」の採集者として「A. W. Blakiston（情報は明らかに T. W. ブラキストンに合致）」とあることによるものかと思われる。しかし，Warren（1966）に記載されているノグチゲラの項には，「T. Noguchi」の記載はない。

（94）『The Japan Weekly Mail』6月12日号

（95）『鎮西日報』6月5日号

（96）『鎮西日報』6月6日号

（97）プライヤー目録時の学名，現在は *Panchala ganesa loomisi*

（98）ルイスが元治元年7月時点で長崎にいたことは，『The Entomologist's Monthly Magazine』Vol. 1（1864年）の記事から確認できる。

（99）ルイスについては，江崎（1955a），石川（1931），草間（1971），野村・藤野（1992）などがある。

（100）ベイツは『アマゾン河の博物学者』などの著書がある動物学者であり，チャールズ・ダーウィンとも交流のあった人物である。

（101）この目録とプライヤーの蝶類目録の分類番号が，当時の博物館で利用されていた。

（102）現在の学名は *Lithochlaenius noguchii*

（103）ルイスの借地の状況については，長崎県立長崎図書館（2002-2005）による。

（104）前掲注（12）「居留場全図」，南山手廿九番地

（105）長崎県立長崎図書館（2002-2005）によれば，丑（慶応元）9月・11月に，ルイスの名前がグラバー借地の東山手十二番地に確認できる。

（106）長崎県立長崎図書館（2002-2005）によれば，午（明治3）3月・5月に，ルイスの名前がグラバー借地の大浦二番地に確認できる。

（107）『Japan Weekly Mail』2月8日号。なお，草間（1971），野村・藤野（1992）ともに，ルイスの再来日の日付を2月17日としているがこれは誤りである。記載の根拠となったベイツによる報告（Bates 1883）では27日となっており，誤写と考えられる。

（108）『Japan Weekly Mail』11月5日号

（109）2月8日にエドワーズから（外国人書簡エドワーズ015）・9日にローマン社から野口に宛てて届いた書簡（外国人書簡ローマン社の005）の返事10日付で Tashima が野口代理で出している（「往書簡」B の24および25件目）。なお，ルイス夫妻の長崎行きは『The Japan Daily Herald』および『The Japan Gazzette』の2月9日号から確認される。

（110）ブラキストンとルイスの関係は石川（1931）に確認される。プライヤーとルイスの関係は，Lewis（1883）の中で，「Mr. Pryer gave us another instance in drawing attention to Japanese Papilios」と記述されており，標本交換が行われていたことが確認される。

今後の展望——あとがきに代えて

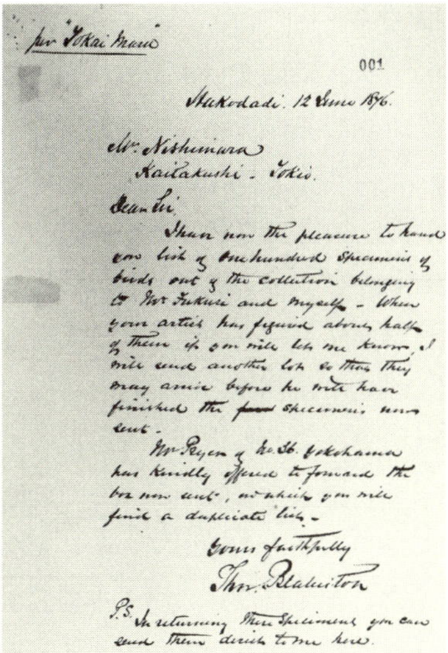

per "Tokai Maru"

001

Hakodadi. 12 June 1876.

Mr. Nishimura
Kaitakushi - Tokio.

Dear Sir,

I have now the pleasure to hand you list of One hundred Specimens of birds out of the collection belonging to Mr Fukusi and myself - When your artist has figured about half of them if you will let me know, I will send another lot so that they may arrive before he will have finished the ~~four~~ specimens now sent.

Mr Reyen of No. 36. Yokohama has kindly offered to forward the box now sent, in which you will find a duplicate list.

Yours faithfully
Thos. Blakiston

P.S. In returning these Specimens you can send them direct to me here.

ブラキストン肖像写真と書簡
（肖像写真：北海道大学植物園・博物館所蔵，書簡：北海道大学附属図書館所蔵）

終章では，あとがきに代えて本書の成立経緯の解説と協力者を紹介する。あわせて，本書において触れることができなかった資料・標本の存在について言及し，今後の発展的課題を示す。

本書は，北海道大学大学院文学研究科に提出した学位申請論文を修正したものであるが，もともとは勤務先である北海道大学植物園・博物館において，標本管理を行う中での疑問点を解決するため，また研究利用者からの照会に応じるために調査を行った結果を個別に報告した論文が基礎となっている。このため，序論で提示したような新しい博物館史を描くという筋道立てた内容となっていない。ここでは，各章の内容をふまえ一応のまとめと今後の展望を述べることとしたい。

動物や植物は，「生物」である。しかし，それらが採集され，標本となった時点で人の研究活動という歴史の中に取り込まれ，その証拠である「資料」となる。さらに，本書でみたように，標本に付属するラベルの記載は間違いなく人の活動を示す「史料」である。標本が研究利用されることで活用の歴史が蓄積されるし，博物館で管理されれば管理の歴史が蓄積されることになる。第１章でみたように，これらの「史料」から読み取られる歴史は，博物館がいつ設立され，誰が館長となったかといった表面的なものではなく，博物館の中でラベルを付与し，情報を記載していたスタッフの活動内容や苦労，ミスまでも浮き彫りにする実質的な歴史である。このような実際の活動と社会情勢や博物館の置かれた状況とを照らし合わせることで，より深い理解をもたらすことも可能となるだろう。また，標本管理の歴史を明らかにすることは，過去の経験をふまえた効率的な管理体制の構築や正確な情報記載，管理のあり方を考える上での礎ともなる。

さらに，標本群全体の歴史を把握することで，個々の標本の情報を整理することが可能であることを示すことも本書の意図したところである。これまでブラキストン標本とみなされてきた標本を混入したものとみなすためには，標本群全体の特徴を把握しなければならなかったように，「標本史」は標本情報の信頼性を保証する基本的な情報なのである。

生物学標本は，生物学のために管理されているために，種ごとに分類されて保管されている場合が多い。この管理体制が有益であることは論を俟たないが，日本の博物館では採集者・研究者のフィールドノートや研究ノートの意義を軽視し，個々の標本が有する群としての歴史を重視してこなかったきらいがある。標本群が種ごとに分類され，原型を失ったとしても，フィールドノートや受入簿が保存されていれば，元に戻すことができる。この点から，博物館付属のアーカイブの重要性が広く認知されることを期待している。また，標本管理のデータベースの情報も，コレクションとしての検索が容易になるように構築されるべきであろう。山階鳥類研究所がWebサイト上で公開しているデータベースは，テキストのデータを提供するだけではなく，標本付属ラベルの写真も閲覧することができるようになっている。この写真をみれば，「東京帝室博物館」のラベルが付属している標本を多数確認することができる。これらの標本は，本書で紹介した教育博物館や東京国立博物館との間で移管された標本群であり，明治期の博物館の重要な歴史資料であることが判明する。生物学用のデータベースは旧蔵者の情報が入力されていることは少ないが，文字データとして検索することができなくとも，これらの情報を読み取ることができるデータベースが普及することで，歴史学者にとっても有益な情報が得られることになる。

本書ではブラキストン標本という鳥類標本を対象としたが，このような検討は生物学標本に限らず，絵画資料でも有効であることを第2章で示したつもりであるし，民族学資料や考古学資料を対象とした場合でも重要な情報をもたらすことを明らかとしてきている（加藤 2004，2008，2011）。生物学標本は生物学のため，民族学資料は民族学のため，といった枠を取り払うことでさまざまな情報が付加されることが認知され，異分野での利用を前提とした標本情報管理のあり方についても検討を進めてゆくことが必要であろう。

本書のような検討方法は，もともと文献史学を専門としていた筆者が，生物学・民族学・考古学のコレクションの管理者となったことから着手したというのが実態である。鳥類学の基本も知らなかった筆者にとっては，標本管理に長年あたってきた市川秀雄氏のサポート・助言がなければ何も進めることができなかった。特に，第1章の標本情報の調査は，市川氏の力に負うところが多い。本書のスタートとなった第1章の原型（加藤・市川 2002）を市川氏との二人三脚で拙いながらもまとめたことで，ブラキストン標本を取り巻く研究活動が活性化することになった。まず，絵画資料について田島達也氏との共同研究が始まり，さらに鳥類学の観点から梶田学氏から誤りの指摘や助言をいただいた。第5章の野口源之助に関する検討は，梶田氏からの質問に応えるべく進めたものであり，小高信彦氏の助言と応援があって完成することになったものである。また，第4章のノガンについては，郷土史家の冨士田金輔氏からの照会に応えるためにまとめたものである。このように，本書はさまざまな協力者の力があって成立したものであるが，さらにさまざまな情報が寄せられており，今後検討を進めてゆく必要がある。

第5章のノグチゲラの由来については，プライヤーの妻が野口姓であったことが横浜の郷土史家の三浦清氏から寄せられた。野口源之助との関係を含め，今後検討してゆきたい事項である。さらに，Andrew Davis 氏との共同調査によって，ブラキストンのフィールドノートの現存が確認された。このノートによって，ブラキストンコレクションの全容を把握することが可能となり，本書で明らかとならなかった情報が確認できる。第1章でみたように，ブラキストンのラベルが2枚付属しているものや，誤って付与されたラベルについても復元することができるものと期待している。また，ブラキストンとかかわりのあった外国人研究者・協力者の実態も明らかにすることができるだろう。

博物館に寄贈される以前，ブラキストンの手元にあった段階での「標本史」の解明に取り組み，博物館所蔵標本に付随しない周辺情報を追加することで，より信頼され，安心して利用できる標本・資料の整備にあたることを今後の展望としておきたい。

本書をまとめるにあたっては，その根拠となる標本，史資料の存在が不可欠であった。調査に協力していただいた関係機関はもとより，開拓使の札幌博物場，札幌農学校所属博物館から現在の植物園・博物館まで，博物館を維持してきた先人，特に標本管理にあたってきたスタッフの献身的な活動がその基盤となっている。彼らは「通詞」のように陽のあたらない存在ではあるが，その重要性についてここで強調しておきたい。

そして，細々ではあるものの130年近くこの博物館を維持し，標本を守り続けてきた北海道大学は，2010(平成22)年に新しい標本収蔵庫を建設する運びとなった。この収蔵庫の完成によって，従来以上に適切な標本の保存管理と活用が可能となった。収蔵庫の整備は，研究利用の活性化につながり，所蔵標本の価値はさらに高まってゆくものと期待される。標本価値の高まりにより，この新収蔵庫の建設は現時点の評価にとどまらず，100 年，200 年後にさらに高く評価されることだろう。

また，本書は平成 24 年度北海道大学「学術成果刊行助成」によって出版されている。本書のようなリストを多用している報告を書籍として世に送り出すことができるのも，大学博物館・標本の重要性を理解している北海道大学ならではと考えている。この北海道大学に勤務していることを誇りに思うとともに，次世代に今以上の形で博物館とその標本・資料群を引き継いでゆきたいと考えている。

資料編

付表

以下の付表は，本書第１章で利用したブラキストン標本のラベルに関するものである。

・付表１：北大植物園・博物館所蔵ブラキストン標本のラベル２・３
・付表２：北大植物園・博物館所蔵ブラキストン標本のラベル４
・付表３：ブラキストンが利用したラベルとラベル７の記載情報の齟齬

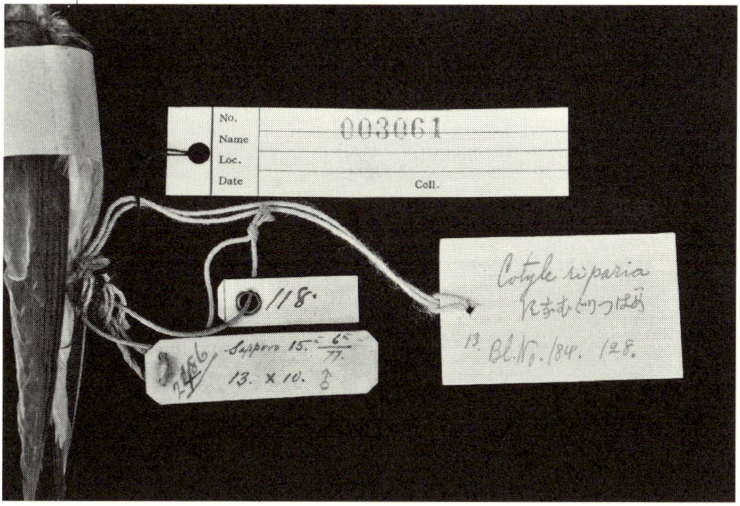

ブラキストン標本に付属するラベル
(北海道大学植物園・博物館所蔵，ショウドウツバメ【3061】)

付表として，本書第１章で検討したブラキストン標本のラベル情報を基盤とした一覧表を示す。ブラキストンのノートなどで精度を高める必要があるものの，標本目録としても利用されることを期待している。

付表1　北大植物園・博物館所蔵ブラキストン標本のラベル2・3

ラベル2・3管理番号	標本番号	標本名	Sex	採集地	採集日	備考	注
1001	3995	シロカモメ	雄	函館	1872年 3月29日		
1002	4158	キジ	雄	南部	1864年 1月		
1003	4160	キジ	雌	南部	1864年 1月		
1004	4309	ハイイロチュウヒ	雄	函館	1872年 4月 7日		
1005	4123	アビ	雌	函館	1872年 4月 7日		
1006	4003	ウミネコ	雄	函館	1872年 4月 8日		
1007	4134	ハジロカイツブリ	雌	函館	1872年 4月 8日		
1008	4329	オシドリ	雌	函館	1872年 4月28日		
1009	3615	ツツドリ	雄	函館	1872年 5月10日		
1010	4248	ダイサギ		函館			
1011	4113	ウミウ		函館	winter		
1014	4111	ウミウ		函館	winter		
1017	3990	ユリカモメ	幼	函館			
1021	4094	ビロードキンクロ	雌	函館			
1023	4024	コオリガモ	雄	函館			
1024	4026	コオリガモ	雄	函館			
1026	4102	ウミアイサ	雄，雛				
1027	4101	ウミアイサ		函館			
1040	3256	キレンジャク	雄	函館			
1042	3252	キレンジャク	雌	函館			
1044	48055	鳥類脚部	雌	函館			
1049	3736	シメ	雌	函館			
1050	3734	シメ	雌	函館			
1055	3722	ウソ	雌	函館			
1059	3728	ウソ	雌	函館			
1063	3716	ウソ	雌	函館			
1064	3461	イスカ	雄	函館			
1066	4109	ウミウ					
1067	4122	アビ	雌	函館			
1069	4096	ウミアイサ	雄	函館			
1072	4097	ウミアイサ	雌	函館			
1073	4099	ウミアイサ	雄，幼	函館	3月		
1074	46166	ビロードキンクロ	雄	青森			
1076	4091	ビロードキンクロ	雌	函館			
1077	4083	ホオジロガモ	雄	函館			
1078	4082	ホオジロガモ	雄，幼	函館			
1079	4079	ホオジロガモ	雌	函館			
1080	4338	コガモ	雄	函館			
1083	4005	ワシカモメ	雄	函館			
1086	4007	オオセグロカモメ	雌	函館			

ラベル2・3管理番号	標本番号	標本名	Sex	採集地	採集日	備考	注
1090	3997	ウミネコ	雌	函館			
1092	4107	ヒメウ	雌	函館			
1093	4108	ヒメウ	雌	函館			
1094	4238	ウトウ	雌	函館			
1096	3026	ヤマセミ	雄	函館			
1099	3152	アカハラ	雄	函館			
1100	3161	ツグミ	雄	函館	2月		
1106	3194	カワセミ		函館	9月		
1109	3234	シロハラゴジュウガラ	雄	函館	〔1873年 2月 1日〕		(1)
1110	3149	キバシリ	雄	函館	〔1873年 2月 1日〕		(1)
1112	3150	キバシリ	雄	函館	〔1873年 3月24日〕		(1)
1117	3740	シジュウカラ	雄	函館	1月		
1118	3746	シジュウカラ	雄	函館	2月		
1120	3248	コガラ		函館	1月		
1123	3215	ベニマシコ	雌	函館	2月		
1127	3212	ベニマシコ	雄	函館	3月		
1128	3214	ベニマシコ	雄	函館	3月		
1131	3394	スズメ	雄	函館	3月		
1132	3397	スズメ	雌	函館	3月		
1135	3467	アトリ	雌	函館	3月		
1149	3749	シジュウカラ	雄	函館	3月		
1150	3738	シジュウカラ		函館	3月		
1151	3245	コガラ		函館	4月		
1157	3210	ベニマシコ	雄	函館	4月		
1159	3449	カワラヒワ	雄	函館	3月		
1161	3481	ホオジロ	雄	函館	3月		
1162	3492	ホオジロ	雄	函館	4月		
1163	3479	ホオジロ	雄	函館	4月		
1166	3767	イカルチドリ		函館	3月		
1172	3342	ムクドリ	雄	函館	4月		
1173	3346	ムクドリ	雌	函館	4月		
1176	4280	コチョウゲンボウ	雄	函館	4月		
1184	4332	オナガガモ	雄	青森	4月		
1186	4334	オナガガモ	雌	青森	4月		
1187	4325	ヒドリガモ	雌	函館	4月		
1188	4318	ヒドリガモ	雄	函館	4月		
1189	4053	マガモ	雄	青森	4月		
1191	4052	マガモ	雌	函館	3月		
1194	4339	コガモ	雌	函館	4月		
1196	4141	ヒシクイ	雌	青森	3月		
1197	4059	マガン	雄	青森			

ラベル2・3管理番号	標本番号	標本名	Sex	採集地	採集日	備考	注
1200	4086	ミコアイサ	雄	函館			
1202	4042	スズガモ	雌	函館	4月		
1203	4045	スズガモ	雌	函館	4月		
1205	4095	ビロードキンクロ	雄	函館	3月		
1207	4208	ウミスズメ	雌	函館	4月		
1209	4236	ウトウ	雄	函館	3月		
1211	4237	ウトウ	雄	函館	3月		
1213	4232	ウトウ	雄	函館	4月		
1215	4145	オオハム	雄	函館	4月		
1216	4112	ヒメウ	雄	函館	3月		
1219	3040	ハシブトガラス	雌	函館	2月		
1220	3994	シロカモメ	雌	函館	3月		
1222	4020	オオセグロカモメ		函館	3月		
1225	3991	ユリカモメ	雌	函館	4月20日		
1226	3988	ユリカモメ	雄	函館	4月20日		
1229	3857	オオジシギ	雄	函館	5月		
1230	4177	クイナ	雄	函館	4月		
1231	4175	クイナ	雄	函館	5月		
1234	3284	ヒヨドリ	雄	函館	5月		
1237	3876	イソシギ	雌	函館	4月		
1241	3662	アリスイ	雌	函館	4月		
1244	3189	カワセミ	雌	函館	5月		
1248	9018	ツバメ	雄	函館	5月		
1251	3072	ツバメ	雄	函館	5月		
1253	3107	ノビタキ	雄	函館	4月		
1256	3108	ノビタキ	雄	函館	5月		
1258	3374	ホオアカ	雌	函館	5月		
1260	3371	ホオアカ	雄	函館	5月		
1262	3487	ホオジロ	雄	函館	5月		
1265	3710	アオジ	雄	函館	5月		
1266	3470	アトリ	雄	函館	5月		
1272	4292	トビ	雄	函館	5月		
1273	4038	カルガモ	雄	函館	5月		
1274	4043	スズガモ	雄	函館	5月		
1276	4041	スズガモ	雌	函館	5月		
1278	4040	スズガモ	雌	函館	5月		
1280	3200	ヒガラ		函館	5月		
1281	3241	コガラ	雄	函館	5月		
1285	3298	コサメビタキ	雌	函館	5月		
1286	3105	ノビタキ	雌	函館	5月		
1289	3308	キビタキ	雄	函館	5月		
1290	3302	キビタキ	雄	函館	5月		

ラベル 2・3 管理番号	標本番号	標本名	Sex	採集地	採集日	備考	注
1293	3360	コムクドリ	雌	函館	5月		
1294	3364	コムクドリ	雌	函館	5月		
1296	3351	コムクドリ	雄	函館	5月		
1297	3362	コムクドリ	雄	函館	5月		
1298	3523	オオヨシキリ	雄	函館	5月		
1300	3521	オオヨシキリ	雄	函館			
1304	3773	コチドリ	雄	函館	5月		
1306	3763	イカルチドリ	雄	函館	5月		
1310	3881	イソシギ	雌	函館	5月		
1311	3880	イソシギ	雄	函館	5月		
1313	3974	タカブシギ	雄	函館	5月		
1314	3976	タカブシギ	雄	函館	5月		
1318	3917	キアシシギ	雄	函館	5月		
1323	3922	キアシシギ	雌	函館	5月		
1324	3916	キアシシギ	雄	函館	5月		
1325	3931	キアシシギ	雄	函館	5月		
1328	9016	イソヒヨドリ	雄	函館	5月		
1330	3092	イソヒヨドリ	雌	函館	5月		
1331	3794	タシギ	雌	函館	5月		
1332	3798	タシギ	雄	函館	5月		
1334	9019	タシギ	雄	函館	5月		
1337	3778	ムナグロ	雌	函館	5月		
1339	4186	クイナ	雄	函館	5月		
1342	4170	クイナ	雌	函館	5月		
1345	4013	キジバト	雌	函館	5月		
1346	3676	ヤマゲラ	雄	函館	5月		
1347	3035	クマゲラ	雄	函館	5月		
1348	3751	ハシボソガラス	雌	函館	5月		
1350	4106	ヒメウ	雌	函館	5月		
1351	4343	コガモ	雌	函館	5月		
1352	3989	ユリカモメ	雌	函館	5月		
1358	4202	マダラウミスズメ	雌	函館	5月		
1366	4304	オオワシ					
1368	4298	オジロワシ	雌				
1373	4316	ハヤブサ	雄	函館	1874年 4月 6日		
1381	3229	シロハラゴジュウガラ		〔函館〕	1874年 4月 6日		(2)
1383	3104	ノビタキ	雌	大野村	9月14日		
1384	3247	コガラ	雌	久根別	11月29日		
1391	3131	ツグミ	雌		1873年10月 4日		
1393	3078	カワガラス	雄	遊楽部村	10月 6日		
1394	3074	カワガラス	雄	遊楽部村	10月 5日		

ラベル2・3 管理番号	標本 番号	標本名	Sex	採集地	採集日	備考	注
1395	3077	カワガラス	雌	磯谷川	1872年 8月 4日		
1398	3755	ハシボソガラス	雌		1874年 1月 1日		
1399	3756	ハシボソガラス		根田内村	7月10日		
1403	3203	ベニマシコ	雌		1874年 1月10日		
1404	3380	ホオアカ	雌	小安村	1873年 6月23日		
1407	4155	エゾライチョウ	雄	ライデン越	10月20日		
1409	3903	ムナグロ	雌	尾白内村	9月26日		
1412	3967	ヒバリシギ	雌	掛澗村	9月26日		
1413	3958	トウネン	雌	掛澗村	9月26日		
1414	3952	トウネン	雄	掛澗村	9月26日		
1416	3920	キアシシギ	雄	函館掛澗村	9月26日		
1417	3869	アオアシシギ	雄	遊楽部	1875年10月 1日		
1420	3901	ツルシギ	雌	長万部	10月12日		
1423	3838	オオソリハシシギ	雄	掛澗村	9月26日		
1424	3834	コシャクシギ	雄	掛澗村	9月26日		
1426	4252	サンカノゴイ	雌	函館有川村	1874年 4月 6日		
1428	4164	バン	雌	函館久根別	〔1873年 9月13日〕		(1)
1429	4131	カイツブリ	雌	遊楽部村	10月 1日		
1433	4100	ウミアイサ	雌	後別村	11月20日		
1434	4098	ウミアイサ	雌	後別村	11月 2日		
1436	4136	オオハクチョウ	雄		1874年 2月19日		
1437	4139	ヒシクイ	雄	遊楽部	10月 1日		
1440	4056	マガモ	雄	久根別	9月13日		
1441	4054	マガモ	雄	小沢	9月23日		
1443	4333	オナガガモ	雄	国縫	10月10日		
1450	4027	シノリガモ	雄	矢追村	11月15日		
1454	4029	シノリガモ	雄	後別村	11月 3日		
1456	4093	アカハジロ	雌	函館(小沼)	9月20日		
1457	4001	ウミネコ	雄	根田内村	7月10日		
1459	4241	トキ	雄	函館	1874年 4月29日		
1461	3925	キアシシギ	雄	函館当別村	1874年 5月26日		
1462	3921	キアシシギ	雌	函館当別	1874年 5月26日		
1463	3914	キアシシギ	雄	函館当別村	1874年 5月26日		
1466	3115	ノビタキ	雄	上磯郡当別村	1874年 5月23日		
1467	3554	センダイムシクイ	雌	上磯郡当別村	1874年 5月24日		
1468	4190	ウズラ	雄	函館	1874年 6月12日		
1469	4189	ウズラ	雄	函館	1874年 6月12日		
1470	4193	ウズラ	雄	函館	1874年 6月12日		
1471	4194	ウズラ	雄	函館泉沢村	1874年 5月29日		
1473	3926	キアシシギ	雄	上磯郡泉沢村	1874年 6月 2日		
1474	3927	キアシシギ	雄	上磯郡泉沢村	1874年 6月 2日		
1475	3169	ハリオアマツバメ	雄	上磯郡泉沢村	1874年 6月 1日		

ラベル2•3 管理番号	標本 番号	標本名	Sex	採集地	採集日	備考	注
1476	4257	ヨシゴイ	雄	函館	1874年 9月 4日		
1478	3863	オオジシギ	雌	函館	1874年 8月23日		
1480	3850	オオジシギ	雄	函館	1874年 8月23日		
1482	3977	タカブシギ	雌	函館	1874年 8月23日		
1483	3973	タカブシギ	雄	函館	1874年 8月23日		
1484	3875	イソシギ	雄	函館	1874年 8月23日		
1488	3961	ヒバリシギ	雌	函館	1874年 8月23日		
1489	3959	ヒバリシギ	雄	函館	1874年 8月23日		
1490	4047	クロアシアホウドリ	雄	函館	1874年 6月27日		
1494	3069	ツバメ	雄	福島郡福島村	1874年 6月14日		
1498	3941	クサシギ	雄	函館	1871年 9月 9日		
1499	3962	ヒバリシギ	雌	函館	1874年 9月 9日		
1500	3800	タシギ	雌	函館	1874年 9月10日		
1501	3864	オオジシギ	雌	函館	1874年 9月10日		
1502	3797	タシギ	雄	函館	1874年 9月10日		
1505	3978	タカブシギ	雄	函館	1874年 9月12日		
1506	3782	ムナグロ	雄	函館	1874年 9月15日		
1507	3868	アオアシシギ	雄	函館	1875年 9月15日		
1509	3915	キアシシギ	雌	函館	1874年 9月15日		
1510	3023	コノハズク	雌	函館	1874年 9月17日		
1515	4301	オジロワシ	雄	勇払郡	1874年11月 5日		
1517	4270	ハヤブサ	雌	厚岸郡厚岸	1874年10月18日		
1523	3171	ハリオアマツバメ	雌	勇払村	1874年 8月12日		
1524	3172	ハリオアマツバメ	雌	勇払郡勇払村	1874年 8月 7日		
1527	3167	ハリオアマツバメ	雌		1874年 8月22日		
1528	3166	ハリオアマツバメ	雌	勇払郡勇払村	1874年 8月 6日		
1533	3168	ハリオアマツバメ	雄	勇払郡勇払村	1874年 8月12日		
1534	3066	イワツバメ			1874年 4月26日		
1535	3196	カワセミ	雄	勇払村	1874年 9月11日		
1536	3191	カワセミ	雌	勇払村	1874年 9月25日		
1537	3193	カワセミ			1874年 8月25日		
1539	3093	イソヒヨドリ	雌	尻沢邊村	1874年 4月19日		
1540	3122	ツグミ	雌	札幌	1874年11月12日		
1541	3160	ツグミ	雌	函館	1874年 4月		
1542	3317	クロツグミ	雄	函館富川村	1874年 5月 6日		
1545	3075	カワガラス		上磯郡富川村	1874年 5月11日		
1549	3236	シロハラゴジュウガラ	雄		1874年11月		
1550	3228	シロハラゴジュウガラ	雌	札幌	1874年11月12日		
1553	3524	オオヨシキリ	雄	函館湯の川村	1874年 5月16日		
1557	3563	マキノセンニュウ	雄	勇払	1874年 8月10日		

ラベル2・3 管理番号	標本 番号	標本名	Sex	採集地	採集日	備考	注
1558	3551	センダイムシクイ	雌	函館富川村	1874年 5月 5日		
1562	3136	キセキレイ	雄	上磯郡茂辺地	1874年 5月20日		
1563	3597	タヒバリ	雄	根室	1874年10月 6日		
1567	3599	タヒバリ	雌	西別川	1874年10月10日		
1568	3589	タヒバリ	雄	勇払	1874年11月 5日		
1574	3625	ヒバリ		函館	1874年 4月26日		
1576	3488	ホオジロ	雄	勇払	1874年11月 4日		
1577	3699	アオジ	雌	根室	1874年10月 7日		
1578	3713	アオジ	雌	根室	1874年10月 7日		
1579	3382	シマアオジ	雌	勇払郡勇払村	1874年 9月22日		
1582	3404	ニュウナイスズメ	雄	根室	1874年10月 8日		
1583	3389	クロジ	雄	根室	1874年10月 8日		
1584	3454	カワラヒワ	雄	根室	1874年10月 7日		
1585	3459	カワラヒワ	雄	根室厚臼別	1874年10月12日		
1589	3205	ベニマシコ	雌	根室	1874年10月 6日		
1590	3347	ムクドリ	雌	函館	1874年 4月19日		
1592	3353	コムクドリ	雌	函館富川村	1874年 5月11日		
1593	3757	ハシボソガラス	雌	上磯郡富川村	1874年 5月 9日		
1594	3758	ハシボソガラス		上磯郡富川村	1874年 5月 9日		
1596	3331	ミヤマカケス	雌	厚臼別	1874年10月12日		
1597	3327	ミヤマカケス	雄	十勝国広尾郡	1874年10月24日		
1598	3329	ミヤマカケス	雌	幌泉	1874年10月28日		
1599	3322	ミヤマカケス	雄	ミウシ	1874年10月 9日		
1600	3336	ミヤマカケス	雄	シウンニラ？	1874年10月13日		
1604	3330	ミヤマカケス	雄	附部山	1874年10月10日		
1608	3639	エゾオオアカゲラ	雄	千歳	1874年11月10日		
1611	3641	オオアカゲラ	雄	〔幌別〕	1874年 8月25日		(2)
1616	4015	キジバト	雌	函館富川村	1874年 5月 7日		
1628	4151	キジ	雄	青森	1875年 1月29日		
1629	4159	キジ	雌	青森	1875年 1月		
1630	3089	ジョウビタキ	雌	函館	1875年 2月 8日		
1631	3438	ハギマシコ	雄	函館	1875年 2月 8日		
1634	4195	シマクイナ	雌	勇払	1874年 8月17日		
1635	3775	ダイゼン	雌	根室厚臼別	1874年10月11日		
1637	3774	ダイゼン	雌	釧路国厚岸浜中	1874年10月16日		
1638	3776	ダイゼン	雄	厚岸浜中	1874年10月16日		
1640	3781	ムナグロ		南北海道			
1641	3905	ムナグロ	雌	根室厚臼別	1874年10月12日		
1642	3779	ムナグロ	雌	浜中	1874年10月16日		
1643	3909	ムナグロ	雄	勇払郡測量■	1874年 9月30日		
1645	3765	イカルチドリ	雄	函館富川村	1874年 5月11日		
1646	3761	イカルチドリ	雄	函館	1874年 4月19日		

ラベル2•3管理番号	標本番号	標本名	Sex	採集地	採集日	備考	注
1652	3837	オオソリハシシギ	雄	根室浜中	1874年10月16日		
1653	3841	オオソリハシシギ	雄	浜中	1874年10月16日		
1654	3833	コシャクシギ	雌	浜中	1874年10月16日		
1655	3843	ミヤコドリ	雄	浜中	1874年10月 4日		
1656	3972	タカブシギ	雄	勇払	1874年 8月19日		
1657	3878	イソシギ	雌	上磯郡富川村	1874年 5月10日		
1659	3877	イソシギ	雌	上磯郡茂辺地村	1874年 5月19日		
1660	3928	キアシシギ	雌	上磯郡茂辺地村	1874年 5月17日		
1661	3918	キアシシギ	雌	上磯郡茂辺地村	1874年 5月20日		
1662	3924	キアシシギ	雄	函館富川	1874年 5月10日		
1663	3912	キアシシギ	雌	勇払	1874年 9月28日		
1665	3930	キアシシギ	雄	根室	1874年10月 6日		
1666	3923	キアシシギ	雌	根室厚臼別	1874年10月11日		
1667	3919	キアシシギ	雌	根室	1874年10月 6日		
1668	3785	ウズラシギ	雌	勇払郡	1874年11月 5日		
1669	3786	ウズラシギ	雌	勇払郡	1874年11月 4日		
1671	3791	ウズラシギ	雌	根室国厚臼別	1874年10月12日		
1672	3790	ウズラシギ	雌	勇払郡	1874年11月 5日		
1673	3784	ウズラシギ	雄	釧路国浜中	1874年10月15日		
1676	3854	オオジシギ	雄	上磯郡茂辺地村	1874年 5月15日		
1677	3804	タシギ	雌	勇払	1874年 8月19日		
1680	3950	ヘラシギ	雄	勇払	1874年 9月29日		
1683	3957	トウネン	雌	浜中	1874年10月16日		
1684	3954	トウネン	雄	釧路浜中	1874年10月16日		
1685	3946	ミユビシギ	雌	勇払	1874年 9月27日		
1687	3947	ミユビシギ	雄	勇払	1874年 9月27日		
1688	3945	ミユビシギ	雌	厚岸浜中	1874年10月16日		
1689	3948	ミユビシギ	雌	厚岸浜中	1874年10月17日		
1690	3825	ハマシギ	雌	勇払	1874年10月 3日		
1692	3807	ハマシギ	雌	勇払	1874年10月 3日		
1694	3810	ハマシギ	雌	勇払郡鵡川	1874年10月 3日		
1695	3826	ハマシギ	雄	勇払郡鵡川	1874年10月 5日		
1696	3821	ハマシギ	雌	勇払郡鵡川	1874年10月 5日		
1697	3816	ハマシギ	雄	勇払郡鵡川	1874年10月 5日		
1698	3819	ハマシギ	雄	勇払郡鵡川	1874年10月 5日		
1700	3829	ハマシギ	雌	厚岸浜中	1874年10月16日		
1701	3828	ハマシギ	雄	厚岸浜中	1874年10月16日		
1702	3813	ハマシギ	雌	厚岸浜中	1874年10月16日		
1703	3806	ハマシギ	雄	厚岸浜中	1874年10月16日		
1704	3820	ハマシギ	雌	根室厚臼別	1874年10月12日		
1705	3811	ハマシギ	雄	勇払	1874年11月 8日		
1706	3955	トウネン	雌	浜中	1874年10月16日		

ラベル2・3 管理番号	標本 番号	標本名	Sex	採集地	採集日	備考	注
1709	4138	ヒシクイ			1874年 9月29日		
1710	4121	マガン	雌，幼	函館	1874年10月16日		
1711	4140	ヒシクイ	雌	厚臼別	1874年10月14日		
1712	4060	カリガネ	雌	厚臼別	1874年10月12日		
1713	4062	ハシビロガモ	雌	勇払	1874年11月 6日		
1714	4064	ハシビロガモ	雄	函館	1874年10月 7日		
1716	4051	マガモ	雄	勇払	1874年11月 6日		
1718	4344	コガモ	雄	勇払	1874年10月 3日		
1720	4335	オナガガモ	雌	三石郡	1874年11月 2日		
1721	4090	キンクロハジロ	雄	函館	1874年12月 1日		
1722	4025	コオリガモ	雌	函館	1875年 1月21日		
1725	4133	ハジロカイツブリ	雄	函館	1875年 1月19日		
1726	4126	アビ	雄？	十勝	1874年10月 1日		
1727	4210	ウミスズメ	雌	函館	1874年 5月 3日		
1731	4213	ウミスズメ	雄	函館茂辺地	1874年 5月16日		
1733	3998	ミツユビカモメ	雌	根室	1874年10月 6日		
1737	3525	オオルリ	雄，雛？	函館			
1740	3265	アカモズ		函館			
1742	3446	ハギマシコ	雄	函館	1875年 2月14日		
1743	3434	ハギマシコ	雄	函館	1875年 2月14日		
1744	3432	ハギマシコ	雄	函館	1875年 2月14日		
1748	3433	ハギマシコ	雌	函館	1875年 2月		
1756	3091	ミソサザイ	雄	函館	1875年 2月20日		
1757	3127	ツグミ	雄	函館	1875年 2月22日		
1760	3271	シマエナガ	雄	函館	1875年 2月14日		
1762	3465	アトリ	〔雌〕	函館	1875年 2月21日		
1763	3472	マヒワ	雄	函館	1875年 2月14日		
1764	3471	マヒワ	雄	函館	2月		
1766	3204	ベニマシコ	雌	函館	1875年 2月22日		
1767	4206	ウミスズメ	雌	函館	1875年 2月27日		
1768	4201	マダラウミスズメ	雌	函館	1875年 2月27日		
1769	3159	ハチジョウツグミ	雌	函館	1875年 3月12日		
1772	4249	チュウサギ	雌	函館	1875年 5月13日		
1773	3083	ノゴマ	雄	函館	1875年 5月11日		
1774	3553	センダイムシクイ	雌	函館	1875年 5月11日		
1775	3890	ヤマシギ	雌	函館	1875年 5月17日		
1776	3968	タゲリ		新潟			
1777	3158	アカハラ	雄	函館	1875年 5月11日		
1778	3844	タマシギ	雌	上総国			
1780	4149	キジ	雌	武蔵国荏原郡 渋谷			

ラベル2･3 管理番号	標本 番号	標本名	Sex	採集地	採集日	備考	注
1783	3073	アマツバメ		釧路郡字ユトロンべ海浜	1875年		
1784	4075	キンクロハジロ	雄	函館	1875年 5月 9日		
1785	3620	ツツドリ	雌	函館	1875年 5月28日		
1786	4224	ケイマフリ	雌	函館	1875年 6月 6日		
1787	4302	オオワシ	雄		1875年 5月16日		
1788	4310	ミサゴ	雄	カムチャッカ	1875年 5月28日		
1797	3871	アオアシシギ	雄		1875年 5月29日		
1798	3873	アオアシシギ	雄		1875年 6月 5日		
1799	3983	タカブシギ	雄		1875年 5月31日		
1800	3874	イソシギ	雌		1875年 5月21日		
1801	3882	イソシギ			1875年 6月 7日		
1802	3963	ヒバリシギ	雌		1875年 6月 3日		
1803	4061	ハシビロガモ	雄		1875年 5月25日		
1805	4341	コガモ	雄		1875年 6月 5日		
1806	4066	ヨシガモ	雄		1875年 5月25日		
1807	4068	ヨシガモ	雌		1875年 5月28日		
1809	4324	ヒドリガモ	雌		1875年 5月29日		
1810	4065	ヨシガモ	雌		1875年 5月25日		
1812	4084	コケワタガモ	雄		1875年 5月21日		
1813	4197	エトロフウミスズメ	雌	千島	1875年 6月11日		
1816	3986	ユリカモメ	雄		1875年 5月30日		
1820	3181	アカショウビン	雄	函館	1875年 7月12日		
1822	4166	バン	雄	東京		7/4 74	(3)
1823	3337	カケス	雄	横浜	1874年10月31日		
1824	3971	キリアイ	雄	東京		7/5 74	(3)
1826	3944	キョウジョシギ		東京		7/5 74	(3)
1828	4022	ナベヅル	雄	東京	1874年11月10日		
1833	4342	コガモ		函館	1875年 8月 9日		
1834	3979	タカブシギ	雄	函館	1875年 8月10日		
1836	3505	オオジュリン		勇払	1875年 8月 6日		
1837	3507	オオジュリン		勇払	1875年 8月 6日		
1841	3561	シマセンニュウ		勇払	1875年 8月 6日		
1842	4146	ヤマドリ	雄	東京			
1844	3855	オオジシギ		勇払	1875年 8月12日		
1845	3860	オオジシギ		勇払	1875年 8月 7日		
1849	4245	アオサギ	雌	函館	1875年 8月18日		
1851	3190	カワセミ	雌	函館	1875年 8月21日		
1853	3982	タカブシギ	雌	函館	1875年 8月23日		
1854	3960	ヒバリシギ	雄	函館	1875年 8月28日		
1856	3054	ショウドウツバメ	雄	函館	1875年 8月23日		
1859	3401	コジュリン	雌	函館	1875年 8月23日		

ラベル2•3 管理番号	標本 番号	標本名	Sex	採集地	採集日	備考	注
1860	3509	オオジュリン	雄	函館	1875年 8月23日		
1862	3897	オグロシギ	雌	函館	1875年 8月25日		
1863	3872	アオアシシギ	雄	函館	1875年 8月29日		
1864	3867	アオアシシギ	雌	函館	1875年 8月29日		
1866	4036	カルガモ	雄	函館	1875年 9月29日		
1870	4322	ヒドリガモ	雄	函館	1875年10月 1日		
1871	4319	ヒドリガモ	雌	函館	1875年10月 1日		
1872	4326	ヒドリガモ	雄	函館	1875年10月 1日		
1873	4037	カルガモ		函館	1875年10月		
1874	3938	アカエリヒレアシシギ	雌	函館	1876年10月 1日		
1875	3548	メボソムシクイ	雌	函館	1875年10月 3日		
1876	3547	メボソムシクイ	雌	函館	1875年10月 3日		
1877	3296	サメビタキ	雌	函館	1875年10月 3日		
1885	4277	オオタカ		森	1875年11月 2日		
1886	3759	ハシボソガラス	雄	宿野辺	1875年11月 6日		
1890	3324	ミヤマカケス	雌	札幌	1875年10月29日		
1891	3646	エゾアカゲラ	雄	函館港	1875年11月10日		
1892	3645	エゾアカゲラ	雌	函館港	1875年11月10日		
1893	3666	コゲラ	雄	宿野辺	1875年11月 6日		
1894	40222	鳥類	脚部，雄	函館	1875年11月 6日		
1895	3987	ユリカモメ	雌	函館	1875年11月15日		
1896	3741	シジュウカラ	雌	函館	1875年11月15日		
1897	3218	ベニマシコ	雄	函館	1875年11月15日		
1898	3398	スズメ	雌	函館	1875年11月15日		
1899	3396	スズメ	雄	函館	1875年11月15日		
1900	3515	カシラダカ	雌	函館	1875年11月15日		
1901	3518	カシラダカ	雌	函館	1875年11月15日		
1904	3900	ツルシギ	雄	函館	1875年10月20日		
1905	4147	ヤマドリ	雄	横浜	1875年12月29日		
1906	4117	シジュウカラガン	雌	函館	1875年11月21日		
1907	4089	ミコアイサ	雌	函館	11月		
1908	3753	ハシボソガラス	雌	小樽	1875年11月13日		
1909	3754	ハシボソガラス	雌	小樽	1875年11月13日		
1910	3042	ハシブトガラス	雌	小樽	1875年11月13日		
1911	3039	ハシブトガラス		小樽	1875年11月13日		
1912	47952	トビ	雄	函館	1875年11月18日		
1913	4282	トビ	雄	函館	1875年11月28日		
1916	4279	コチョウゲンボウ	雌	函館	1875年12月24日		
1919	9021	アオシギ	雄	函館	1875年12月22日		
1920	3859	オオジシギ	雄	函館	1875年10月26日		
1921	3793	タシギ	雄	函館	1875年10月26日		

ラベル2•3 管理番号	標本 番号	標本名	Sex	採集地	採集日	備考	注
1922	3170	ハリオアマツバメ	雄	函館	1875年10月20日		
1923	3789	ウズラシギ	雌	苫小牧	1875年11月 4日		
1924	3949	ヘラシギ		厚岸郡浜中	1875年 9月23日		
1925	3486	ホオジロ		函館			
1926	4246	アオサギ	雄				
1928	4307	チゴハヤブサ	雌	函館	1876年 5月20日		
1932	3895	チュウシャクシギ	雄	函館	1876年 5月24日		
1933	4035	カルガモ	雄	青森	1876年 4月23日		
1934	4039	カルガモ	雄	青森	1875年10月		
1935	4104	ウミアイサ	雌	青森	1876年 4月28日		
1937	4321	ヒドリガモ	雄	函館	1876年 5月24日		
1938	4044	スズガモ	雄	函館港	1876年 5月 3日		
1941	3992	ユリカモメ		青森	1876年 4月23日		
1942	4281	トビ			1876年 5月10日		
1943	4162	バン	雌	函館	1876年 5月15日		
1944	3943	キョウジョシギ	雌	函館	1876年 5月24日		
1946	3831	ハマシギ	雄	函館港	1876年 5月24日		
1947	3817	ハマシギ	雄	函館港	1876年 5月24日		
1949	3768	シロチドリ	雌	青森	1876年 4月23日		
1951	3443	ハギマシコ	雄	函館	1876年 5月 5日		
1952	3719	ウソ	雄	函館	1875年10月25日		
1953	3628	ヒバリ	雄	青森	1876年 4月 3日		
1955	3970	ケリ	雌	東京	1875年10月31日		
1958	3940	クサシギ		東京			
1959	3312	トラツグミ		東京			
1962	3008	フクロウ		横浜			
1963	3021	オオコノハズク		横浜			
1968	3090	ジョウビタキ	雌	横浜	1875年10月		
1973	3399	ニュウナイスズメ	雄	横浜			
1975	3414	ニュウナイスズメ	雌	横浜	1875年10月		
1976	4074	キンクロハジロ		横浜	1月		
1978	4032	トモエガモ	雄	東京			
1979	4034	トモエガモ	雄	東京			
1980	4033	トモエガモ	雌	東京			
1983	4167	オナガ	雌	東京			
1984	3280	ヒレンジャク	雄	東京			
1985	3275	ヒレンジャク	雌	東京			
1986	3463	イカル	雄	東京			
1988	3448	イカル	雌	東京			
1990	3390	ミヤマホオジロ	雄	東京	1875年10月		
1991	3070	ツバメ	雄	東京	1875年10月		
1992	3071	ツバメ	雌	東京	1875年10月		

ラベル2･3管理番号	標本番号	標本名	Sex	採集地	採集日	備考	注
1997	3724	ウソ	雄	東京	1875年10月		
1998	3720	ウソ	雄	東京	1875年10月		
2000	3717	ウソ	雌	東京			
2001	3557	ウグイス	雌	東京			
2003	3220	オオマシコ	雄	東京			
2005	4244	ゴイサギ	雌，幼	東京	1876年 1月		
2006	4242	ゴイサギ	雄	東京	1876年		
2008	3369	ホオアカ	雄	函館港	1876年 6月		
2009	4234	ウトウ	雄	ウラジオストク	6月		(4)
2011	4048	クロアシアホウドリ	雌	函館有川沖	1876年 6月19日		
2012	4050	クロアシアホウドリ	雌	函館有川沖	1876年 6月19日		
2013	4049	クロアシアホウドリ	雌	函館有川沖	1876年 6月19日		
2014	4231	ウトウ	雄	有川沖	1876年 6月19日		
2017	4239	ウトウ	雌	有川沖	1876年 6月		
2020	4185	ヒクイナ	雄	函館港	1876年 6月17日		
2021	4182	ヒクイナ	雄	函館港	1876年 6月17日		
2022	4183	ヒクイナ	雄		1876年 6月17日		
2025	3096	ノビタキ	雌	亀田	1876年 6月19日		
2026	3106	ノビタキ	雌	函館	1876年 6月13日		
2027	3144	セグロセキレイ	雄	函館	1876年 6月19日		
2028	3142	キセキレイ	雌	函館	1876年 6月19日		
2029	3208	ベニマシコ	雄	函館有川村	1876年 6月19日		
2030	3367	ホオアカ	雄	函館	1876年 6月13日		
2031	3632	ヒバリ	雄	函館	1876年 6月19日		
2033	3103	ノビタキ	雄	函館	1875年 6月25日		
2034	3182	アカショウビン	雄	函館港	1876年 8月10日		
2035	3173	ヨタカ	雌	函館港	1876年 7月 8日		
2036	3067	イワツバメ	雄	函館	1876年 7月24日		
2041	4258	ヨシゴイ	雌	函館	1876年 8月14日		
2043	4217	ウミガラス	雄	函館港	1876年 7月24日		
2044	4215	ハシブトウミガラス	雄	千島	1876年 7月 7日		
2045	4222	エトピリカ	雄	千島	1876年 7月 7日		
2049	3633	コシジロウミツバメ	雌	色丹島	1876年 6月23日		
2052	3635	コシジロウミツバメ	雄	色丹	1876年 6月23日		
2057	4261	ハイタカ	雌	函館	1876年 9月 4日		
2058	3187	カワセミ		函館	1876年 8月24日		
2060	3899	オグロシギ	雄	函館	1876年 9月13日		
2062	4284	トビ	雌	函館港	1876年10月 1日		
2063	4291	トビ		函館港	1876年10月 2日		
2064	4293	トビ	雌	函館港	1876年10月 6日		
2067	4273	オオタカ	雌	函館港	1876年10月 1日		
2068	4287	ノスリ	雄	函館港	1876年 9月27日		

ラベル2・3 管理番号	標本 番号	標本名	Sex	採集地	採集日	備考	注
2071	4311	コチョウゲンボウ	雌	函館港	1876年10月14日		
2072	3015	コミミズク	雌	函館港	1876年10月14日		
2073	3016	コミミズク		函館港	1876年10月17日		
2075	3014	コミミズク	雄	函館	1876年10月20日		
2078	3175	ヨタカ	雄	函館港	1876年 9月20日		
2080	4010	アオバト	雌	函館	1876年10月25日		
2081	4314	コチョウゲンボウ	雌	函館港	1876年11月 5日		
2082	4071	キンクロハジロ	雌	函館港	1876年10月27日		
2083	4076	キンクロハジロ	雄	函館港	1876年11月 7日		
2085	4327	オシドリ	雄	函館港	1876年 9月29日		
2086	4233	ウトウ	雌	函館	1876年10月18日		
2087	4205	ウミスズメ		函館	1876年10月		
2088	4203	カンムリウミスズメ	雌	函館	1876年10月18日		
2089	4017	アジサシ	雄	函館	1876年 9月20日		
2091	3887	ホウロクシギ	雌	函館港	1876年 9月17日		
2092	3885	ホウロクシギ		函館港	1876年 9月19日		
2093	3886	ホウロクシギ	雄	函館港	1876年 9月19日		
2094	3889	ホウロクシギ	雄	函館	1876年 9月19日		
2095	3560	シマセンニュウ	雌	函館	1876年 9月11日		
2096	3543	コヨシキリ	雌	函館港	1876年10月10日		
2099	3891	ヤマシギ	雌	函館港	1876年10月25日		
2100	3801	タシギ	雌	函館港	1876年 9月16日		
2103	3803	タシギ	雌	函館港	1876年 9月16日		
2104	3796	タシギ	雌	函館	1876年 9月16日		
2105	3913	キアシシギ	雌	函館港	1876年10月 4日		
2106	3953	トウネン		函館港	1876年 9月24日		
2107	3907	ムナグロ	雌	函館	1876年 9月24日		
2108	3777	ムナグロ	雄	函館	1876年 9月24日		
2109	3966	ヒバリシギ	雌	函館港	1876年10月 1日		
2111	3827	ハマシギ	雌	函館港	1876年10月 1日		
2112	3814	ハマシギ	雄	函館港	1876年10月 1日		
2113	3818	ハマシギ	雄	函館港	1876年10月 1日		
2114	3812	ハマシギ	雄	函館港	1876年10月 1日		
2115	3823	ハマシギ	雄	函館港	1876年10月 1日		
2116	3824	ハマシギ	雄	函館港	1876年 9月16日		
2117	3808	ハマシギ	雄	函館港	1876年10月 1日		
2119	3009	エゾフクロウ	雌	函館港	1876年11月25日		
2120	4030	シノリガモ	雄	函館港	1876年11月16日		
2121	4114	コクガン	雌，幼	函館港	1876年11月25日		
2122	4315	ハヤブサ		横浜			
2128	4135	オオハクチョウ	雄	函館港	1876年12月25日		
2131	4216	ハシブトウミガラス		函館港	1月21日		

ラベル2･3 管理番号	標本 番号	標本名	Sex	採集地	採集日	備考	注
2132	3121	ツグミ	雌	函館港	1877年 1月25日		
2133	3162	ツグミ	雌	函館港	1877年 1月21日		
2135	3254	キレンジャク	雌	函館港	1877年 1月21日		
2136	3735	シメ	雄	函館	1877年 1月20日		
2137	3732	シメ		函館港	1877年 1月25日		
2138	3737	シメ	雌	函館	1877年 1月25日		
2139	3207	ベニマシコ	雄	函館港	1877年 1月25日		
2140	3217	ベニマシコ	雄	函館港	1877年 1月25日		
2141	3462	イスカ	雄	函館港	1877年 1月21日		
2142	3695	アオジ	雄	函館港	1877年 1月21日		
2144	3482	ホオジロ	雄	長崎	1876年12月17日		
2146	3140	キセキレイ	雄	長崎	1876年12月17日		
2148	3259	モズ	雄	長崎	1876年12月25日		
2150	4069	クロガモ	雄	函館港	1877年 2月 9日		
2156	3447	ハギマシコ		函館港	1877年 2月 6日		
2157	3444	ハギマシコ		函館港	1877年 2月 6日		
2158	3469	アトリ	雄	函館港	1877年 2月12日		
2159	3464	アトリ	雌	函館港	1877年 2月 4日		
2160	3087	ジョウビタキ	雌	函館	1877年 2月 6日		
2163	3269	シマエナガ	雄	函館港	1877年 2月12日		
2165	3272	シマエナガ	雌	函館	1877年 2月12日		
2166	3273	シマエナガ		函館港	1877年 2月12日		
2168	3445	ハギマシコ	雌	函館港	1877年 2月16日		
2171	3440	ハギマシコ	雌	函館港	1877年 2月16日		
2172	3441	ハギマシコ	雄	函館	1877年 2月16日		
2173	3436	ハギマシコ	雄	函館	1877年 2月17日		
2174	3439	ハギマシコ		函館港	1877年 2月17日		
2175	3442	ハギマシコ	雄	函館港	1877年 2月16日		
2177	3726	ウソ	雄	函館港	1877年 2月16日		
2178	3458	カワラヒワ		函館港	1877年 2月17日		
2180	3282	ヒヨドリ	雌	森	1877年 2月20日		
2181	3044	ミヤマガラス	雄	東京	1877年 4月		
2183	3321	シロハラ	雌	東京	1877年 3月27日		
2187	3176	ヨタカ		東京	1877年 3月		
2190	3082	ノゴマ	雄	東京	1877年 3月		
2191	3116	ルリビタキ	雄	東京	1877年 3月		
2192	3113	ルリビタキ	雄	東京	1877年 3月		
2193	3086	コマドリ	雄	東京	1877年 4月		
2194	3085	コマドリ	雌	東京	1877年 4月		
2195	3232	シロハラゴジュウガラ	雄	東京	1877年 3月		
2197	3198	メジロ		東京	1877年 3月27日		
2199	3268	エナガ		東京	1877年 3月		

ラベル2･3 管理番号	標本番号	標本名	Sex	採集地	採集日	備考	注
2200	3274	エナガ		東京	1877年 3月		
2202	3012	トラフズク	雄	東京	1877年 3月		
2204	3022	アオバズク		東京	1877年 3月27日		
2205	4308	ハイタカ	雄	東京	1877年 3月		
2206	4263	ハイタカ	雌	東京	1877年 3月		
2207	4266	ハイタカ	雌	東京	1877年 3月		
2208	4264	ハイタカ	雌	東京	1877年 3月		
2209	4317	チョウゲンボウ		東京	1877年 3月		
2211	4312	チョウゲンボウ	雌	東京	1877年 3月		
2217	3294	サンショウクイ	雌	東京	1877年 3月		
2220	3290	サンコウチョウ	雄	東京	1877年 3月		
2221	3222	オオマシコ	雌	東京	1877年 3月		
2222	3388	ノジコ	雄	東京	1877年 3月		
2223	3387	ノジコ	雄	東京	1877年 5月		
2224	3384	シマアオジ	雄	東京	1877年 3月		
2226	3689	アオジ	雌	東京	1877年 3月		
2233	4132	ハジロカイツブリ		東京	1877年 3月		
2234	4209	ウミスズメ		東京	1877年 3月27日		
2235	3805	タシギ	雌	東京	1877年 3月27日		
2236	3942	キョウジョシギ	雄	東京	1877年 3月		
2237	3839	オオソリハシシギ		東京	1877年 3月27日		
2238	3783	ムナグロ		東京	1877年 3月27日	重複あり	
2238	3771	メダイチドリ	雄	東京	1877年 3月27日	重複あり	
2239	3559	セッカ		東京	1877年 3月		
2242	3535	コヨシキリ		東京	1877年 3月		
2244	3502	オオジュリン		東京			
2247	3506	オオジュリン		東京	1877年 3月		
2248	3497	オオジュリン	雌	東京	1877年 3月		
2249	3510	オオジュリン	雄	函館港	1877年 4月29日		
2250	3690	アオジ	雄	函館港	1877年 4月29日		
2251	3344	ムクドリ	雄	函館港	1877年 4月29日		
2253	3769	シロチドリ	雄	函館港	1877年 4月29日		
2254	3993	ユリカモメ		函館港	1877年 4月29日		
2255	39024	ダイサギ		函館港	1877年 5月 2日		
2256	3437	ハギマシコ	雌	日高国幌泉郡歌魯布村	1877年 1月31日		
2257	3435	ハギマシコ	雌	日高国幌泉郡歌魯布村	1877年 1月31日		
2258	3468	アトリ	雄	幌泉郡幌泉村	1877年 2月20日		
2259	3466	アトリ	雄	幌泉郡幌泉村	1877年 2月20日		
2261	4137	ヒシクイ	雌	幌泉郡鹿野村	1877年 2月 9日		
2262	4300	オジロワシ	雌	幌泉郡歌露布村	1877年 2月17日		

ラベル2･3 管理番号	標本 番号	標本名	Sex	採集地	採集日	備考	注
2264	4142	オオハム	雌	函館港	1877年 5月30日		
2267	4130	カイツブリ	雌	森	1877年 5月13日		
2268	3842	オオソリハシシギ	雌	函館港	1877年 5月20日		
2269	3934	アカエリヒレアシシギ	雌	南北海道	1877年 5月14日		
2271	3935	アカエリヒレアシシギ	雌	函館港	1877年 5月25日		
2272	3932	アカエリヒレアシシギ	雌	函館港	1877年 5月25日		
2274	3933	アカエリヒレアシシギ	雄	函館港	1877年 5月26日		
2275	3936	アカエリヒレアシシギ	雌	函館港	1877年 5月26日		
2277	4180	ヒクイナ	雌	函館港	1877年 5月26日		
2278	3613	ツツドリ	雌	函館港	1877年 5月26日		
2280	3691	アオジ	雄	小沼	1877年 5月11日		
2281	3400	ニュウナイスズメ	雄	函館	1877年 5月11日		
2282	3301	コサメビタキ		森村	1877年 5月13日		
2283	3299	コサメビタキ	雌	森	1877年 5月13日		
2285	3309	キビタキ	雄	森	1877年 5月13日		
2286	3305	キビタキ	雄	森	1877年 5月13日		
2293	3562	ヤブサメ		横浜			
2294	4313	チョウゲンボウ	雄	函館港	1877年10月10日		
2296	3174	ヨタカ	雌	函館港	1877年 9月20日		
2297	3184	カワセミ	雄	函館	1877年		
2299	4165	バン	雌	函館	1877年 9月 8日		
2300	3865	オオジシギ	雌	函館港	1877年 7月 9日		
2301	3772	メダイチドリ	雌	函館	1877年 9月28日		
2302	3770	メダイチドリ	雄	函館	1877年 9月28日		
2303	4274	オオタカ	雌	函館	1877年10月 6日		
2305	3043	ワタリガラス		千島択捉			
2307	3984	タカブシギ		千島択捉	9月		
2313	3197	メジロ	雄	函館	1877年10月30日		
2315	4272	ハヤブサ	雌	函館港	1877年10月20日		
2316	3030	ヤマセミ	雌	函館	1877年11月27日		
2317	3032	ヤマセミ	雄	函館	1877年11月27日		
2318	3036	クマゲラ	雌	函館	1878年11月21日		
2319	3969	タゲリ	雌	函館	1877年11月17日		
2320	4119	シジュウカラガン	雄	函館	1877年11月25日		
2321	3704	アオジ	雄	函館	1877年11月27日		
2323	3038	ハシブトガラス	雄	札幌	1877年 5月17日		
2324	3024	ヤマセミ	雄	札幌	1877年 7月29日		

ラベル2･3 管理番号	標本 番号	標本名	Sex	採集地	採集日	備考	注
2325	3029	ヤマセミ	雄	札幌	1877年 7月29日		
2326	3028	ヤマセミ	雌	札幌	1877年 8月 5日		
2328	3027	ヤマセミ	雄	札幌	1877年 1月21日		
2329	4328	オシドリ	雌	札幌	1877年 4月22日		
2330	3011	エゾフクロウ		札幌	1877年 6月14日		
2331	3013	トラフズク	雌	新冠	1877年 9月25日		
2332	4306	チゴハヤブサ		札幌	1877年 6月 1日		
2334	3674	ヤマゲラ	雌	札幌	1877年 5月 4日		
2335	3673	ヤマゲラ	雄	札幌	1877年 5月 5日		
2337	3671	ヤマゲラ	雄	札幌	1877年 7月29日		
2338	3640	エゾオオアカゲラ	雌	札幌	1877年 4月21日		
2339	3637	エゾオオアカゲラ	雄	札幌	1877年10月28日		
2341	3648	エゾアカゲラ	雄	札幌	1877年10月20日		
2342	3656	エゾアカゲラ	雌	札幌	1877年10月20日		
2344	3669	コアカゲラ	雄	札幌	1877年 4月29日		
2347	3617	ツツドリ	雄	新冠	1877年 9月 8日		
2348	3616	ツツドリ	雌	新冠	1877年 9月 8日		
2349	3618	ツツドリ		新冠	1877年 9月 6日		
2350	3185	カワセミ	雄	札幌	1877年 7月26日		
2351	3188	カワセミ	雌	高島	1877年 8月 2日		
2352	47958	アカショウビン	雌	札幌	1877年 8月19日		
2354	3313	トラツグミ	雄	札幌	1877年 8月19日		(5)
2355	3315	トラツグミ	雌	札幌	1877年 8月19日		
2357	3663	アリスイ	雄	札幌	1877年 4月29日		
2358	3665	アリスイ	雌	札幌	1877年 5月 8日		
2359	3456	カワラヒワ	雌	札幌	1877年 5月 5日		
2360	3457	カワラヒワ	雌	札幌	1877年 5月 6日		
2362	3206	ベニマシコ	雄	札幌	1877年 5月 2日		
2364	3216	ベニマシコ	雌	札幌	1877年 5月15日		
2365	3211	ベニマシコ	雌	札幌	1877年 5月24日		
2366	3209	ベニマシコ	雄	札幌	1877年 5月28日		
2368	3623	ヒバリ	雄	札幌	1877年 5月28日		
2370	3341	ムクドリ	雄	噴火湾	1877年 6月 4日		
2372	3363	コムクドリ	雄	札幌	1877年 5月16日		
2373	3361	コムクドリ	雌	札幌	1877年 5月20日		
2374	3358	コムクドリ	雄	札幌	1877年 5月26日		
2376	3355	コムクドリ	雄	札幌	1877年 6月24日		
2377	3266	モズ	雄	札幌	1877年10月12日		
2378	4260	ヨシゴイ		札幌	1877年 8月23日		
2379	3081	ノゴマ	雄	札幌	1877年10月12日		
2380	3270	シマエナガ	雌	札幌	1877年 5月 5日		
2381	3267	シマエナガ	雄	札幌	1877年 4月22日		

ラベル2･3 管理番号	標本 番号	標本名	Sex	採集地	採集日	備考	注
2383	3235	シロハラゴジュウガラ	雄	札幌	1877年 4月21日		
2384	3231	シロハラゴジュウガラ	雌	札幌	1877年 5月 2日		
2385	3230	シロハラゴジュウガラ	雄	札幌	1877年 5月 5日		
2388	3151	キバシリ	雄	札幌	1877年 5月 8日		
2390	3748	シジュウカラ	雌	札幌	1877年 5月 6日		
2391	3244	コガラ	雄	札幌	1877年 4月21日		
2392	3242	コガラ	雄	札幌	1877年 5月 2日		
2393	3240	コガラ	雌	札幌	1877年 5月 6日		
2394	3239	コガラ	雄	札幌	1877年 5月 8日		
2395	3101	ノビタキ	雄	札幌	1877年 5月 2日		
2396	3102	ノビタキ	雄	札幌	1877年 5月 5日		
2397	3094	ノビタキ	雌	札幌	1877年 5月10日		
2398	3109	ノビタキ	雄	札幌	1877年 5月26日		
2399	3310	キビタキ	雄	札幌	1877年 5月19日		
2403	3307	キビタキ	雄	札幌	1877年 5月20日		
2404	3303	キビタキ	雄	札幌	1877年 5月20日		
2405	3311	キビタキ	雄	札幌	1877年 5月26日		
2408	3297	サメビタキ	雄	札幌	1877年 5月26日		
2409	3295	サメビタキ	雄	札幌	1877年 5月26日		
2410	3138	キセキレイ	雄	札幌	1877年 5月26日		
2411	3135	キセキレイ	雌	札幌	1877年 6月14日		
2413	3584	ビンズイ		札幌	1877年10月12日		
2414	3079	ノゴマ	雌	札幌	1877年10月12日		
2415	3555	ウグイス	雄	噴火湾	1877年 6月 4日		
2418	3533	コヨシキリ	雄	札幌	1877年 5月30日		
2419	3527	コヨシキリ	雄	札幌	1877年 5月30日		
2420	3536	コヨシキリ	雄	札幌	1877年 5月30日		
2421	3534	コヨシキリ	雄	札幌	1877年 6月14日		
2422	3530	コヨシキリ	雄	札幌	1877年 8月12日		
2423	3490	ホオジロ	雄	噴火湾	1877年 6月 4日		
2425	3500	カシラダカ	雌	札幌	1877年10月12日		
2426	3373	ホオアカ	雌	札幌	1877年 6月 2日		
2427	3604	ホオアカ	雌	札幌	1877年 5月14日		
2428	3381	ホオアカ	雄	札幌	1877年 5月26日		
2429	3375	ホオアカ	雄	噴火湾	1877年 6月 4日		
2431	3762	イカルチドリ	雄	札幌	1877年 6月24日		
2432	3879	イソシギ	雌	札幌	1877年 6月15日		
2433	3929	キアシシギ	雌	高島	1877年 8月 2日		
2434	3858	オオジシギ	雄	札幌	1877年 4月28日		

ラベル2･3 管理番号	標本 番号	標本名	Sex	採集地	採集日	備考	注
2435	3852	オオジシギ	雄	札幌	1877年 5月 1日		
2436	3849	オオジシギ	雄	札幌	1877年 5月 4日		
2437	3985	オオジシギ	雄	札幌	1877年 5月17日		
2438	3853	オオジシギ	雄	札幌	1877年 5月28日		
2439	3861	オオジシギ	雌	札幌	1877年 5月28日		
2441	4171	クイナ	雌	札幌	1877年 5月13日		
2442	4179	クイナ	雌	札幌	1877年 5月16日		
2443	4173	クイナ	雌	札幌	1877年 5月16日		
2444	4174	クイナ	雄	札幌	1877年 5月26日		
2445	4172	クイナ	雄	札幌	1877年 5月24日		
2446	3283	ヒヨドリ	雄	札幌	1877年 5月19日		
2447	3411	ニュウナイスズメ	雄	札幌	1877年 4月27日		
2448	3427	ニュウナイスズメ	雄	札幌	1877年 4月28日		
2449	3428	ニュウナイスズメ	雄	札幌	1877年 4月29日		
2450	3416	ニュウナイスズメ	雄	札幌	1877年 4月29日		
2451	3412	ニュウナイスズメ	雄	札幌	1877年 5月 2日		
2452	3420	ニュウナイスズメ	雌	札幌	1877年 5月 4日		
2453	3421	ニュウナイスズメ	雌	札幌	1877年 5月 4日		
2454	3426	ニュウナイスズメ	雄	札幌	1877年 5月 6日		
2455	3422	ニュウナイスズメ	雄	札幌	1877年 5月 6日		
2456	3408	ニュウナイスズメ	雄	札幌	1877年 5月 6日		
2457	3418	ニュウナイスズメ	雄	札幌	1877年 5月 6日		
2458	3406	ニュウナイスズメ	雄	札幌	1877年 5月 6日		
2459	3413	ニュウナイスズメ	雄	札幌	1877年 5月10日		
2460	3403	ニュウナイスズメ	雌	札幌	1877年 5月10日		
2461	3419	ニュウナイスズメ	雄	札幌	1877年 5月10日		
2462	3429	ニュウナイスズメ	雌	札幌	1877年 5月10日		
2463	3424	ニュウナイスズメ	雌	札幌	1877年 5月10日		
2464	3415	ニュウナイスズメ	雄	札幌	1877年 5月11日		
2465	3410	ニュウナイスズメ	雌	札幌	1877年 5月11日		
2466	3417	ニュウナイスズメ	雌	札幌	1877年 5月11日		
2467	3409	ニュウナイスズメ	雌	札幌	1877年 8月12日		
2468	3407	ニュウナイスズメ	雌	札幌	1877年 8月12日		
2469	3694	アオジ	雄	札幌	1877年 4月15日		
2470	3687	アオジ	雄	札幌	1877年 4月22日		
2471	3708	アオジ	雄	札幌	1877年 4月29日		
2472	3698	アオジ	雄	札幌	1877年 4月29日		
2473	3688	アオジ	雄	札幌	1877年 5月 1日		
2474	3700	アオジ	雌	札幌	1877年 5月 2日		
2475	3705	アオジ	雄	札幌	1877年 5月 6日		
2476	3696	アオジ	雄	札幌	1877年 5月 6日		
2477	3712	アオジ	雄	札幌	1877年 5月 6日		

ラベル2•3 管理番号	標本 番号	標本名	Sex	採集地	採集日	備考	注
2478	3693	アオジ	雌	札幌	1877年 5月 6日		
2479	3702	アオジ	雌	札幌	1877年 5月 6日		
2480	3701	アオジ	雌	札幌	1877年 5月 6日		
2481	3706	アオジ	雄	札幌	1877年 5月 6日		
2482	3711	アオジ	雄	札幌	1877年 5月11日		
2484	3703	アオジ	雌	札幌	1877年 5月26日		
2485	3063	ショウドウツバメ		札幌	1877年 6月15日		
2486	3061	ショウドウツバメ	雄	札幌	1877年 6月15日		
2487	3048	ショウドウツバメ	雄	札幌	1877年 6月23日		
2488	3058	ショウドウツバメ	雄	札幌	1877年 6月23日		
2489	3049	ショウドウツバメ	雌	札幌	1877年 6月23日		
2491	3059	ショウドウツバメ	雌	札幌	1877年 6月23日		
2492	3064	ショウドウツバメ	雌	札幌	1877年 6月23日		
2493	3051	ショウドウツバメ	雌	札幌	1877年 6月23日		
2494	3060	ショウドウツバメ	雌	札幌	1877年 6月23日		
2495	3047	ショウドウツバメ	雄	札幌	1877年 6月23日		
2496	3062	ショウドウツバメ	雌	札幌	1877年 6月23日		
2497	3053	ショウドウツバメ	雌	札幌	1877年 6月23日		
2499	3050	ショウドウツバメ	雄	札幌	1877年 6月23日		
2500	3046	ショウドウツバメ	雌	札幌	1877年 6月23日		
2507	3057	ショウドウツバメ	雄	札幌	1877年 6月23日		
2509	3056	ショウドウツバメ	雌	札幌	1877年 6月23日		
2510	3052	ショウドウツバメ	雌	札幌	1877年 6月23日		
2512	3316	クロツグミ	雌	函館	1878年 1月 6日		
2513	3338	ホシガラス		函館	1878年 1月20日		
2514	3018	オオコノハズク	雄	函館港	1877年 1月 6日		
2518	4148	キジ	雄	青森	2月		(6)
2519	4000	ウミネコ		函館	4月		
2520	4004	ウミネコ		函館	4月		
2521	4247	ダイサギ		函館	4月		
2522	3836	コシャクシギ	雄	函館	1878年 4月28日		
2524	3802	タシギ	雄	長崎	1876年11月10日		
2526	4256	ヨシゴイ	雌	長崎	11月		
2527	3335	カケス	雄	長崎	1876年11月26日		
2528	3156	アカハラ	雌	長崎	1877年 2月17日		
2531	3319	クロツグミ	雌	長崎	11月		
2532	3285	ヒヨドリ	雌	長崎	1876年12月 9日		
2533	4176	クイナ	雄	長崎	11月		
2534	4184	ヒクイナ	雄	長崎	1876年11月10日		
2537	3343	ムクドリ	雄	長崎	11月		
2540	4336	ミミカイツブリ	雌	長崎	1876年12月25日		
2541	4058	ツクシガモ	雄	長崎	12月		

ラベル2•3管理番号	標本番号	標本名	Sex	採集地	採集日	備考	注
2542	34403	アオバト		長崎			
2549	4211	カンムリウミスズメ	雄	長崎	3月		
2551	4299	オジロワシ		函館	1878年11月		
2552	4268	ハヤブサ	雌	函館	9月24日		
2554	4271	ハヤブサ	幼	函館	8月		(7)
2555	4276	オオタカ	幼	函館	8月		
2556	3025	ヤマセミ	雄	札幌	1878年 1月13日		
2557	3180	アカショウビン	雄	札幌	1878年 5月30日		
2559	3147	キバシリ	雄	札幌	1878年 4月 7日		
2561	3528	センダイムシクイ	雄	札幌	1878年 5月12日		
2562	3552	センダイムシクイ	雄	札幌	1878年 5月12日		
2563	3522	オオヨシキリ	雄	札幌	1878年 5月26日		
2564	3545	コヨシキリ	雄	札幌	1878年 6月26日		
2565	3540	コヨシキリ		札幌	1878年 6月 2日		
2566	3539	コヨシキリ	雄	札幌	1878年 6月 3日		
2567	3531	コヨシキリ	雄	札幌	1878年 6月 3日		
2568	3601	タヒバリ		日本海	1878年10月		
2570	3318	クロツグミ	雄	札幌	1878年 5月18日		
2571	3276	ヒレンジャク	雌	札幌	1878年 4月28日		
2572	3257	キレンジャク	雌	札幌	1878年 5月 2日		
2573	3715	アオジ	雌	函館	10月19日		
2574	3709	アオジ		函館	10月19日		
2575	3504	オオジュリン		函館	10月19日		
2576	4011	アオバト		札幌	1878年10月20日		
2577	3619	ツツドリ		函館	1878年		
2578	3681	カッコウ	雄	札幌	1878年 5月30日		
2579	3685	カッコウ	雄	札幌	1878年 6月 2日		
2580	3686	カッコウ	雄	札幌	1878年 6月 2日		
2582	9020	タシギ		函館	1878年10月 8日		
2583	3893	ヤマシギ	雄	札幌	1878年 5月23日		
2585	3845	アオシギ	雄*	札幌	1878年 3月 2日		
2586	3848	オバシギ		函館	10月 8日		
2587	3964	ヒバリシギ		函館	8月		
2588	3787	ウズラシギ	雄	函館	10月10日		
2589	3788	ウズラシギ		函館	10月10日		
2590	4254	オオヨシゴイ		函館	1878年 8月10日		
2591	4255	オオヨシゴイ		函館	8月		
2593	4163	バン	雌	札幌	1878年 8月25日		
2594	4125	アカエリカイツブリ		〔ウラジオストク〕	10月27日		
2596	4129	カイツブリ		函館	11月 1日		
2597	4088	ミコアイサ	雌	函館	10月10日		

ラベル2・3管理番号	標本番号	標本名	Sex	採集地	採集日	備考	注
2598	4340	シマアジ	雄	札幌	1878年 5月11日		
2599	4337	シマアジ	雌	札幌	1878年 5月11日		
2602	4092	ホシハジロ		函館	10月		
2603	3999	ウミネコ		函館	Summer		
2604	4204	ウトウ	雛	函館	8月16日		
2606	4196	シラヒゲウミスズメ		千島			
2610	3155	アカハラ	雌	横浜			
2611	3154	アカハラ	雄	横浜			
2612	3153	アカハラ	雌	横浜			
2613	3157	アカハラ	雄	横浜			
2614	3177	ヨタカ		横浜			
2616	3683	カッコウ		横浜			
2617	3622	ジュウイチ		横浜			
2618	3292	サンショウクイ	雄	横浜			
2619	3293	サンショウクイ	雌	横浜			
2620	3291	サンコウチョウ	雄	横浜			
2622	4118	シジュウカラガン		函館	11月		
2623	3019	オオコノハズク		函館	11月12日		
2626	3664	アリスイ	雄	札幌	1878年 5月12日		
2627	3224	シロハラゴジュウガラ	雄	札幌	1878年 1月20日		
2628	3246	コガラ	雌	札幌	1878年 4月22日		
2630	3405	ニュウナイスズメ	雄	札幌	1878年 5月 7日		
2631	3255	キレンジャク	雄	札幌	1878年 4月 7日		
2633	3277	ヒレンジャク	雄	札幌	1878年10月27日		
2635	3279	ヒレンジャク	雄	札幌	1878年11月16日		
2636	3278	ヒレンジャク	雌	札幌	1878年11月16日		
2637	3365	コムクドリ	雄	札幌	1878年 5月18日		
2638	3354	コムクドリ	雌	札幌	1878年 5月18日		
2639	4063	ハシビロガモ	雌	札幌	1878年10月29日		
2640	4323	ヒドリガモ	雌	札幌	1878年10月25日		
2641	4103	カワアイサ	雌	札幌	1878年 2月10日		
2642	4080	ホオジロガモ	雄	札幌			
2643	4078	ホオジロガモ	雌				
2644	4081	ホオジロガモ	雌	札幌	1878年 2月 5日		
2646	4072	キンクロハジロ	雌	札幌	1878年10月29日		
2647	4016	キジバト	雌	札幌	1878年 6月 2日		
2648	4178	クイナ	雄	札幌	1878年 5月 2日		
2650	3130	ツグミ	雄	札幌	1878年 1月10日		
2651	3125	ツグミ	雄	札幌	1878年 1月10日		
2653	3866	アオアシシギ	雌	札幌	1878年10月29日		
2654	3980	タカブシギ	雄	札幌	1878年 5月12日		

ラベル2•3管理番号	標本番号	標本名	Sex	採集地	採集日	備考	注
2656	3847	アオシギ	雄	札幌	1878年 4月28日		
2657	3851	オオジシギ	雄	札幌	1878年 5月 2日		
2659	4120	ハクガン		横浜	1879年 2月		
2662	3679	アオゲラ	雌	横浜	1879年 1月21日		
2668	4275	オオタカ	雌	函館港	1879年 4月27日		
2671	4116	コクガン	雄	函館港	1879年 4月 9日		
2672	4067	ヨシガモ	雄	函館	1879年 3月31日		
2675	4143	シロエリオオハム	雄	函館港	1879年 5月 9日		
2676	4144	シロエリオオハム	雌	函館港	1879年 5月 9日		
2680	4253	ミゾゴイ		横浜			
2681	4288	ノスリ		千島			
2682	4226	ウミバト	雄	千島占守	8月		(3)
2683	4218	ウミバト	雄	千島占守島	8月		(3)
2684	4199	シラヒゲウミスズメ	雄	千島			
2686	4198	シラヒゲウミスズメ	雌	千島	6月		(3)
2687	4220	エトピリカ	雄	千島ウルップ	7月		(3)
2688	4219	エトピリカ	雌	千島	6月		(3)
2689	4223	ツノメドリ	雄	千島占守	6月 2日		(3)
2690	34404	ツノメドリ	雌	千島	6月		(3)
2691	4207	ウミスズメ	雄	千島ウルップ	5月		(3)
2692	4212	ウミスズメ	雄	千島占守	6月		(3)
2693	4214	ウミガラス	雌	千島ウルップ	7月		(3)
2698	3937	アカエリヒレアシシギ		千島占守	9月		(3)
2703	3320	マミチャジナイ	雌	東京		ラベル3	
2713	3894	ダイシャクシギ		横浜		ラベル3	
2715	4230	チシマウミバト		千島		ラベル3	
2716	4085	コケワタガモ	雌	千島		ラベル3	
2719	3815	ハマシギ		横浜		ラベル3	
2721	4294	トビ		横浜		ラベル3	
2724	4289	ノスリ				ラベル3	
2725	4285	ノスリ		横浜	1879年 2月 6日	ラベル3	
2726	3020	オオコノハズク		横浜		ラベル3	
2727	3017	オオコノハズク		横浜		ラベル3	
2728	3654	エゾアカゲラ	雄	横浜		ラベル3	
2738	3452	カワラヒワ		横浜		ラベル3	
2740	3453	カワラヒワ		横浜		ラベル3	
2746	4018	オオセグロカモメ		千島		ラベル3	
2747	4008	セグロカモメ		横浜		ラベル3	
2749	4200	ウミオウム		千島占守	Summer	ラベル3	
2752	4251	サンカノゴイ		函館	11月	ラベル3	
2755	4235	ウミバト		千島	1881年	ラベル3	

ラベル2•3 管理番号	標本 番号	標本名	Sex	採集地	採集日	備考	注
2758	3832	コシャクシギ		銭函	1881年11月11日	ラベル3	
2762	3888	ホウロクシギ	幼	千島択捉別飛	1881年 9月10日	ラベル3	
2764	3672	ヤマゲラ	雌	札幌	1881年11月 5日	ラベル3	
2765	3667	コゲラ	雄	札幌	1879年 6月23日	2ラベル• ラベル3	
2774	3516	カシラダカ	雌	札幌	1881年11月 4日	ラベル3	
2779	3587	タヒバリ	雌	札幌	11月	ラベル3	
2785	3148	キバシリ	雄	札幌	〔1881年11月 3日〕	ラベル3	
2788	4070	クロガモ	雄	千島	1881年	ラベル3	
2789	4290	ノスリ	雄	根室		ラベル3	
2807	4243	コサギ		横浜		ラベル3	
2820	3383	シマアオジ	雄	鵡川	1882年 5月26日	ラベル3	
2822	3385	シマアオジ	雄	勇払	1882年 5月26日	ラベル3	
2826	3697	アオジ	雌	白老	1882年 5月17日	ラベル3	
2827	3707	アオジ	雄	鵡川	1882年 5月26日	ラベル3	
2830	3378	ホオアカ	雄	幌別	1882年 5月16日	ラベル3	
2831	3366	ホオアカ	雌	勇払	1882年 5月18日	ラベル3	
2832	3484	ホオジロ	雌	門別沙流	1882年 5月21日	ラベル3	
2833	3393	スズメ		東京	1882年 4月	ラベル3	
2838	3517	オオジュリン	雄	勇払	1882年 5月26日	ラベル3	
2839	3503	オオジュリン	雌	勇払	1882年 5月26日	ラベル3	
2840	3520	オオジュリン	雌	勇払	5月	ラベル3	
2841	3714	アオジ	雄	白老	5月	ラベル3	
2847	3684	カッコウ	雄	千歳	5月	ラベル3	
2848	3183	アカショウビン	雄	門別沙流	1882年 5月21日	ラベル3	
2851	3357	コムクドリ	雌	門別沙流	1882年 5月21日	ラベル3	
2852	3356	コムクドリ	雄	佐留太	1882年 5月24日	ラベル3	
2853	3350	コムクドリ	雄	佐留太	1882年 5月24日	ラベル3	
2854	3359	コムクドリ	雄	佐留太	1882年 5月24日	ラベル3	
2857	3349	ムクドリ	雄	佐留太	5月	ラベル3	
2860	3612	ハシブトオオヨシキリ	雌	勇払	5月	ラベル3	
2865	3541	コヨシキリ	雄	白老	1882年 5月17日	ラベル3	
2866	3538	コヨシキリ	雄	白老	5月	ラベル3	
2867	3544	コヨシキリ	雄	佐留太	5月	ラベル3	
2868	3529	コヨシキリ	雄	佐留太	5月	ラベル3	
2869	3532	コヨシキリ	雄	佐留太	5月	ラベル3	
2870	3537	コヨシキリ	雄	札幌	5月	ラベル3	
2875	3862	オオジシギ	雄	佐留太	5月	ラベル3	
2876	4278	チゴハヤブサ	雄	佐留太	1882年 5月21日	ラベル3	
2877	40427	オオハクチョウ	首・足部	札幌	1882年 1月15日	ラベル3	
2878	3110	ノビタキ	雄	登別	5月	ラベル3	

ラベル2•3 管理番号	標本番号	標本名	Sex	採集地	採集日	備考	注
2879	3095	ノビタキ	雌	札幌	1882年 5月31日	ラベル3	
2880	3377	ホオアカ	雄	札幌	1882年 5月31日	ラベル3	
2881	3485	ホオジロ	雄	札幌	1882年 5月31日	ラベル3	
2882	3423	ニュウナイスズメ	雄	札幌	1882年 5月31日	ラベル3	
2884	3892	ヤマシギ	雄	札幌	1881年 4月24日		
2885	3856	オオジシギ	雄	札幌	1881年 4月22日		
2886	3037	クマゲラ	雄	札幌	1881年 4月 5日	ラベル3	
2887	3644	エゾオオアカゲラ	雌	札幌	1881年11月27日		
2888	3253	キレンジャク	雄	札幌		ラベル3	
2889	3287	ヒヨドリ	雌	札幌	1881年 3月 6日		
2890	3480	ホオジロ	雄	札幌	1880年10月28日		
2897	3491	ホオジロ	雄	札幌	1882年 6月10日	ラベル3	
2900	3370	ホオアカ	雄	札幌	1882年 6月 7日	ラベル3	
2904	3642	エゾオオアカゲラ	雌	札幌	1882年 6月 2日	ラベル3	
2905	3643	エゾオオアカゲラ	雌	札幌	1882年 6月 4日	ラベル3	
2906	3884	イソシギ	雄	札幌	1882年 6月 7日	ラベル3	
2907	3219	ベニマシコ	雄	札幌	6月	ラベル3	
2912	3450	カワラヒワ	雌		6月	ラベル3	
2913	3352	コムクドリ	雄	札幌	1882年 6月 4日	ラベル3	
2915	3526	オオルリ	雌	札幌	1882年 6月 5日	ラベル3	
2916	3261	モズ	雄	札幌	1882年 6月	ラベル3	
2918	3262	モズ	雄	札幌	1882年 6月	ラベル3	
2923	3111	ノビタキ	雄	札幌	1882年 6月 8日	ラベル3	
2924	3098	ノビタキ	雌	札幌	1882年 6月 8日	ラベル3	
2926	3546	コヨシキリ	雄	札幌	6月	ラベル3	
2927	3542	コヨシキリ	雄	札幌	1882年 6月 4日	ラベル3	
2933	3227	シロハラゴジュウガラ		千島		ラベル3	
2934	3495	ホオジロ	雄	札幌	1882年 6月23日	ラベル3	
2937	3650	エゾアカゲラ	雄	横浜		ラベル3	
2941	4009	アオバト	雄	札幌	7月	ラベル3	
2942	4012	アオバト	雌	札幌	7月	ラベル3	
2944	3141	キセキレイ	雄	札幌	7月	ラベル3	
2945	3134	キセキレイ	雌	札幌	7月	ラベル3	
2946	3263	モズ	雄	札幌	1882年 7月	ラベル3	
2947	3379	ホオアカ	雄	札幌	1882年 7月16日	ラベル3	
2948	3034	クマゲラ	雄	札幌	1882年 7月 5日	ラベル3	
2949	3680	カッコウ	雄	札幌	1882年 7月16日	ラベル3	
2950	3975	タカブシギ	雌	札幌	7月	ラベル3	
2970	3099	ノビタキ		勇払	1882年 9月13日	ラベル3	
2971	3080	ノゴマ	雄	苫小牧	9月	ラベル3	
2977	3585	タヒバリ	雄	苫小牧	9月	ラベル3	

ラベル 2・3 管理番号	標本番号	標本名	Sex	採集地	採集日	備考	注
2983	3624	ヒバリ	雄	勇払	1882 年 9 月 14 日	ラベル 3	
2993	3870	アオアシシギ	雌	苫小牧	1882 年 9 月 16 日	ラベル 3	
2994	3981	タカブシギ	雄	勇払	9 月	ラベル 3	
2995	3965	ヒバリシギ		苫小牧	1882 年 9 月 16 日	ラベル 3	
2996	3840	オオソリハシシギ	雌	勇払	9 月	ラベル 3	
2997	3896	コシャクシギ	雌	勇払	9 月	ラベル 3	
2999	3792	タシギ		勇払	1882 年 9 月 15 日	ラベル 3	
3000	3799	タシギ	雄	漁	9 月	ラベル 3	
3003	3386	シマアオジ	雄	苫小牧	1882 年 9 月 17 日	ラベル 3	
3006	3496	オオジュリン	雄	勇払	1882 年 9 月 13 日	ラベル 3	
3007	3508	オオジュリン		苫小牧	1882 年 9 月 17 日	ラベル 3	
3009	3911	ムナグロ	雌	札幌	9 月	ラベル 3	
3010	3904	ムナグロ	雌	札幌	9 月	ラベル 3	
3015	3647	エゾアカゲラ	雌	札幌	1882 年 9 月 30 日	ラベル 3	
3017	3652	エゾアカゲラ	雄	札幌	10 月	ラベル 3	
3022	3368	ホオアカ	雄	札幌	1882 年 9 月 26 日	ラベル 3	
3024	3372	ホオアカ	雄	札幌	9 月	ラベル 3	
3035	3583	ビンズイ	雌？，幼	札幌	1882 年 9 月 27 日	ラベル 3	
3038	3569	ビンズイ	雄？	札幌	1882 年 9 月 30 日	ラベル 3	
3039	3609	ビンズイ	雄	札幌	9 月	ラベル 3	(8)
3040	3564	ビンズイ	雄	札幌	9 月	ラベル 3	
3042	3595	ビンズイ	雄	札幌	9 月	ラベル 3	
3047	3582	タヒバリ		札幌	9 月	ラベル 3	
3048	3577	タヒバリ		札幌	9 月	ラベル 3	
3051	3568	タヒバリ	雌	札幌	9 月	ラベル 3	
3052	3607	タヒバリ		札幌	9 月	ラベル 3	
3053	3598	タヒバリ		札幌	9 月	ラベル 3	
3056	3578	タヒバリ		札幌	10 月	ラベル 3	
3059	3581	タヒバリ	雄	札幌	9 月	ラベル 3	
3064	3566	タヒバリ	雌	札幌	9 月	ラベル 3	
3065	3586	タヒバリ	雌	札幌	9 月	ラベル 3	
3068	3596	タヒバリ		札幌	10 月	ラベル 3	
3069	3594	タヒバリ		札幌	10 月	ラベル 3	
3071	3455	カワラヒワ	雄	札幌	10 月	ラベル 3	
3072	3451	カワラヒワ		札幌	1882 年 10 月 5 日	ラベル 3	
3074	3605	ビンズイ	雄	札幌	10 月	ラベル 3	
3076	3603	ビンズイ	雌	札幌	1882 年 10 月 4 日	ラベル 3	
3077	3579	ビンズイ		札幌	10 月	ラベル 3	
3079	3570	ビンズイ		札幌	10 月	ラベル 3	
3087	3657	エゾアカゲラ	雌	札幌	1882 年 10 月 4 日	ラベル 3	
3088	3910	ムナグロ	雌	札幌	10 月	ラベル 3	
3089	3908	ムナグロ		札幌	10 月	ラベル 3	

ラベル2•3 管理番号	標本 番号	標本名	Sex	採集地	採集日	備考	注
3091	3739	シジュウカラ	雄	札幌	1882年10月 8日	ラベル3	
3095	3576	ビンズイ	雄	札幌	10月	ラベル3	
3097	3600	タヒバリ		札幌	10月	ラベル3	
3107	3512	カシラダカ	雄	札幌	1882年10月10日	ラベル3	
3108	3511	カシラダカ	雄	札幌	1882年10月10日	ラベル3	
3109	3123	ツグミ	雌，幼	札幌	1882年10月 4日	ラベル3	
3110	3165	ツグミ	雌	札幌	1882年10月 4日	ラベル3	
3111	3129	ツグミ	雌	札幌	1882年10月 5日	ラベル3	
3112	3124	ツグミ	雌	札幌	1882年10月 6日	ラベル3	
3113	3133	ツグミ	雌	札幌	10月	ラベル3	
3114	3126	ツグミ	雌	札幌	1882年10月 3日	ラベル3	
3117	3163	ツグミ	雄	札幌	1882年10月16日	ラベル3	
3118	3120	ツグミ	雄	札幌	1882年10月11日	ラベル3	
3119	3119	ツグミ	雄	札幌	1882年10月12日	ラベル3	
3120	3128	ツグミ	雌	札幌	1882年10月13日	ラベル3	
3121	3323	ミヤマカケス	雌，幼	札幌	1882年10月10日	ラベル3	
3122	3334	ミヤマカケス	雌	札幌	1882年10月10日	ラベル3	
3128	3906	ムナグロ	雌	札幌	10月	ラベル3	
3129	3499	ホオジロ	雄	札幌	1882年10月10日	ラベル3	
3136	3608	ビンズイ	雄	札幌	10月	ラベル3	
3137	3611	ビンズイ	雄	札幌	1882年10月11日	ラベル3	
3138	3593	ビンズイ	雄	札幌	1882年10月13日	ラベル3	
3139	3588	タヒバリ	雄	札幌	10月	ラベル3	
3141	3580	タヒバリ	雄	札幌	10月	ラベル3	
3146	3590	タヒバリ	雄	札幌	10月	ラベル3	
3149	3733	シメ		札幌	1882年10月14日	ラベル3	
3150	3345	ムクドリ	雄	札幌	10月	ラベル3	
3151	3340	ムクドリ	雌	札幌	10月	ラベル3	
3152	3348	ムクドリ	雌	札幌	10月	ラベル3	
3153	3132	ツグミ	雄	札幌	1882年10月10日	ラベル3	
3154	3660	エゾアカゲラ	雌	札幌	1882年10月 7日	ラベル3	
3155	3677	ヤマゲラ	雄，幼	札幌	1882年10月17日	ラベル3	
3159	3100	ノビタキ		札幌	1882年10月16日	ラベル3	
3168	3233	シロハラゴジュウガラ		札幌	1882年10月17日	ラベル3	
3169	3225	シロハラゴジュウガラ		札幌	〔1882年10月17日〕	ラベル3	(1)
3170	3237	シロハラゴジュウガラ	雄	札幌	1882年10月15日	ラベル3	
3171	3243	コガラ	雄	札幌	10月	ラベル3	
3172	3238	コガラ	雄	札幌	1882年10月17日	ラベル3	
3173	3744	シジュウカラ	雄	札幌	1882年10月 7日	ラベル3	

ラベル2・3管理番号	標本番号	標本名	Sex	採集地	採集日	備考	注
3175	3745	シジュウカラ		札幌	10月	ラベル3	
3176	3747	シジュウカラ		札幌	1882年10月17日	ラベル3	
3177	3743	シジュウカラ	幼	札幌	1882年10月18日	ラベル3	
3179	3199	ヒガラ		札幌	1882年10月19日	ラベル3	
3180	3202	ヒガラ		札幌	1882年10月19日	ラベル3	
3181	3201	ヒガラ		札幌	1882年10月19日	ラベル3	
3185	3260	モズ	雄	札幌	10月20日	ラベル3	
3186	3692	アオジ	雄	札幌	1882年10月15日	ラベル3	
3193	3514	カシラダカ	雄	札幌	1882年10月19日	ラベル3	
3194	3494	カシラダカ	雄	札幌	1882年10月15日	ラベル3	
3195	3519	カシラダカ	雄	札幌	1882年10月15日	ラベル3	
3196	3513	カシラダカ		札幌	10月	ラベル3	
3197	3489	ホオジロ	雄	札幌	10月	ラベル3	
3198	3493	ホオジロ	雄	札幌	1882年10月19日	ラベル3	
3211	3567	タヒバリ	雄	札幌	10月	ラベル3	
3217	3626	ヒバリ	雌	横浜	1883年	ラベル3	
3320	3766	イカルチドリ		東京		ラベル3	
紐のみ	5722	トキ		函館	1874年10月15日		
紐のみ	4055	マガモ	雄		1875年 6月 7日		
紐のみ	4021	タンチョウ		〔札幌〕	〔1878年 6月 〕		(9)
部分	4303	オオワシ		根室国後	1881年12月	ラベル3	
部分	3572	タヒバリ		札幌	9月	ラベル3	
紐のみ	4150	キジ	雄	武蔵国荏原郡渋谷			
紐のみ	3727	ウソ	雌	函館			
紐のみ	4295	トビ					
紐のみ	4283	トビ					
紐のみ	4087	ミコアイサ	雌				
紐のみ	4115	コクガン					
紐のみ	4330	オシドリ	雄				

本付表は，北海道大学北方生物圏フィールド科学センター植物園(2002)の目録掲載のものを基本としているが，誤記や脱落が判明したものを補足している。また，スタイネガーの情報も付け加えてある。備考欄に「ラベル3」とあるものは，ラベル3が付属しているもの，記載がないものはラベル2が付属しているものである。

(1)採集日詳細はスタイネガーの論文による。ただし，ラベルからは採集日の情報が確認できないので，第1章の表1-1統計からは除外してある。

(2)採集地はスタイネガーの論文による。

(3)採集日情報はラベル2ではなく採集者によるラベルに基づく。

(4)採集年次「26/4/76」の記載もある。

(5)ラベル2が2枚付属(本文参照)。

(6)「函館港，1878年2月7日」の記載もある。

⑺スタイネガーの論文によれば，この番号を持つハヤブサはUSNMにあることになっている。
⑻「　/9/83/」の記載もあり。
⑼採集地・採集日情報は目録作成時のカードの情報による。ラベルからは採集日の情報が確認できないので，第1章の表1-1統計からは除外してある。

付表2　北大植物園・博物館所蔵ブラキストン標本のラベル4

ラベル4 番号	標本 番号	標本名	Sex 備考	採集地	採集日	注
2	4302	オオワシ	雄		1875年 5月16日	
3	4298	オジロワシ	雌			
4	4301	オジロワシ	雄	勇払郡	1874年11月 5日	
5	4300	オジロワシ	雌	幌泉郡歌露布村	1877年 2月17日	
6	4299	オジロワシ		函館	1878年11月	
7	4296	クマタカ	雌	函館		
8	4297	クマタカ				
9	4287	ノスリ	雄	函館港	1876年 9月27日	
10	3496	オオジュリン	雄	勇払	1882年 9月13日	
11	3368	ホオアカ	雄	札幌	1882年 9月26日	
12	3372	ホオアカ	雄	札幌		
13	3480	ホオジロ	雄	札幌	1880年10月28日	
14	3499	ホオジロ	雄	札幌	1882年10月10日	
15	3489	ホオジロ	雄	札幌		
16	4310	ミサゴ	雄	カムチャッカ	1875年 5月28日	
17	3594	タヒバリ		札幌		
18	4316	ハヤブサ	雄	函館	1874年 4月 6日	
19	4270	ハヤブサ	雌	厚岸郡厚岸	1874年10月18日	
20	4272	ハヤブサ	雌	函館港	1877年10月20日	
21	4315	ハヤブサ		横浜		
22	4268	ハヤブサ	雌	函館		
23	4269	ハヤブサ	雌			
24	4271	ハヤブサ	幼	函館		
26	4307	チゴハヤブサ	雌	函館	1876年 5月20日	
27	4306	チゴハヤブサ		札幌	1877年 6月 1日	
28	4280	コチョウゲンボウ	雄	函館		
(29)		ウミスズメ				(1)
30	4311	コチョウゲンボウ	雌	函館港	1876年10月14日	
31	4314	コチョウゲンボウ	雌	函館港	1876年11月 5日	
32	4313	チョウゲンボウ	雄	函館港	1877年10月10日	
33	4317	チョウゲンボウ		東京	1877年 3月	
34	4312	チョウゲンボウ	雌	東京	1877年 3月	
35	4292	トビ	雄	函館		
36	47957	トビ	雄	函館	1875年11月18日	
37	4282	トビ	雄	函館	1875年11月28日	
38	4281	トビ			1876年 5月10日	
39	4284	トビ	雌	函館港	1876年10月 1日	
40	4291	トビ		函館港	1876年10月 2日	
41	4293	トビ	雌	函館港	1876年10月 6日	
42	4295	トビ				

ラベル 4 番号	標本番号	標本名	Sex 備考	採集地	採集日	注
43	4283	トビ				
44	3511	カシラダカ	雄	札幌	1882 年 10 月 10 日	
45	4273	オオタカ	雌	函館港	1876 年 10 月 1 日	
46	4274	オオタカ	雌	函館	1877 年 10 月 6 日	
47	4277	オオタカ		森	1875 年 11 月 2 日	
48	4276	オオタカ	幼	函館		
49	4275	オオタカ	雌	函館港	1879 年 4 月 27 日	
50	4265	ハイタカ	雌			
51	4308	ハイタカ	雄	東京	1877 年 3 月	
52	4261	ハイタカ	雌	函館	1876 年 9 月 4 日	
53	4263	ハイタカ	雌	東京	1877 年 3 月	
54	4266	ハイタカ	雌	東京	1877 年 3 月	
55	4198	シラヒゲウミスズメ	雌	千島		
56	4264	ハイタカ	雌	東京	1877 年 3 月	
57	4309	ハイイロチュウヒ	雄	函館	1872 年 4 月 7 日	
58	3514	カシラダカ	雄	札幌	1882 年 10 月 19 日	
59	3626	ヒバリ	雌	横浜	1883 年	
60	3201	ヒガラ		札幌	1882 年 10 月 19 日	
61	3008	フクロウ		横浜		
62	3009	エゾフクロウ	雌	函館港	1876 年 11 月 25 日	
63	3011	エゾフクロウ		札幌	1877 年 6 月 14 日	
(64)	3015	コミミズク	雌	函館港	1876 年 10 月 14 日	※(2)
65	3016	コミミズク		函館港	1876 年 10 月 17 日	
66	3014	コミミズク	雄	函館	1876 年 10 月 20 日	
67	3012	トラフズク	雄	東京	1877 年 3 月	
68	3013	トラフズク	雌	新冠	1877 年 9 月 25 日	
69	3021	オオコノハズク		横浜		
70	4218	ウミバト	雄	千島占守島		
71	3493	ホオジロ	雄	札幌	1882 年 10 月 19 日	
72	4288	ノスリ		千島		
73	3018	オオコノハズク	雄	函館港	1877 年 1 月 6 日	
74	3512	カシラダカ	雄	札幌	1882 年 10 月 10 日	
75	3508	オオジュリン		苫小牧	1882 年 9 月 17 日	
76	3019	オオコノハズク		函館		
77	3023	コノハズク	雌	函館	1874 年 9 月 17 日	
78	3743	シジュウカラ	幼	札幌	1882 年 10 月 18 日	
79	3199	ヒガラ		札幌	1882 年 10 月 19 日	
80	4092	ホシハジロ		函館		
81	3766	イカルチドリ		東京		
82	3022	アオバズク		東京	1877 年 3 月 27 日	
83	3519	カシラダカ	雄	札幌	1882 年 10 月 15 日	
84	3173	ヨタカ	雌	函館港	1876 年 7 月 8 日	

ラベル4番号	標本番号	標本名	Sex 備考	採集地	採集日	注
85	3175	ヨタカ	雄	函館港	1876年 9月20日	
86	3513	カシラダカ		札幌		
87	3325	ミヤマカケス		虻田郡		(3)
88	3174	ヨタカ	雌	函館港	1877年 9月20日	
89	3177	ヨタカ		横浜		
90	3202	ヒガラ		札幌	1882年10月19日	
91	3169	ハリオアマツバメ	雄	上磯郡泉沢村	1874年 6月 1日	
92	3171	ハリオアマツバメ	雌	勇払村	1874年 8月12日	
93	3172	ハリオアマツバメ	雌	勇払郡勇払村	1874年 8月 7日	
94	3167	ハリオアマツバメ	雌		1874年 8月22日	
96	3166	ハリオアマツバメ	雌	勇払郡勇払村	1874年 8月 6日	
98	3168	ハリオアマツバメ	雄	勇払郡勇払村	1874年 8月12日	
99	4294	トビ		横浜		
100	3170	ハリオアマツバメ	雄	函館	1875年10月20日	
101	3073	アマツバメ		釧路郡字ユトロンベ海浜	1875年	
102	3243	コガラ	雄	札幌		
103	9018	ツバメ	雄	函館		(4)
104	3072	ツバメ	雄	函館		
105	3069	ツバメ	雄	福島郡福島村	1874年 6月14日	
106	3070	ツバメ	雄	東京	1875年10月	
107	3071	ツバメ	雌	東京	1875年10月	
109	3739	シジュウカラ	雄	札幌	1882年10月 8日	
110	3068	イワツバメ		函館		
111	3065	イワツバメ				
112	3066	イワツバメ			1874年 4月26日	
113	3067	イワツバメ	雄	函館	1876年 7月24日	
114	3320	マミチャジナイ	雌	東京		
115	4253	ミゾゴイ		横浜		
116	3054	ショウドウツバメ	雄	函館	1875年 8月23日	
117	3063	ショウドウツバメ		札幌	1877年 6月15日	
118	3061	ショウドウツバメ	雄	札幌	1877年 6月15日	
119	3048	ショウドウツバメ	雄	札幌	1877年 6月23日	
120	3058	ショウドウツバメ	雄	札幌	1877年 6月23日	
121	3049	ショウドウツバメ	雌	札幌	1877年 6月23日	
122	3537	コヨシキリ	雄	札幌		
123	3059	ショウドウツバメ	雌	札幌	1877年 6月23日	
124	3064	ショウドウツバメ	雌	札幌	1877年 6月23日	
125	3051	ショウドウツバメ	雌	札幌	1877年 6月23日	(4)
126	3060	ショウドウツバメ	雌	札幌	1877年 6月23日	
127	3047	ショウドウツバメ	雄	札幌	1877年 6月23日	
128	3062	ショウドウツバメ	雌	札幌	1877年 6月23日	

ラベル 4 番号	標本番号	標本名	Sex 備考	採集地	採集日	注
129	3053	ショウドウツバメ	雌	札幌	1877 年　6 月 23 日	
131	3050	ショウドウツバメ	雄	札幌	1877 年　6 月 23 日	
132	3046	ショウドウツバメ	雌	札幌	1877 年　6 月 23 日	
133	3057	ショウドウツバメ	雄	札幌	1877 年　6 月 23 日	
134	3052	ショウドウツバメ	雌	札幌	1877 年　6 月 23 日	
135	3056	ショウドウツバメ	雌	札幌	1877 年　6 月 23 日	
136	3570	ビンズイ		札幌		
137	3026	ヤマセミ	雄	函館		
138	3030	ヤマセミ	雌	函館	1877 年 11 月 27 日	
139	3032	ヤマセミ	雄	函館	1877 年 11 月 27 日	
140	3024	ヤマセミ	雄	札幌	1877 年　7 月 29 日	
141	3029	ヤマセミ	雄	札幌	1877 年　7 月 29 日	
142	3028	ヤマセミ	雌	札幌	1877 年　8 月　5 日	
144	3027	ヤマセミ	雄	札幌	1877 年　1 月 21 日	
145	3025	ヤマセミ	雄	札幌	1878 年　1 月 13 日	
146	3181	アカショウビン	雄	函館	1875 年　7 月 12 日	
147	3182	アカショウビン	雄	函館港	1876 年　8 月 10 日	
148	47958	アカショウビン	雌	札幌	1877 年　8 月 19 日	
149	3180	アカショウビン	雄	札幌	1878 年　5 月 30 日	
151	3192	カワセミ				
152	3194	カワセミ		函館		
153	3189	カワセミ	雌	函館		
154	3196	カワセミ	雄	勇払村	1874 年　9 月 11 日	
155	3191	カワセミ	雌	勇払村	1874 年　9 月 25 日	
156	3193	カワセミ			1874 年　8 月 25 日	
157	3190	カワセミ	雌	函館	1875 年　8 月 21 日	
158	3187	カワセミ		函館	1876 年　8 月 24 日	
159	3184	カワセミ	雄	函館	1877 年	
160	3185	カワセミ	雄	札幌	1877 年　7 月 26 日	
161	3188	カワセミ	雌	高島	1877 年　8 月　2 日	
162	3238	コガラ	雄	札幌	1882 年 10 月 17 日	
163	3198	メジロ		東京	1877 年　3 月 27 日	
165	3349	ムクドリ	雄	佐留太		
166	3197	メジロ	雄	函館	1877 年 10 月 30 日	
167	3226	シロハラゴジュウガラ				
168	3234	シロハラゴジュウガラ	雄	函館	〔1873 年　2 月　1 日〕	※(5)
169	3229	シロハラゴジュウガラ		〔函館〕	1874 年　4 月　6 日	(6)
170	3383	シマアオジ	雄	鵡川	1882 年　5 月 26 日	
171	3236	シロハラゴジュウガラ	雄		1874 年 11 月	
172	3228	シロハラゴジュウガラ	雌	札幌	1874 年 11 月 12 日	
173	3232	シロハラゴジュウガラ	雄	東京	1877 年　3 月	
174	3235	シロハラゴジュウガラ	雄	札幌	1877 年　4 月 21 日	

ラベル4 番号	標本 番号	標本名	Sex 備考	採集地	採集日	注
175	3231	シロハラゴジュウガラ	雌	札幌	1877年 5月 2日	
176	3230	シロハラゴジュウガラ	雄	札幌	1877年 5月 5日	
177	3227	シロハラゴジュウガラ		千島		
178	3224	シロハラゴジュウガラ	雄	札幌	1878年 1月20日	
179	3149	キバシリ	雄	函館		
180	3150	キバシリ	雄	函館		
181	3815	ハマシギ		横浜		(7)
182	3151	キバシリ	雄	札幌	1877年 5月 8日	
183	3147	キバシリ	雄	札幌	1878年 4月 7日	
184	3684	カッコウ	雄	千歳		
187	3091	ミソサザイ	雄	函館	1875年 2月20日	
188	3644	エゾオオアカゲラ	雌	札幌	1881年11月27日	
190	3680	カッコウ	雄	札幌	1882年 7月16日	
191	3559	セッカ		東京	1877年 3月	
192	3523	オオヨシキリ	雄	函館		
193	3521	オオヨシキリ	雄	函館		
194	3572	タヒバリ		札幌		
195	3524	オオヨシキリ	雄	函館湯の川村	1874年 5月16日	
196	4207	ウミスズメ	雄	千島ウルップ		
197	3522	オオヨシキリ	雄	札幌	1878年 5月26日	
198	3745	シジュウカラ		札幌		
199	3560	シマセンニュウ	雌	函館	1876年 9月11日	
200	3557	ウグイス	雌	東京		
201	3558	ウグイス	雄	東京		
202	3219	ベニマシコ	雄	札幌		
203	3561	シマセンニュウ		勇払	1875年 8月 6日	
204	3253	キレンジャク	雄	札幌		
205	3563	マキノセンニュウ	雄	勇払	1874年 8月10日	(4)
207	40427	オオハクチョウ	首・足部	札幌	1882年 1月15日	
208	3323	ミヤマカケス	雌，幼	札幌	1882年10月10日	
209	3562	ヤブサメ		横浜		
210	3535	コヨシキリ		東京	1877年 3月	
211	3744	シジュウカラ	雄	札幌	1882年10月 7日	
212	3543	コヨシキリ	雌	函館港	1876年10月10日	
(213)	3607	タヒバリ		札幌		(2)
214	3533	コヨシキリ	雄	札幌	1877年 5月30日	
215	3527	コヨシキリ	雄	札幌	1877年 5月30日	
216	3536	コヨシキリ	雄	札幌	1877年 5月30日	
217	3534	コヨシキリ	雄	札幌	1877年 6月14日	
218	3530	コヨシキリ	雄	札幌	1877年 8月12日	
219	3545	コヨシキリ	雄	札幌	1878年 6月26日	
220	3540	コヨシキリ		札幌	1878年 6月 2日	

ラベル4番号	標本番号	標本名	Sex 備考	採集地	採集日	注
221	3539	コヨシキリ	雄	札幌	1878年 6月 3日	
222	3148	キバシリ	雄	札幌		
223	3549	センダイムシクイ				
224	4226	ウミバト	雄	千島占守		
225	3747	シジュウカラ		札幌	1882年10月17日	
226	3554	センダイムシクイ	雌	上磯郡当別村	1874年 5月24日	
227	3551	センダイムシクイ	雌	函館富川村	1874年 5月 5日	
228	3553	センダイムシクイ	雌	函館	1875年 5月11日	
229	3548	メボソムシクイ	雌	函館	1875年10月 3日	
230	3547	メボソムシクイ	雌	函館	1875年10月 3日	
231	3423	ニュウナイスズメ	雄	札幌	1882年 5月31日	
232	3528	センダイムシクイ	雄	札幌	1878年 5月12日	
233	3552	センダイムシクイ	雄	札幌	1878年 5月12日	
234	3555	ウグイス	雄	噴火湾	1877年 6月 4日	
236	3141	キセキレイ	雄	札幌		
237	3134	キセキレイ	雌	札幌		
238	3088	ジョウビタキ	雄			
239	3357	コムクドリ	雌	門別沙流	1882年 5月21日	
240	3089	ジョウビタキ	雌	函館	1875年 2月 8日	
241	3356	コムクドリ	雄	佐留太	1882年 5月24日	
242	3090	ジョウビタキ	雌	横浜	1875年10月	
243	3087	ジョウビタキ	雌	函館	1877年 2月 6日	
244	3352	コムクドリ	雄	札幌	1882年 6月 4日	
245	3112	ルリビタキ	雄			
246	3116	ルリビタキ	雄	東京	1877年 3月	
247	3113	ルリビタキ	雄	東京	1877年 3月	
248	3350	コムクドリ	雄	佐留太	1882年 5月24日	
249	3359	コムクドリ	雄	佐留太	1882年 5月24日	
250	3086	コマドリ	雄	東京	1877年 4月	
251	3085	コマドリ	雌	東京	1877年 4月	
253	3083	ノゴマ	雄	函館	1875年 5月11日	
254	3082	ノゴマ	雄	東京	1877年 3月	
255	3081	ノゴマ	雄	札幌	1877年10月12日	
256	3079	ノゴマ	雌	札幌	1877年10月12日	
257	3097	ノビタキ				
258	9017	ノビタキ				(4)
259	3107	ノビタキ	雄	函館		
260	3108	ノビタキ	雄	函館		
261	3105	ノビタキ	雌	函館		
262	3104	ノビタキ	雌	大野村		
263	3115	ノビタキ	雄	上磯郡当別村	1874年 5月23日	
264	3106	ノビタキ	雌	函館	1876年 6月13日	

ラベル4番号	標本番号	標本名	Sex備考	採集地	採集日	注
(265)		ノビタキ	雄	函館	1876年 9月16日	※(1)
266	3096	ノビタキ	雌	亀田	1876年 6月19日	
(267)	3103	ノビタキ	雄	函館	1875年 6月25日	※(2)
268	3101	ノビタキ	雄	札幌	1877年 5月 2日	
269	3102	ノビタキ	雄	札幌	1877年 5月 5日	
270	3094	ノビタキ	雌	札幌	1877年 5月10日	
271	3109	ノビタキ	雄	札幌	1877年 5月26日	
272	3111	ノビタキ	雄	札幌	1882年 6月 8日	
274	3200	ヒガラ		函館		
275	3740	シジュウカラ	雄	函館		
276	3746	シジュウカラ	雄	函館		
277	3749	シジュウカラ	雄	函館		
278	3738	シジュウカラ		函館		
279	3741	シジュウカラ	雌	函館	1875年11月15日	
281	3748	シジュウカラ	雌	札幌	1877年 5月 6日	
282	3249	コガラ				
283	3248	コガラ		函館		
284	3245	コガラ		函館		
285	3241	コガラ	雄	函館		
286	3247	コガラ	雌	久根別		
287	3244	コガラ	雄	札幌	1877年 4月21日	
288	3242	コガラ	雄	札幌	1877年 5月 2日	
289	3240	コガラ	雌	札幌	1877年 5月 6日	
290	3239	コガラ	雄	札幌	1877年 5月 8日	
291	3246	コガラ	雌	札幌	1878年 4月22日	
292	3183	アカショウビン	雄	門別沙流	1882年 5月21日	
294	3271	シマエナガ	雄	函館	1875年 2月14日	
295	3269	シマエナガ	雄	函館港	1877年 2月12日	
296	3272	シマエナガ	雌	函館	1877年 2月12日	
297	3273	シマエナガ		函館港	1877年 2月12日	
299	3270	シマエナガ	雌	札幌	1877年 5月 5日	
300	3267	シマエナガ	雄	札幌	1877年 4月22日	
301	3556	ウグイス	雌	苫小牧～勇払間	1882年 5月18日	
302	3268	エナガ		東京	1877年 3月	
303	3274	エナガ		東京	1877年 3月	
304	3261	モズ	雄	札幌	1882年 6月	
305	3262	モズ	雄	札幌	1882年 6月	
306	3144	セグロセキレイ	雄	函館	1876年 6月19日	
307	3911	ムナグロ	雌	札幌		
308	3904	ムナグロ	雌	札幌		
309	3145	ハクセキレイ		千島		
310	3080	ノゴマ	雄	苫小牧		

ラベル4番号	標本番号	標本名	Sex備考	採集地	採集日	注
311	3123	ツグミ	雌，幼	札幌	1882年10月 4日	
312	3165	ツグミ	雌	札幌	1882年10月 4日	
313	3129	ツグミ	雌	札幌	1882年10月 5日	
314	3124	ツグミ	雌	札幌	1882年10月 6日	
315	3133	ツグミ	雌	札幌		
316	3126	ツグミ	雌	札幌	1882年10月 3日	
317	3163	ツグミ	雄	札幌	1882年10月16日	
318	3120	ツグミ	雄	札幌	1882年10月11日	
319	3119	ツグミ	雄	札幌	1882年10月12日	
320	3128	ツグミ	雌	札幌	1882年10月13日	
321	3132	ツグミ	雄	札幌	1882年10月10日	
322	3137	キセキレイ	雛	札幌	1885年 7月23日	
325	3136	キセキレイ	雄	上磯郡茂辺地	1874年 5月20日	
326	3142	キセキレイ	雌	函館	1876年 6月19日	
327	3140	キセキレイ	雄	長崎	1876年12月17日	
328	3138	キセキレイ	雄	札幌	1877年 5月26日	
329	3135	キセキレイ	雌	札幌	1877年 6月14日	
331	3287	ヒヨドリ	雌	札幌	1881年 3月 6日	
332	3599	タヒバリ	雌	西別川	1874年10月10日	
333	3589	タヒバリ	雄	勇払	1874年11月 5日	
337	3606	ビンズイ			1877年 3月27日	
338	3856	オオジシギ	雄	札幌	1881年 4月22日	
339	3587	タヒバリ	雌	札幌		
340	4009	アオバト	雄	札幌		
343	4012	アオバト	雌	札幌		
344	3584	ビンズイ		札幌	1877年10月12日	
345	3117	ツグミ				
346	3161	ツグミ	雄	函館		
347	3164	ツグミ				
348	3131	ツグミ	雌		1873年10月 4日	
349	3122	ツグミ	雌	札幌	1874年11月12日	
350	3160	ツグミ	雌	函館	1874年 4月	
351	3127	ツグミ	雄	函館	1875年 2月22日	
352	3975	タカブシギ	雌	札幌		
353	3884	イソシギ	雄	札幌	1882年 6月 7日	
354	3162	ツグミ	雌	函館港	1877年 1月21日	
355	3121	ツグミ	雌	函館港	1877年 1月25日	
356	3130	ツグミ	雄	札幌	1878年 1月10日	
357	3125	ツグミ	雄	札幌	1878年 1月10日	
358	3450	カワラヒワ	雌			
359	3159	ハチジョウツグミ	雌	函館	1875年 3月12日	
360	3321	シロハラ	雌	東京	1877年 3月27日	

ラベル4番号	標本番号	標本名	Sex備考	採集地	採集日	注
361	3378	ホオアカ	雄	幌別	1882年 5月16日	
362	3366	ホオアカ	雌	勇払	1882年 5月18日	
363	3377	ホオアカ	雄	札幌	1882年 5月31日	
364	3152	アカハラ	雄	函館		
365	3158	アカハラ	雄	函館	1875年 5月11日	
366	3156	アカハラ	雌	長崎	1877年 2月17日	
367	3155	アカハラ	雌	横浜		
368	3154	アカハラ	雄	横浜		
369	3153	アカハラ	雌	横浜		(4)
370	3157	アカハラ	雄	横浜		
372	3317	クロツグミ	雄	函館富川村	1874年 5月 6日	
373	3583	ビンズイ	雌？，幼	札幌	1882年 9月27日	
374	3316	クロツグミ	雌	函館	1878年 1月 6日	
375	3370	ホオアカ	雄	札幌	1882年 6月 7日	
376	3319	クロツグミ	雌	長崎		
377	3318	クロツグミ	雄	札幌	1878年 5月18日	
378	3379	ホオアカ	雄	札幌	1882年 7月16日	
379	3574	ビンズイ				
380	3385	シマアオジ	雄	勇払	1882年 5月26日	
381	3312	トラツグミ		東京		
382	3569	ビンズイ	雄？	札幌	1882年 9月30日	
383	3313	トラツグミ	雄	札幌	1877年 8月19日	
384	3315	トラツグミ	雌	札幌	1877年 8月19日	
387	3484	ホオジロ	雌	門別沙流	1882年 5月21日	
390	3485	ホオジロ	雄	札幌	1882年 5月31日	
391	3092	イソヒヨドリ	雌	函館		
393	3093	イソヒヨドリ	雌	尻沢邊村	1874年 4月19日	
394	3491	ホオジロ	雄	札幌	1882年 6月10日	
395	3078	カワガラス	雄	遊楽部村		
396	3074	カワガラス	雄	遊楽部村		
397	3077	カワガラス	雌	磯谷川	1872年 8月 4日	
398	3075	カワガラス		上磯郡富川村	1874年 5月11日	
399	3452	カワラヒワ		横浜		
400	3609	ビンズイ	雄	札幌		
401	3286	ヒヨドリ	幼			
402	3284	ヒヨドリ	雄	函館		
403	3495	ホオジロ	雄	札幌	1882年 6月23日	
404	3531	コヨシキリ	雄	札幌	1878年 6月 3日	
405	3282	ヒヨドリ	雌	森	1877年 2月20日	
406	3283	ヒヨドリ	雄	札幌	1877年 5月19日	
407	3285	ヒヨドリ	雌	長崎	1876年12月 9日	
408	3564	ビンズイ	雄	札幌		

ラベル 4 番号	標本 番号	標本名	Sex 備考	採集地	採集日	注
410	3256	キレンジャク	雄	函館		
411	3252	キレンジャク	雌	函館		
412	3258	キレンジャク				
414	3254	キレンジャク	雌	函館港	1877 年 1 月 21 日	
415	3255	キレンジャク	雄	札幌	1878 年 4 月 7 日	
417	3257	キレンジャク	雌	札幌	1878 年 5 月 2 日	
418	3280	ヒレンジャク	雄	東京		
419	3275	ヒレンジャク	雌	東京		
420	3892	ヤマシギ	雄	札幌	1881 年 4 月 24 日	
421	3276	ヒレンジャク	雌	札幌	1878 年 4 月 28 日	
422	3277	ヒレンジャク	雄	札幌	1878 年 10 月 27 日	
424	3279	ヒレンジャク	雄		1878 年 11 月 16 日	
425	3278	ヒレンジャク	雌	札幌	1878 年 11 月 16 日	
426	3263	モズ	雄	札幌	1882 年 7 月	
428	3259	モズ	雄	長崎	1876 年 12 月 25 日	
429	3643	エゾオオアカゲラ	雌	札幌	1882 年 6 月 4 日	
431	3266	モズ	雄	札幌	1877 年 10 月 12 日	
432	3037	クマゲラ	雄	札幌	1881 年 4 月 5 日	
433	3017	オオコノハズク		横浜		
434	3265	アカモズ		函館		
435	3034	クマゲラ	雄	札幌	1882 年 7 月 5 日	
437	3294	サンショウクイ	雌	東京	1877 年 3 月	
438	3292	サンショウクイ	雄	横浜		
439	3293	サンショウクイ	雌	横浜		
440	3300	コサメビタキ				
442	3298	コサメビタキ	雌	函館		
443	3296	サメビタキ	雌	函館	1875 年 10 月 3 日	
(444)	3301	コサメビタキ		森	1877 年 5 月 13 日	※(2)
445	3299	コサメビタキ	雌	森	1877 年 5 月 13 日	
447	3297	サメビタキ	雄	札幌	1877 年 5 月 26 日	
448	3295	サメビタキ	雄	札幌	1877 年 5 月 26 日	
449	3304	キビタキ	雄			
450	3308	キビタキ	雄	函館		
451	3302	キビタキ	雄	函館		
452	3309	キビタキ	雄	森	1877 年 5 月 13 日	
453	3305	キビタキ	雄	森	1877 年 5 月 13 日	
454	3654	エゾアカゲラ	雄	横浜		
456	3526	オオルリ	雌	札幌	1882 年 6 月 5 日	
457	3310	キビタキ	雄	札幌	1877 年 5 月 19 日	
(459)		キビタキ	雄	札幌	1877 年 5 月 20 日	※(1)
461	3307	キビタキ	雄	札幌	1877 年 5 月 20 日	
462	3303	キビタキ	雄	札幌	1877 年 5 月 20 日	

ラベル 4 番号	標本番号	標本名	Sex 備考	採集地	採集日	注
463	3311	キビタキ	雄	札幌	1877 年 5 月 26 日	
465	3525	オオルリ	雄，雛？	函館		
467	3290	サンコウチョウ	雄	東京	1877 年 3 月	
468	3291	サンコウチョウ	雄	横浜		
469	3326	ミヤマカケス	雌，幼	函館		
470	4199	シラヒゲウミスズメ	雄	千島		
471	3331	ミヤマカケス	雌	厚臼別	1874 年 10 月 12 日	
472	3327	ミヤマカケス	雄	十勝国広尾郡	1874 年 10 月 24 日	
473	3329	ミヤマカケス	雌	幌泉	1874 年 10 月 28 日	
474	3322	ミヤマカケス	雄	ミウシ	1874 年 10 月 9 日	
475	3336	ミヤマカケス	雄	シウンニラ？	1874 年 10 月 13 日	
(476)	3330	ミヤマカケス	雄	附部山	1874 年 10 月 10 日	※(2)
477	3324	ミヤマカケス	雌	札幌	1875 年 10 月 29 日	
478	3337	カケス	雄	横浜	1874 年 10 月 31 日	
479	3335	カケス	雄	長崎	1876 年 11 月 26 日	
480	3339	ホシガラス	雌	函館		
481	3338	ホシガラス		函館	1878 年 1 月 20 日	
482	4167	オナガ	雌	東京		
483	3043	ワタリガラス		千島択捉		
484	3040	ハシブトガラス	雌	函館		
485	3042	ハシブトガラス	雌	小樽	1875 年 11 月 13 日	
486	3039	ハシブトガラス		小樽	1875 年 11 月 13 日	
487	3038	ハシブトガラス	雄	札幌	1877 年 5 月 17 日	
488	3751	ハシボソガラス	雌	函館		
489	3755	ハシボソガラス	雌		1874 年 1 月 1 日	
490	3756	ハシボソガラス		根田内村		
491	3757	ハシボソガラス	雌	上磯郡富川村	1874 年 5 月 9 日	
492	3758	ハシボソガラス		上磯郡富川村	1874 年 5 月 9 日	
493	3759	ハシボソガラス	雄	宿野辺	1875 年 11 月 6 日	
494	3753	ハシボソガラス	雌	小樽	1875 年 11 月 13 日	
495	3754	ハシボソガラス	雌	小樽	1875 年 11 月 13 日	
496	3044	ミヤマガラス	雄	東京	1877 年 4 月	
497	3576	ビンズイ	雄	札幌		
498	3608	ビンズイ	雄	札幌		
499	3342	ムクドリ	雄	函館		
500	3346	ムクドリ	雌	函館		
501	3347	ムクドリ	雌	函館	1874 年 4 月 19 日	
502	3344	ムクドリ	雄	函館港	1877 年 4 月 29 日	
503	3341	ムクドリ	雄	噴火湾	1877 年 6 月 4 日	
504	3343	ムクドリ	雄	長崎		
505	3494	カシラダカ	雄	札幌	1882 年 10 月 15 日	
506	3360	コムクドリ	雌	函館		

ラベル4番号	標本番号	標本名	Sex備考	採集地	採集日	注
507	3364	コムクドリ	雌	函館		
508	3351	コムクドリ	雄	函館		
509	3362	コムクドリ	雄	函館		
510	3353	コムクドリ	雌	函館富川村	1874年 5月11日	
512	3363	コムクドリ	雄	札幌	1877年 5月16日	
513	3361	コムクドリ	雌	札幌	1877年 5月20日	
514	3358	コムクドリ	雄	札幌	1877年 5月26日	
515	3020	オオコノハズク		横浜		
516	3355	コムクドリ	雄	札幌	1877年 6月24日	
517	3365	コムクドリ	雄	札幌	1878年 5月18日	
518	3354	コムクドリ	雌	札幌	1878年 5月18日	
519	3474	マヒワ	雌			
520	3475	マヒワ	雄			
521	3472	マヒワ	雄	函館	1875年 2月14日	
522	3471	マヒワ	雄	函館		
523	3455	カワラヒワ	雄	札幌		
524	3454	カワラヒワ	雄	根室	1874年10月 7日	
525	3459	カワラヒワ	雄	根室厚臼別	1874年10月12日	
527	3910	ムナグロ	雌	札幌		
528	3908	ムナグロ		札幌		
529	3458	カワラヒワ		函館港	1877年 2月17日	
530	3456	カワラヒワ	雌	札幌	1877年 5月 5日	
531	3457	カワラヒワ	雌	札幌	1877年 5月 6日	
532	3906	ムナグロ	雌	札幌		
533	3449	カワラヒワ	雄	函館		(4)
534	3799	タシギ	雄	漁		
535	3467	アトリ	雌	函館		
536	3470	アトリ	雄	函館		
538	3465	アトリ	雄	函館	1875年 2月21日	
539	3469	アトリ	雄	函館港	1877年 2月12日	
540	3464	アトリ	雌	函館港	1877年 2月 4日	
542	3468	アトリ	雄	幌泉郡幌泉村	1877年 2月20日	
543	3466	アトリ	雄	幌泉郡幌泉村	1877年 2月20日	
544	3438	ハギマシコ	雄	函館	1875年 2月 8日	
545	3446	ハギマシコ	雄	函館	1875年 2月14日	
546	3434	ハギマシコ	雄	函館	1875年 2月14日	
547	3432	ハギマシコ	雄	函館	1875年 2月14日	
548	3433	ハギマシコ	雌	函館	1875年 2月	
549	3611	ビンズイ	雄	札幌	1882年10月11日	
550	3443	ハギマシコ	雄	函館	1876年 5月 5日	
551	3453	カワラヒワ		横浜		
552	3447	ハギマシコ		函館港	1877年 2月 6日	

ラベル4番号	標本番号	標本名	Sex 備考	採集地	採集日	注
553	3444	ハギマシコ		函館港	1877年 2月 6日	
554	3593	ビンズイ	雄	札幌	1882年10月13日	
555	3445	ハギマシコ	雌	函館港	1877年 2月16日	
556	3440	ハギマシコ	雌	函館港	1877年 2月16日	
557	3441	ハギマシコ	雄	函館	1877年 2月16日	
558	3436	ハギマシコ	雄	函館	1877年 2月17日	
559	3439	ハギマシコ		函館港	1877年 2月17日	
560	3442	ハギマシコ	雄	函館港	1877年 2月16日	
561	3437	ハギマシコ	雌	日高国幌泉郡歌魯布村	1877年 1月31日	
562	3435	ハギマシコ	雌	日高国幌泉郡歌魯布村	1877年 1月31日	
563	3541	コヨシキリ	雄	白老	1882年 5月17日	
564	3538	コヨシキリ	雄	白老		
565	3544	コヨシキリ	雄	佐留太		
566	3529	コヨシキリ	雄	佐留太		
567	3532	コヨシキリ	雄	佐留太		
568	3425	ニュウナイスズメ	雄			
569	3394	スズメ	雄	函館		
570	3397	スズメ	雌	函館		
571	3883	イソシギ				
572	3398	スズメ	雌	函館	1875年11月15日	
573	3396	スズメ	雄	函館	1875年11月15日	
574	3430	ニュウナイスズメ	雄			
575	3399	ニュウナイスズメ	雄	横浜		
576	3414	ニュウナイスズメ	雌	横浜	1875年10月	
577	3400	ニュウナイスズメ	雄	函館	1877年 5月11日	
578	3411	ニュウナイスズメ	雄	札幌	1877年 4月27日	
579	3427	ニュウナイスズメ	雄	札幌	1877年 4月28日	
580	3428	ニュウナイスズメ	雄	札幌	1877年 4月29日	
581	3416	ニュウナイスズメ	雄	札幌	1877年 4月29日	
582	3412	ニュウナイスズメ	雄	札幌	1877年 5月 2日	
583	3420	ニュウナイスズメ	雌	札幌	1877年 5月 4日	
(584)	3421	ニュウナイスズメ	雌	札幌	1877年 5月 4日	※(2)
585	3426	ニュウナイスズメ	雄	札幌	1877年 5月 6日	
586	3422	ニュウナイスズメ	雄	札幌	1877年 5月 6日	
587	3408	ニュウナイスズメ	雄	札幌		
588	3418	ニュウナイスズメ	雄	札幌	1877年 5月 6日	
589	3406	ニュウナイスズメ	雄	札幌	1877年 5月 6日	
590	3413	ニュウナイスズメ	雄	札幌	1877年 5月10日	
591	3403	ニュウナイスズメ	雌	札幌	1877年 5月10日	
592	3419	ニュウナイスズメ	雄	札幌	1877年 5月10日	

ラベル4番号	標本番号	標本名	Sex備考	採集地	採集日	注
594	3424	ニュウナイスズメ	雌	札幌	1877年 5月10日	
595	3415	ニュウナイスズメ	雄	札幌	1877年 5月11日	
596	3410	ニュウナイスズメ	雌	札幌	1877年 5月11日	
597	3417	ニュウナイスズメ	雌	札幌	1877年 5月11日	
598	3409	ニュウナイスズメ	雌	札幌	1877年 8月12日	
599	3407	ニュウナイスズメ	雌	札幌	1877年 8月12日	
600	3405	ニュウナイスズメ	雄	札幌	1878年 5月 7日	
601	3585	タヒバリ	雄	苫小牧		
602	3736	シメ	雌	函館		
603	3734	シメ	雌	函館		
604	3735	シメ	雄	函館	1877年 1月20日	
605	3732	シメ		函館港	1877年 1月25日	
606	3737	シメ	雌	函館	1877年 1月25日	
607	3463	イカル	雄	東京		
608	3448	イカル	雌	東京		
609	3582	タヒバリ		札幌		
610	3725	ウソ	雄			
611	3722	ウソ	雌	函館		
612	3727	ウソ	雌	函館		
614	3728	ウソ	雌	函館		
615	3520	オオジュリン	雌	勇払		
616	3716	ウソ	雌	函館		
617	3719	ウソ	雄	函館	1875年10月25日	
618	3451	カワラヒワ		札幌	1882年10月 5日	
619	3517	オオジュリン	雄	勇払	1882年 5月26日	
620	3503	オオジュリン	雌	勇払	1882年 5月26日	
621	3724	ウソ	雄	東京	1875年10月	
622	3720	ウソ	雄	東京	1875年10月	
623	3870	アオアシシギ	雌	苫小牧	1882年 9月16日	
624	3717	ウソ	雌	東京		
625	3726	ウソ	雄	函館港	1877年 2月16日	
626	3213	ベニマシコ	雌			
627	3215	ベニマシコ	雌	函館		
628	3212	ベニマシコ	雄	函館		
629	3214	ベニマシコ	雄	函館		
630	3210	ベニマシコ	雄	函館		
631	3203	ベニマシコ	雌		1874年 1月10日	
632	3205	ベニマシコ	雌	根室	1874年10月 6日	
633	3204	ベニマシコ	雌	函館	1875年 2月22日	
634	3218	ベニマシコ	雄	函館	1875年11月15日	
635	3208	ベニマシコ	雄	函館有川村	1876年 6月19日	
636	3207	ベニマシコ	雄	函館港	1877年 1月25日	

ラベル4番号	標本番号	標本名	Sex 備考	採集地	採集日	注
637	3217	ベニマシコ	雄	函館港	1877年 1月25日	
638	3206	ベニマシコ	雄	札幌	1877年 5月 2日	
640	3216	ベニマシコ	雌	札幌	1877年 5月15日	
641	3211	ベニマシコ	雌	札幌	1877年 5月24日	
642	3209	ベニマシコ	雄	札幌	1877年 5月28日	
643	40222	鳥類	脚部，雄	函館	1875年11月 6日	
644	3220	オオマシコ	雄	東京		
645	3222	オオマシコ	雌	東京	1877年 3月	
646	3461	イスカ	雄	函館		
647	3577	タヒバリ		札幌		
649	3462	イスカ	雄	函館港	1877年 1月21日	
650	3382	シマアオジ	雌	勇払郡勇払村	1874年 9月22日	
651	3384	シマアオジ	雄	東京	1877年 3月	
652	3389	クロジ	雄	根室	1874年10月 8日	
653	3697	アオジ	雌	白老	1882年 5月17日	
654	3689	アオジ	雌	東京	1877年 3月	
655	3388	ノジコ	雄	東京	1877年 3月	
656	3387	ノジコ	雄	東京	1877年 5月	
657	3376	ホオアカ	雄	函館		
658	3501	オオジュリン	雄，幼	函館		
659	3374	ホオアカ	雌	函館		
660	3371	ホオアカ	雄	函館		
661	3380	ホオアカ	雌	小安村	1873年 6月23日	
662	3507	オオジュリン		勇払	1875年 8月 6日	
663	3505	オオジュリン		勇払	1875年 8月 6日	
664	3369	ホオアカ	雄	函館港	1876年 6月	
665	3367	ホオアカ	雄	函館	1876年 6月13日	
666	3373	ホオアカ	雌	札幌	1877年 6月 2日	
667	3604	ホオアカ	雌	札幌	1877年 5月14日	
668	3381	ホオアカ	雄	札幌	1877年 5月26日	
669	3375	ホオアカ	雄	噴火湾	1877年 6月 4日	
671	3516	カシラダカ	雌	札幌	1881年11月 4日	
672	3515	カシラダカ	雌	函館	1875年11月15日	
673	3518	カシラダカ	雌	函館	1875年11月15日	
674	3894	ダイシャクシギ		横浜		
675	3714	アオジ	雄	白老		
676	3500	カシラダカ	雌	札幌	1877年10月12日	
677	3390	ミヤマホオジロ	雄	東京	1875年10月	
678	3710	アオジ	雄	函館		
679	3699	アオジ	雌	根室	1874年10月 7日	
680	3713	アオジ	雌	根室	1874年10月 7日	
681	3695	アオジ	雄	函館港	1877年 1月21日	

ラベル4 番号	標本 番号	標本名	Sex 備考	採集地	採集日	注
682	3690	アオジ	雄	函館港	1877年　4月29日	
683	3691	アオジ	雄	小沼	1877年　5月11日	
684	3704	アオジ	雄	函館	1877年11月27日	
685	3715	アオジ	雌	函館		
686	3709	アオジ		函館		
687	3694	アオジ	雄	札幌	1877年　4月15日	
688	3687	アオジ	雄	札幌	1877年　4月22日	
689	3708	アオジ	雄	札幌	1877年　4月29日	
690	3698	アオジ	雄	札幌	1877年　4月29日	
691	3688	アオジ	雄	札幌	1877年　5月　1日	
692	3700	アオジ	雌	札幌	1877年　5月　2日	
693	3705	アオジ	雄	札幌	1877年　5月　6日	
694	3696	アオジ	雄	札幌	1877年　5月　6日	
695	3712	アオジ	雄	札幌	1877年　5月　6日	
696	3693	アオジ	雌	札幌	1877年　5月　6日	
697	3702	アオジ	雌	札幌	1877年　5月　6日	
698	3701	アオジ	雌	札幌	1877年　5月　6日	
699	3706	アオジ	雄	札幌	1877年　5月　6日	
700	3711	アオジ	雄	札幌	1877年　5月11日	
702	3703	アオジ	雌	札幌	1877年　5月26日	
703	3483	ホオジロ	雄	函館		
704	3498	ホオジロ	雌	函館		
705	3481	ホオジロ	雄	函館		
706	3492	ホオジロ	雄	函館		
707	3479	ホオジロ	雄	函館		
708	3487	ホオジロ	雄	函館		
709	3488	ホオジロ	雄	勇払	1874年11月　4日	
(710)	3486	ホオジロ		函館		(8)
711	3482	ホオジロ	雄	長崎	1876年12月17日	
712	3490	ホオジロ	雄	噴火湾	1877年　6月　4日	
713	4008	セグロカモメ		横浜		
715	3506	オオジュリン		東京	1877年　3月	
716	3497	オオジュリン	雌	東京	1877年　3月	
717	4251	サンカノゴイ		函館		
718	3504	オオジュリン		函館		
719	3707	アオジ	雄	鵡川	1882年　5月26日	
720	3510	オオジュリン	雄	函館港	1877年　4月29日	
722	3401	コジュリン	雌	函館	1875年　8月23日	
(723)	3509	オオジュリン	雄	函館	1875年　8月23日	※(2)
724	3502	オオジュリン		東京		
725	3568	タヒバリ	雌	札幌		
726	3627	ヒバリ	雄	函館		

ラベル4番号	標本番号	標本名	Sex 備考	採集地	採集日	注
728	3578	タヒバリ		札幌		
729	4011	アオバト		札幌	1878年10月20日	
731	3591	ビンズイ				
732	3628	ヒバリ	雄	青森	1876年 4月 3日	
733	3632	ヒバリ	雄	函館	1876年 6月19日	
734	3566	タヒバリ	雌	札幌		
735	3586	タヒバリ	雌	札幌		
736	3596	タヒバリ		札幌		
737	3623	ヒバリ	雄	札幌	1877年 5月28日	
(739)	3651	エゾアカゲラ	雄	函館		(2)
740	3887	ホウロクシギ	雌	函館港	1876年 9月17日	
741	3646	エゾアカゲラ	雄	函館港	1875年11月10日	
742	3645	エゾアカゲラ	雌	函館港	1875年11月10日	
743	4243	コサギ		横浜		
744	4290	ノスリ	雄	根室		
745	3648	エゾアカゲラ	雄	札幌	1877年10月20日	
746	3656	エゾアカゲラ	雌	札幌	1877年10月20日	
747	4278	チゴハヤブサ	雄	佐留太	1882年 5月21日	
748	3638	エゾオオアカゲラ	雄，幼	函館	〔1861年10月21日〕	※(5)
749	3639	エゾオオアカゲラ	雄	千歳	1874年11月10日	
750	3641	オオアカゲラ	雄	幌別	1874年 8月25日	(6)
751	3640	エゾオオアカゲラ	雌	札幌	1877年 4月21日	
752	3637	エゾオオアカゲラ	雄	札幌	1877年10月28日	
754	3669	コアカゲラ	雄	札幌	1877年 4月29日	
755	3667	コゲラ	雄	札幌	1879年 6月23日	
756	3668	コゲラ	雌			
757	3666	コゲラ	雄	宿野辺	1875年11月 6日	
758	3033	クマゲラ	雄	函館		
759	3035	クマゲラ	雄	函館		
760	3036	クマゲラ	雌	函館	1878年11月21日	
761	3678	ヤマゲラ	雌	函館		
762	3676	ヤマゲラ	雄	函館		
763	3674	ヤマゲラ	雌	札幌	1877年 5月 4日	
764	3673	ヤマゲラ	雄	札幌	1877年 5月 5日	
765	4212	ウミスズメ	雄	千島占守		
766	3671	ヤマゲラ	雄	札幌	1877年 7月29日	
767	3602	ビンズイ		横浜		
768	3679	アオゲラ	雌	横浜	1879年 1月21日	
769	3662	アリスイ	雌	函館		
770	3663	アリスイ	雄	札幌	1877年 4月29日	
771	3665	アリスイ	雌	札幌	1877年 5月 8日	
772	3664	アリスイ	雄	札幌	1878年 5月12日	

ラベル 4番号	標本番号	標本名	Sex備考	採集地	採集日	注
773	3615	ツツドリ	雄	函館	1872 年 5 月 10 日	
774	3620	ツツドリ	雌	函館	1875 年 5 月 28 日	
775	3613	ツツドリ	雌	函館港	1877 年 5 月 26 日	
776	3617	ツツドリ	雄	新冠	1877 年 9 月 8 日	
777	3681	カッコウ	雄	札幌	1878 年 5 月 30 日	
778	3683	カッコウ		横浜		
779	3685	カッコウ	雄	札幌	1878 年 6 月 2 日	
780	3686	カッコウ	雄	札幌	1878 年 6 月 2 日	
781	3619	ツツドリ		函館	1878 年	
782	3616	ツツドリ	雌	新冠	1877 年 9 月 8 日	
783	3618	ツツドリ		新冠	1877 年 9 月 6 日	
784	3622	ジュウイチ		横浜		
785	4013	キジバト	雌	函館		
786	4015	キジバト	雌	函館富川村	1874 年 5 月 7 日	
787	3603	ビンズイ	雌	札幌	1882 年 10 月 4 日	
788	4016	キジバト	雌	札幌	1878 年 6 月 2 日	
789	3579	ビンズイ		札幌		
793	4153	エゾライチョウ	雌，雛	函館		
794	4155	エゾライチョウ	雄	ライデン越		
795	4190	ウズラ	雄	函館	1874 年 6 月 12 日	
796	4189	ウズラ	雄	函館	1874 年 6 月 12 日	
797	4193	ウズラ	雄	函館	1874 年 6 月 12 日	
798	4194	ウズラ	雄	函館泉沢村	1874 年 5 月 29 日	(4)
(799)		ウズラ	幼	北海道		(1)
800	3546	コヨシキリ	雄	札幌		
801	3542	コヨシキリ	雄	札幌	1882 年 6 月 4 日	
802	4158	キジ	雄	南部	1864 年 1 月	
803	4160	キジ	雌	南部	1864 年 1 月	
804	4151	キジ	雄	青森	1875 年 1 月 29 日	
805	4159	キジ	雌	青森	1875 年 1 月	
806	4150	キジ	雄	武蔵国荏原郡渋谷		
807	4149	キジ	雌	武蔵国荏原郡渋谷		
808	4148	キジ	雄	青森		
809	4146	ヤマドリ	雄	東京		
810	4147	ヤマドリ	雄	横浜	1875 年 12 月 29 日	
811	4023	マナヅル		東京	1874 年 11 月 10 日	
812	4021	タンチョウ		〔札幌〕	〔1878 年 6 月〕	※(9)
813	4022	ナベヅル	雄	東京	1874 年 11 月 10 日	
814	3968	タゲリ		新潟		
815	3969	タゲリ	雌	函館	1877 年 11 月 17 日	
816	3970	ケリ	雌	東京	1875 年 10 月 31 日	
817	3775	ダイゼン	雌	根室厚臼別	1874 年 10 月 11 日	

ラベル4番号	標本番号	標本名	Sex 備考	採集地	採集日	注
818	3774	ダイゼン	雌	釧路国厚岸浜中	1874年10月16日	
819	3776	ダイゼン	雄	厚岸浜中	1874年10月16日	
820	3780	ムナグロ				
821	3903	ムナグロ	雌	尾白内村		
822	3905	ムナグロ	雌	根室厚臼別	1874年10月12日	
823	3779	ムナグロ	雌	浜中	1874年10月16日	
824	3909	ムナグロ	雄	勇払郡測量■	1874年9月30日	
825	3907	ムナグロ	雌	函館	1876年9月24日	
826	3777	ムナグロ	雄	函館	1876年9月24日	
827	3783	ムナグロ		東京	1877年3月27日	
828	3778	ムナグロ	雌	函館		
829	3782	ムナグロ	雄	函館	1874年9月15日	
830	3781	ムナグロ		南北海道		
831	3764	コチドリ	雄	函館		
832	3937	アカエリヒレアシシギ		千島占守		
833	3768	シロチドリ	雌	青森	1876年4月23日	
834	3386	シマアオジ	雄	苫小牧	1882年9月17日	
835	3769	シロチドリ	雄	函館港	1877年4月29日	
836	3767	イカルチドリ		函館		
837	3763	イカルチドリ	雄	函館		
838	3832	コシャクシギ		銭函	1881年11月11日	
839	3765	イカルチドリ	雄	函館富川村	1874年5月11日	
840	3761	イカルチドリ	雄	函館	1874年4月19日	
841	3762	イカルチドリ	雄	札幌	1877年6月24日	
842	3771	メダイチドリ	雄	東京	1877年3月27日	
843	3772	メダイチドリ	雌	函館	1877年9月28日	
844	3770	メダイチドリ	雄	函館	1877年9月28日	
845	3773	コチドリ	雄	函館		
846	3843	ミヤコドリ	雄	浜中	1874年10月4日	
847	3110	ノビタキ	雄	登別		
848	3939	クサシギ				
849	3941	クサシギ	雄	函館	1871年9月9日	
850	3940	クサシギ		東京		
851	3393	スズメ		東京	1882年4月	
852	3974	タカブシギ	雄	函館		
853	3976	タカブシギ	雄	函館		
854	3977	タカブシギ	雌	函館	1874年8月23日	
855	3973	タカブシギ	雄	函館	1874年8月23日	
856	3978	タカブシギ	雄	函館	1874年9月12日	
858	3972	タカブシギ	雄	勇払	1874年8月19日	
859	3979	タカブシギ	雄	函館	1875年8月10日	
860	3982	タカブシギ	雌	函館	1875年8月23日	

ラベル4番号	標本番号	標本名	Sex 備考	採集地	採集日	注
861	3983	タカブシギ	雄		1875年 5月31日	
862	3984	タカブシギ		千島択捉		
863	3980	タカブシギ	雄	札幌	1878年 5月12日	
864	3917	キアシシギ	雄	函館		
865	4200	ウミオウム		千島占守		
866	3922	キアシシギ	雌	函館		
867	3916	キアシシギ	雄	函館		
868	3931	キアシシギ	雄	函館		
869	3920	キアシシギ	雄	函館掛澗村		
870	3925	キアシシギ	雄	函館当別村	1874年 5月26日	
871	3921	キアシシギ	雌	函館当別	1874年 5月26日	
872	3914	キアシシギ	雄	函館当別村	1874年 5月26日	
873	3926	キアシシギ	雄	上磯郡泉沢村	1874年 6月 2日	
874	3927	キアシシギ	雄	上磯郡泉沢村	1874年 6月 2日	
875	3915	キアシシギ	雌	函館	1874年 9月15日	
877	3918	キアシシギ	雌	上磯郡茂辺地村	1874年 5月20日	
878	3924	キアシシギ	雄	函館富川	1874年 5月10日	
879	3912	キアシシギ	雌	勇払	1874年 9月28日	
880	3098	ノビタキ	雌	札幌	1882年 6月 8日	
881	3930	キアシシギ	雄	根室	1874年10月 6日	
882	3923	キアシシギ	雌	根室厚臼別	1874年10月11日	
883	3919	キアシシギ	雌	根室	1874年10月 6日	
884	3913	キアシシギ	雌	函館港	1876年10月 4日	
885	3929	キアシシギ	雌	高島	1877年 8月 2日	
886	3901	ツルシギ	雌	長万部		
887	3099	ノビタキ		勇払	1882年 9月13日	
888	3900	ツルシギ	雄	函館	1875年10月20日	
889	3100	ノビタキ		札幌	1882年10月16日	
890	3869	アオアシシギ	雄	遊楽部	1875年10月 1日	
892	3868	アオアシシギ	雄	函館	1875年 9月15日	
893	3872	アオアシシギ	雄	函館	1875年 8月29日	
894	3867	アオアシシギ	雌	函館	1875年 8月29日	
895	3871	アオアシシギ	雄		1875年 5月29日	
896	3873	アオアシシギ	雄		1875年 6月 5日	
897	3866	アオアシシギ	雌	札幌	1878年10月29日	
898	3876	イソシギ	雌	函館		
899	3881	イソシギ	雌	函館		
900	3880	イソシギ	雄	函館		
901	3875	イソシギ	雄	函館	1874年 8月23日	
902	3878	イソシギ	雌	上磯郡富川村	1874年 5月10日	
903	3877	イソシギ	雌	上磯郡茂辺地村	1874年 5月19日	
904	3874	イソシギ	雌		1875年 5月21日	

ラベル 4 番号	標本番号	標本名	Sex 備考	採集地	採集日	注
905	3882	イソシギ			1875 年 6 月 7 日	
906	3879	イソシギ	雌	札幌	1877 年 6 月 15 日	
907	3838	オオソリハシシギ	雄	掛澗村		
908	3834	コシャクシギ	雄	掛澗村		
909	3837	オオソリハシシギ	雄	根室浜中	1874 年 10 月 16 日	
910	3841	オオソリハシシギ	雄	浜中	1874 年 10 月 16 日	
911	3833	コシャクシギ	雌	浜中	1874 年 10 月 16 日	
912	3839	オオソリハシシギ		東京	1877 年 3 月 27 日	
913	3842	オオソリハシシギ	雌	函館港	1877 年 5 月 20 日	
914	3836	コシャクシギ	雄	函館	1878 年 4 月 28 日	
915	3898	オグロシギ	雄	〔勇払〕	〔1874 年 9 月 30 日〕	※(9)
916	3897	オグロシギ	雌	函館	1875 年 8 月 25 日	
917	3899	オグロシギ	雄	函館	1876 年 9 月 13 日	
918	3233	シロハラゴジュウガラ		札幌	1882 年 10 月 17 日	
919	3225	シロハラゴジュウガラ		札幌		
920	3890	ヤマシギ	雌	函館	1875 年 5 月 17 日	
921	3891	ヤマシギ	雌	函館港	1876 年 10 月 25 日	
922	3893	ヤマシギ	雄	札幌	1878 年 5 月 23 日	
923	9021	アオシギ	雄	函館	1875 年 12 月 22 日	(4)
926	3845	アオシギ	雄	札幌	1878 年 3 月 2 日	
927	3847	アオシギ	雄	札幌	1878 年 4 月 28 日	
928	3857	オオジシギ	雄	函館		
929	3863	オオジシギ	雌	函館	1874 年 8 月 23 日	
930	3850	オオジシギ	雄	函館	1874 年 8 月 23 日	
931	3237	シロハラゴジュウガラ	雄	札幌	1882 年 10 月 15 日	
932	3854	オオジシギ	雄	上磯郡茂辺地村	1874 年 5 月 15 日	
933	3804	タシギ	雌	勇払	1874 年 8 月 19 日	
934	3855	オオジシギ		勇払	1875 年 8 月 12 日	
935	3860	オオジシギ		勇払	1875 年 8 月 7 日	
936	3800	タシギ	雌	函館	1874 年 9 月 10 日	
937	3801	タシギ	雌	函館港	1876 年 9 月 16 日	
938	3865	オオジシギ	雌	函館港	1877 年 7 月 9 日	
939	3858	オオジシギ	雄	札幌	1877 年 4 月 28 日	
940	3852	オオジシギ	雄	札幌	1877 年 5 月 1 日	
941	3849	オオジシギ	雄	札幌	1877 年 5 月 4 日	
942	3985	オオジシギ	雄	札幌	1877 年 5 月 17 日	(4)
943	3853	オオジシギ	雄	札幌	1877 年 5 月 28 日	
944	3861	オオジシギ	雌	札幌	1877 年 5 月 28 日	
945	3851	オオジシギ	雄	札幌	1878 年 5 月 2 日	
946	3794	タシギ	雌	函館		
947	3798	タシギ	雄	函館		
948	9019	タシギ	雄	函館		(4)

ラベル4番号	標本番号	標本名	Sex備考	採集地	採集日	注
949	3864	オオジシギ	雌	函館	1874年　9月10日	
950	3797	タシギ	雄	函館	1874年　9月10日	
951	3567	タヒバリ	雄	札幌		
952	3859	オオジシギ	雄	函館	1875年10月26日	
953	3793	タシギ	雄	函館	1875年10月26日	
954	3803	タシギ	雌	函館港	1876年　9月16日	
955	3796	タシギ	雌	函館	1876年　9月16日	
956	3805	タシギ	雌	東京	1877年　3月27日	
957	3802	タシギ	雄	長崎	1876年11月10日	
959	9020	タシギ		函館	1878年10月　8日	(4)
960	3844	タマシギ	雌	上総国		
961	3946	ミユビシギ	雌	勇払	1874年　9月27日	
962	3947	ミユビシギ	雄	勇払	1874年　9月27日	
963	3945	ミユビシギ	雌	厚岸浜中	1874年10月16日	
964	3948	ミユビシギ	雌	厚岸浜中	1874年10月17日	
965	3944	キョウジョシギ		東京		
966	3943	キョウジョシギ	雌	函館	1876年　5月24日	
967	3942	キョウジョシギ	雄	東京	1877年　3月	
968	4289	ノスリ				
969	3938	アカエリヒレアシシギ	雌	函館	1876年10月　1日	
970	3934	アカエリヒレアシシギ	雌	南北海道	1877年　5月14日	
971	3260	モズ	雄	札幌		
972	3935	アカエリヒレアシシギ	雌	函館港	1877年　5月25日	
973	3932	アカエリヒレアシシギ	雌	函館港	1877年　5月25日	
974	4285	ノスリ		横浜	1879年　2月　6日	
975	3933	アカエリヒレアシシギ	雄	函館港	1877年　5月26日	
976	3936	アカエリヒレアシシギ	雌	函館港	1877年　5月26日	
977	3848	オバシギ		函館		
978	4214	ウミガラス	雌	千島ウルップ		
979	3822	ハマシギ	雄			
980	3830	ハマシギ				
981	3825	ハマシギ	雌	勇払	1874年10月　3日	
982	3807	ハマシギ	雌	勇払	1874年10月　3日	
983	3810	ハマシギ	雌	勇払郡鵡川	1874年10月　3日	
984	3826	ハマシギ	雄	勇払郡鵡川	1874年10月　5日	
985	3821	ハマシギ	雌	勇払郡鵡川	1874年10月　5日	
986	3816	ハマシギ	雄	勇払郡鵡川	1874年10月　5日	
987	3819	ハマシギ	雄	勇払郡鵡川	1874年10月　5日	
988	3806	ハマシギ	雄	厚岸浜中	1874年10月16日	(4)
989	3829	ハマシギ	雌	厚岸浜中	1874年10月16日	
990	3828	ハマシギ	雄	厚岸浜中	1874年10月16日	
991	3813	ハマシギ	雌	厚岸浜中	1874年10月16日	

ラベル4番号	標本番号	標本名	Sex 備考	採集地	採集日	注
992	3820	ハマシギ	雌	根室厚臼別	1874年10月12日	
993	3811	ハマシギ	雄	勇払	1874年11月 8日	
994	3827	ハマシギ	雌	函館港	1876年10月 1日	
995	3814	ハマシギ	雄	函館港	1876年10月 1日	
996	3818	ハマシギ	雄	函館港	1876年10月 1日	
997	3812	ハマシギ	雄	函館港	1876年10月 1日	
998	3823	ハマシギ	雄	函館港	1876年10月 1日	
999	3824	ハマシギ	雄	函館港	1876年 9月16日	
1000	3808	ハマシギ	雄	函館港	1876年10月 1日	
1001	3831	ハマシギ	雄	函館港	1876年 5月24日	
1002	3817	ハマシギ	雄	函館港	1876年 5月24日	
1003	3785	ウズラシギ	雌	勇払郡	1874年11月 5日	
1004	3786	ウズラシギ	雌	勇払郡	1874年11月 4日	
1005	3733	シメ		札幌	1882年10月14日	
1006	3791	ウズラシギ	雌	根室国厚臼別	1874年10月12日	
1007	3790	ウズラシギ	雌	勇払郡	1874年11月 5日	
1008	3784	ウズラシギ	雄	釧路国浜中	1874年10月15日	
1009	3789	ウズラシギ	雌	苫小牧	1875年11月 4日	
1010	3787	ウズラシギ	雄	函館		
1011	3788	ウズラシギ		函館		
1012	4223	ツノメドリ	雄	千島占守		
1013	3971	キリアイ	雄	東京		
1014	3951	トウネン				
1016	3967	ヒバリシギ	雌	掛澗村		
1017	3958	トウネン	雌	掛澗村		
1018	3952	トウネン	雄	掛澗村		
1019	3957	トウネン	雌	浜中	1874年10月16日	
1020	3956	トウネン				
1021	3955	トウネン	雌	浜中	1874年10月16日	
1022	3966	ヒバリシギ	雌	函館港	1876年10月 1日	(4)
1024	3961	ヒバリシギ	雌	函館	1874年 8月23日	
1025	3959	ヒバリシギ	雄	函館	1874年 8月23日	
1026	3962	ヒバリシギ	雌	函館	1874年 9月 9日	
1027	34404	ツノメドリ	雌	千島		
1028	3960	ヒバリシギ	雄	函館	1875年 8月28日	
1029	4230	チシマウミバト		千島		
1030	3963	ヒバリシギ	雌		1875年 6月 3日	
1031	3953	トウネン		函館港	1876年 9月24日	
1032	3964	ヒバリシギ		函館		
1033	3950	ヘラシギ	雄	勇払	1874年 9月29日	
1034	3949	ヘラシギ		厚岸郡浜中	1875年 9月23日	
1035	3580	タヒバリ	雄	札幌		

ラベル4 番号	標本 番号	標本名	Sex 備考	採集地	採集日	注
1036	3590	タヒバリ	雄	札幌		
1037	3605	ビンズイ	雄	札幌		
1038	3888	ホウロクシギ	幼	千島択捉別飛	1881年 9月10日	
1039	3885	ホウロクシギ		函館港	1876年 9月19日	
1040	3886	ホウロクシギ	雄	函館港	1876年 9月19日	
1041	3889	ホウロクシギ	雄	函館	1876年 9月19日	
1042	3624	ヒバリ	雄	勇払	1882年 9月14日	
1043	3625	ヒバリ		函館	1874年 4月26日	
1044	3895	チュウシャクシギ	雄	函館	1876年 5月24日	
1045	4241	トキ	雄	函館	1874年 4月29日	
1047	5722	トキ		函館	1874年10月15日	
1049	3595	ビンズイ	雄	札幌		
1050	4245	アオサギ	雌	函館	1875年 8月18日	
1051	4246	アオサギ	雄			
1052	4248	ダイサギ		函館		
1053	39024	ダイサギ		函館	1877年 5月 2日	
1054	4247	ダイサギ		函館		
1055	4249	チュウサギ	雌	函館	1875年 5月13日	
1056	39023	コサギ		東京		
1057	4244	ゴイサギ	雌，幼	東京	1876年 1月	
1058	4242	ゴイサギ	雄	東京	1876年	
1059	4252	サンカノゴイ	雌	函館有川村	1874年 4月 6日	
1060	3672	ヤマゲラ	雌	札幌	1881年11月 5日	
1061	3677	ヤマゲラ	雄，幼	札幌	1882年10月17日	
1062	4254	オオヨシゴイ		函館	1878年 8月10日	
1063	4255	オオヨシゴイ		函館		
1064	4257	ヨシゴイ	雄	函館	1874年 9月 4日	
1065	4258	ヨシゴイ	雌	函館	1876年 8月14日	
1066	4260	ヨシゴイ		札幌	1877年 8月23日	
1067	4256	ヨシゴイ	雌	長崎		
1068	3334	ミヤマカケス	雌	札幌	1882年10月10日	
1069	4164	バン	雌	函館久根別		
1070	4166	バン	雄			
1071	4162	バン	雌	函館	1876年 5月15日	
1072	4165	バン	雌	函館	1877年 9月 8日	
1073	4163	バン	雌	札幌	1878年 8月25日	
1074	4168	ヒクイナ				
1075	4192	ヒクイナ	雛			
1076	4085	コケワタガモ	雌	千島		
1077	4185	ヒクイナ	雄	函館港	1876年 6月17日	
1078	4182	ヒクイナ	雄	函館港	1876年 6月17日	
1079	4183	ヒクイナ	雄		1876年 6月17日	

ラベル4番号	標本番号	標本名	Sex備考	採集地	採集日	注
1081	4180	ヒクイナ	雌	函館港	1877年 5月26日	
1082	4184	ヒクイナ	雄	長崎	1876年11月10日	
1083	4219	エトピリカ	雌	千島		
1084	4195	シマクイナ	雌	勇払	1874年 8月17日	
1085	4220	エトピリカ	雄	千島ウルップ		
1086	4177	クイナ	雄	函館		
1087	4175	クイナ	雄	函館		
1088	4186	クイナ	雄	函館		
1089	4170	クイナ	雌	函館		
1090	4171	クイナ	雌	札幌	1877年 5月13日	
1091	4179	クイナ	雌	札幌	1877年 5月16日	
1092	4173	クイナ	雌	札幌	1877年 5月16日	
1093	4174	クイナ	雄	札幌	1877年 5月26日	
1094	4172	クイナ	雄	札幌	1877年 5月24日	
1095	4176	クイナ	雄	長崎		
1096	4178	クイナ	雄	札幌	1878年 5月 2日	
1097	4128	カイツブリ				
1098	4131	カイツブリ	雌	遊楽部村		
1100	4130	カイツブリ	雌	森	1877年 5月13日	
1101	4129	カイツブリ		函館		
1102	4134	ハジロカイツブリ	雌	函館	1872年 4月 8日	
1103	4133	ハジロカイツブリ	雄	函館	1875年 1月19日	
1104	4132	ハジロカイツブリ		東京	1877年 3月	
1105	3792	タシギ		勇払	1882年 9月15日	
1106	4018	オオセグロカモメ		千島		
1107	4336	ミミカイツブリ	雌	長崎	1876年12月25日	
1108	4124	アカエリカイツブリ				
1109	4125	アカエリカイツブリ				
1110	4145	オオハム	雄	函館		(4)
1111	4142	オオハム	雌	函館港	1877年 5月30日	
1112	4143	シロエリオオハム	雄	函館港	1879年 5月 9日	
1113	4144	シロエリオオハム	雌	函館港	1879年 5月 9日	
1114	4122	アビ	雌	函館		
1115	4123	アビ	雌	函館	1872年 4月 7日	
1116	4126	アビ	雄？	十勝	1874年10月 1日	
1117	4101	ウミアイサ		函館		
1118	4096	ウミアイサ	雄	函館		
1119	4097	ウミアイサ	雌	函館		
1120	4100	ウミアイサ	雌	後別村		
1121	4098	ウミアイサ	雌	後別村		
1122	4104	ウミアイサ	雌	青森	1876年 4月28日	
1124	4099	ウミアイサ	雄，幼	函館		

ラベル4番号	標本番号	標本名	Sex備考	採集地	採集日	注
1125	4103	カワアイサ	雌	札幌	1878年 2月10日	
1126	4086	ミコアイサ	雄	函館		
1127	4089	ミコアイサ	雌	函館		
1128	4087	ミコアイサ	雌			
1129	4088	ミコアイサ	雌	函館		
1130	4136	オオハクチョウ	雄		1874年 2月19日	
1131	4135	オオハクチョウ	雄	函館港	1876年12月25日	
1132	4141	ヒシクイ	雌	青森		
1133	4139	ヒシクイ	雄	遊楽部		
1134	4138	ヒシクイ			1874年 9月29日	
1135	4137	ヒシクイ	雌	幌泉郡鹿野村	1877年 2月 9日	
1136	4140	ヒシクイ	雌	厚臼別	1874年10月14日	
1137	4121	マガン	雌，幼	函館	1874年10月16日	
1138	4120	ハクガン		横浜	1879年 2月	
1139	4059	マガン	雄	青森		
1142	4060	カリガネ	雌	厚臼別	1874年10月12日	
1143	4117	シジュウカラガン	雌	函館	1875年11月21日	
1144	4119	シジュウカラガン	雄	函館	1877年11月25日	
1145	4118	シジュウカラガン		函館		
1146	4114	コクガン	雌，幼	函館港	1876年11月25日	
1148	4116	コクガン	雄	函館港	1879年 4月 9日	
1149	4058	ツクシガモ	雄	長崎		
1150	4062	ハシビロガモ	雌	勇払	1874年11月 6日	
1151	4064	ハシビロガモ	雄	函館	1874年10月 7日	
1152	4061	ハシビロガモ	雄		1875年 5月25日	
(1153)	4063	ハシビロガモ	雌	札幌	1878年10月29日	※(10)
1155	4053	マガモ	雄	青森		
1156	4052	マガモ	雌	函館		
1158	4056	マガモ	雄	久根別		
1159	4054	マガモ	雄	小沢		
1160	4051	マガモ	雄	勇払	1874年11月 6日	
1161	4055	マガモ	雄		1875年 6月 7日	
1162	4068	ヨシガモ	雌		1875年 5月28日	
1163	4038	カルガモ	雄	函館		
1164	4036	カルガモ	雄	函館	1875年 9月29日	
1165	4037	カルガモ		函館	1875年10月	
1166	4035	カルガモ	雄	青森	1876年 4月23日	
1167	4039	カルガモ	雄	青森	1875年10月	
1168	4332	オナガガモ	雄	青森		
1169	4334	オナガガモ	雌	青森		
1170	4333	オナガガモ	雄	国縫		
1171	4335	オナガガモ	雌	三石郡	1874年11月 2日	

ラベル4 番号	標本 番号	標本名	Sex 備考	採集地	採集日	注
1172	4325	ヒドリガモ	雌	函館		
1173	4318	ヒドリガモ	雄	函館		
1174	4322	ヒドリガモ	雄	函館	1875年10月 1日	
1175	4319	ヒドリガモ	雌	函館	1875年10月 1日	
1176	4320	ヒドリガモ				
1177	4324	ヒドリガモ	雌		1875年 5月29日	
1178	4321	ヒドリガモ	雄	函館	1876年 5月24日	
1179	4323	ヒドリガモ	雌	札幌	1878年10月25日	
1180	4338	コガモ	雄	函館		
1181	4339	コガモ	雌	函館		
1182	4343	コガモ	雌	函館		
1183	4344	コガモ	雄	勇払	1874年10月 3日	
1184	4342	コガモ		函館	1875年 8月 9日	
1185	4341	コガモ	雄		1875年 6月 5日	
1186	4340	シマアジ	雄	札幌	1878年 5月11日	
1187	4337	シマアジ	雌	札幌	1878年 5月11日	
1188	4329	オシドリ	雌	函館	1872年 4月28日	
1189	4327	オシドリ	雄	函館港	1876年 9月29日	
1190	4328	オシドリ	雌	札幌	1877年 4月22日	
1191	4330	オシドリ	雄			
1194	4326	ヒドリガモ	雄	函館	1875年10月 1日	
1195	4066	ヨシガモ	雄		1875年 5月25日	
1196	4065	ヨシガモ	雌		1875年 5月25日	
1197	4067	ヨシガモ	雄	函館	1879年 3月31日	
1198	4032	トモエガモ	雄	東京		
1199	4034	トモエガモ	雄	東京		
1200	4033	トモエガモ	雌	東京		
1201	4094	ビロードキンクロ	雌	函館		
1202	46166	ビロードキンクロ	雄	青森		
1203	4091	ビロードキンクロ	雌	函館		
1204	4095	ビロードキンクロ	雄	函館		
(1205)	4069	クロガモ	雄	函館	1877年 2月 9日	※(2)
1206	4070	クロガモ	雄	千島	1881年 5 〜 7月	
1207	4083	ホオジロガモ	雄	函館		
1208	4082	ホオジロガモ	雄，幼	函館		
1209	4079	ホオジロガモ	雌	函館		
1210	4080	ホオジロガモ	雄	札幌		
1211	4078	ホオジロガモ	雌			(4)
1212	4081	ホオジロガモ	雌	札幌	1878年 2月 5日	
1213	4077	ホオジロガモ	雌	〔札幌〕	〔1878年 2月25日〕	※(9)
(1214)	4031	シノリガモ	(雄)	(函館)		(11)
1215	4027	シノリガモ	雄	矢追村		

ラベル4番号	標本番号	標本名	Sex備考	採集地	採集日	注
1216	4029	シノリガモ	雄	後別村		
1217	4030	シノリガモ	雄	函館港	1876年11月16日	
1218	4024	コオリガモ	雄	函館		
1219	4026	コオリガモ	雄	函館		
1220	4025	コオリガモ	雌	函館	1875年 1月21日	
1221	4042	スズガモ	雌	函館		
1222	4045	スズガモ	雌	函館		
(1223)	4043	スズガモ	雄	函館		(2)
1224	4041	スズガモ	雌	函館		
1225	4040	スズガモ	雌	函館		
1226	4044	スズガモ	雄	函館港	1876年 5月 3日	
1227	4090	キンクロハジロ	雄	函館	1874年12月 1日	
1228	4071	キンクロハジロ	雌	函館港	1876年10月27日	
1229	4076	キンクロハジロ	雄	函館港	1876年11月 7日	
1230	4072	キンクロハジロ	雌	札幌	1878年10月29日	
1231	4075	キンクロハジロ	雄	函館	1875年 5月 9日	
1232	4074	キンクロハジロ		横浜		
1234	4093	アカハジロ	雌	函館(小沼)		
1235	3692	アオジ	雄	札幌	1882年10月15日	
1236	4084	コケワタガモ	雄		1875年 5月21日	
1237	4113	ウミウ		函館		
1238	4111	ウミウ		函館		
1239	4109	ウミウ				
1240	4107	ヒメウ	雌	函館		
(1241)	4108カ	ウガラス	雌	函館		(2)
1242	4112	ヒメウ	雄	函館		
1243	4106	ヒメウ	雌	函館		
1244	4003	ウミネコ	雄	函館	1872年 4月 8日	
1245	3997	ウミネコ	雌	函館		
1246	4001	ウミネコ	雄	根田内村		
1247	4000	ウミネコ		函館		
1248	4004	ウミネコ		函館		
1249	3995	シロカモメ	雄	函館	1872年 3月29日	
1250	3642	エゾオオアカゲラ	雌	札幌	1882年 6月 2日	
1251	3994	シロカモメ		函館		
1252	4020	オオセグロカモメ		函館		
1253	4005	ワシカモメ	雄	函館		
1254	3650	エゾアカゲラ	雄	横浜		
1256	3965	ヒバリシギ		苫小牧	1882年 9月16日	
1257	4007	オオセグロカモメ	雌	函館		
1258	3896	コシャクシギ	雌	勇払		
1259	3647	エゾアカゲラ	雌	札幌	1882年 9月30日	

ラベル4番号	標本番号	標本名	Sex備考	採集地	採集日	注
1260	3998	ミツユビカモメ	雌	根室	1874年10月 6日	
1261	3990	ユリカモメ	幼	函館		
1262	3991	ユリカモメ	雌	函館		
1263	3988	ユリカモメ	雄	函館		
1264	3989	ユリカモメ	雌	函館		
1265	3986	ユリカモメ	雄		1875年 5月30日	
1266	3981	タカブシギ	雄	勇払		
1267	3987	ユリカモメ	雌	函館	1875年11月15日	
1268	3992	ユリカモメ		青森	1876年 4月23日	
1269	3993	ユリカモメ		函館港	1877年 4月29日	
1270	3652	エゾアカゲラ	雄	札幌		
1271	4017	アジサシ	雄	函館	1876年 9月20日	
1272	3657	エゾアカゲラ	雌	札幌	1882年10月 4日	
1273	3633	コシジロウミツバメ	雌	色丹島	1876年 6月23日	
(1274)	3634カ	コシジロウミツバメ	雄			(11)
(1275)	3635	コシジロウミツバメ	雄	色丹島	1876年 6月23日	※(2)
1276	3999	ウミネコ		函館		
1277	3840	オオソリハシシギ	雌	勇払		
1278	4047	クロアシアホウドリ	雄	函館	1874年 6月27日	
1279	4048	クロアシアホウドリ	雌	函館有川沖	1876年 6月19日	
(1280)	4050	クロアシアホウドリ	雌	函館有川沖	1876年 6月19日	※(2)
1281	4049	クロアシアホウドリ	雌	函館有川沖	1876年 6月19日	
1282	4046	アホウドリ	雄	〔函館〕	〔1877年 6月18日〕	※(9)
1283	4222	エトピリカ	雄	千島	1876年 7月 7日	
1284	4235	ウミバト		千島	1881年	
1285	4217	ウミガラス	雄	函館港	1876年 7月24日	
1286	4215	ハシブトウミガラス	雄	千島	1876年 7月 7日	
1287	4216	ハシブトウミガラス		函館港		
1288	4224	ケイマフリ	雌	函館	1875年 6月 6日	
1289	3660	エゾアカゲラ	雌	札幌	1882年10月 7日	
1290	3095	ノビタキ	雌	札幌	1882年 5月31日	
1291	4238	ウトウ	雌	函館		
1292	4236	ウトウ	雄	函館		
1293	4237	ウトウ	雄	函館		
1294	4232	ウトウ	雄	函館		
1295	4234	ウトウ	雄	ウラジオストク		
1296	4231	ウトウ	雄	有川沖	1876年 6月19日	
1297	4239	ウトウ	雌	有川沖	1876年 6月	
1298	4233	ウトウ	雌	函館	1876年10月18日	
1299	4204	ウトウ	雛	函館		
1300	4208	ウミスズメ	雌	函館		
1301	4210	ウミスズメ	雌	函館	1874年 5月 3日	

ラベル4番号	標本番号	標本名	Sex 備考	採集地	採集日	注
1302	4213	ウミスズメ	雄	函館茂辺地	1874年 5月16日	
1303	4206	ウミスズメ	雌	函館	1875年 2月27日	
1304	4205	ウミスズメ		函館	1876年10月	
1305	4209	ウミスズメ		東京	1877年 3月27日	
1306	4203	カンムリウミスズメ	雌	函館	1876年10月18日	
1307	4211	カンムリウミスズメ	雄	長崎		
1308	3345	ムクドリ	雄	札幌		
1309	4202	マダラウミスズメ	雌	函館		
1310	4201	マダラウミスズメ	雌	函館	1875年 2月27日	
1311	3340	ムクドリ	雌	札幌		
1312	3348	ムクドリ	雌	札幌		
1313	4197	エトロフウミスズメ	雌	千島	1875年 6月11日	
1314	4196	シラヒゲウミスズメ		千島		
紐のみ	3846	アオシギ				
紐のみ	3429	ニュウナイスズメ	雌	札幌	1877年 5月10日	
紐のみ	4073	キンクロハジロ	雄	〔函館〕	〔1877年 5月19日〕	※(9)
紐のみ	4279	コチョウゲンボウ	雌	函館	1875年12月24日	
紐のみ	4304	オオワシ				
紐のみ	3176	ヨタカ		東京	1877年 3月	
紐のみ	3592	タヒバリ		札幌		
紐のみ	3597	タヒバリ	雄	根室	1874年10月 6日	
紐のみ	4115	コクガン				

本付表は，北海道大学北方生物圏フィールド科学センター植物園(2002)の目録掲載のものを基本としているが，誤記や脱落が判明したものを補足している。また，スタイネガーの情報も付け加えてある。

注記欄に※があるものは，第1章の表1-2の統計に入れていない。

標本番号欄が空白のものは，目録作成時の情報があるものの現在標本が確認できないもの。

(1)目録作成時のカードに含まれるが現在該当する標本が確認できない。

(2)目録作成用カードからラベル4欠を補える。

(3)採集日「38・9・25」とあり。

(4)目録作成用カードに該当なし。

(5)採集日詳細はスタイネガーの論文による。

(6)採集地詳細はスタイネガーの論文による。

(7)スタイネガーの論文では「181」はキバシリの番号になっている。

(8)目録作成時のカードに該当する可能性があるが確証に欠ける。

(9)採集地・採集日情報は目録作成時のカードに基づく。

(10)目録作成用カードで合致，カード記載の番号と付属する和紙のラベルの番号が付属。

(11)目録作成用カードにあり，ラベル4欠を補える可能性あり。

付表3　ブラキストンが利用したラベルとラベル7の記載情報の齟齬

標本番号	標本名	ブラキストンラベル記載		ラベル7記載		注
3024	ヤマセミ	札幌	1877年 7月29日	札幌	1879年 7月29日	
3042	ハシブトガラス	小樽	1875年11月13日	小樽	1875年11月15日	
3087	ジョウビタキ	函館	1877年 2月 6日	函館	1877年 2月08日	
3132	ツグミ	札幌	1882年10月10日	札幌	1872年10月10日	
3149	キバシリ	函館	2月	函館	3月	(1)
3151	キバシリ	札幌	1877年 5月 8日	函館	3月	(2)
3190	カワセミ	函館	1875年 8月21日	函館	1875年 8月12日	
3230	ゴジュウカラ	札幌	1877年 5月 5日	札幌	1877年 4月21日	(3)
3234	ゴジュウカラ	函館	2月	札幌	1877年 4月21日	(4)
3238	コガラ	札幌	1882年10月17日	札幌	1877年 5月 2日	
3239	コガラ	札幌	1877年 5月 8日	札幌	1877年 5月 2日	
3244	コガラ	札幌	1877年 4月21日	札幌	1877年 5月 2日	
3246	コガラ	札幌	1878年 4月22日	札幌	1877年 6月 2日	(5)
3290	サンコウチョウ	東京	1877年 3月	東京	11月	
3296	サメビタキ	札幌	1875年10月 3日	札幌	1877年 5月26日	
3298	コサメビタキ	函館	5月	札幌	1877年 5月26日	
3301	コサメビタキ	森村	1877年 5月13日	札幌	1877年 5月26日	
3326	ミヤマカケス	函館	10月	幌泉	1874年10月28日	
3331	ミヤマカケス	厚臼別	1874年10月12日	幌泉	1874年10月28日	
3356	コムクドリ	佐留太	1882年 5月24日	札幌		
3369	ホオアカ	函館	1876年 6月	函館	1876年 8月 6日	
3379	ホオアカ	札幌	1882年 7月16日	札幌	1872年 7月16日	
3451	カワラヒワ	札幌	1882年10月 5日	札幌	1882年 5月	
3461	イスカ	函館		東京		
3511	カシラダカ	札幌	1882年10月10日	札幌	1882年11月10日	
3535	コヨシキリ	東京	1877年 3月	函館		
3560	シマセンニュウ	函館	1876年 9月11日	札幌	9月	
3567	タヒバリ	札幌	10月	札幌	9月	
3570	ビンズイ	札幌	10月	札幌	1882年10月 5日	
3579	ビンズイ	札幌	10月	札幌	1882年10月 4日	
3585	タヒバリ	苫小牧	9月	札幌	9月	
3589	タヒバリ	勇払	1874年11月 5日	札幌		
3595	ビンズイ	札幌	9月	札幌	1882年 9月30日	
3597	タヒバリ	根室	1874年10月 6日	札幌		
3605	ビンズイ	札幌	10月	札幌	1882年10月 4日	
3609	ビンズイ	札幌	9月	札幌	1882年 9月26日	
3618	ツツドリ	新冠	1877年 9月 6日	新冠	1877年10月 6日	
3622	ジュウイチ	横浜		函館		
3685	カッコウ	札幌	1878年 6月 2日	札幌	1878年 7月 2日	
3686	カッコウ	札幌	1878年 6月 2日	札幌	1878年 1月 2日	

標本番号	標本名	ブラキストンラベル記載		ラベル7記載		注
3687	アオジ	札幌	1877年 4月22日	札幌	1877年 3月22日	
3692	アオジ	札幌	1882年10月15日	札幌	1882年10月12日	
3694	アオジ	札幌	1877年 4月15日	札幌	1877年 3月15日	
3711	アオジ	札幌	1877年 5月11日	札幌	1877年11月 6日	
3739	シジュウカラ	札幌	1882年10月 8日	函館		
3743	シジュウカラ	札幌	1882年10月18日	函館	1月	
3744	シジュウカラ	札幌	1882年10月 7日	函館	1月	
3747	シジュウカラ	札幌	1882年10月17日	函館	1月	
3779	ムナグロ	浜中	1874年10月16日	浜中	1874年11月16日	
3786	ウズラシギ	勇払	1874年11月 4日	勇払	1874年11月24日	
3803	タシギ	函館	1876年 9月16日	函館	1874年 9月16日	
3823	ハマシギ	函館	1876年10月 1日	函館	1876年10月 2日	
3856	オオジシギ	札幌	1881年 4月22日	札幌	1888年 3月22日	
3867	アオアシシギ	函館	1875年 8月29日	函館	1875年 9月 9日	
3892	ヤマシギ	札幌	1881年 4月24日	札幌	1881年 3月24日	
3949	ヘラシギ	浜中	1875年 9月23日	函館	1875年 2月23日	
3954	トウネン	浜中	1874年10月16日	浜中	1874年11月16日	
3961	ヒバリシギ	函館	1874年 8月23日	函館	1874年10月23日	
4026	コオリガモ	函館		厚岸/函館		
4039	カルガモ	青森	1875年10月	青森	4月	
4049	クロアシアホウドリ	函館有川沖	1876年 6月19日	有川沖	1876年 2月19日	
4133	ハジロカイツブリ	函館	1875年 1月19日	函館	6月	
4215	ハシブトウミガラス	千島	1876年 7月 7日	千島	1872年 7月 7日	
4257	ヨシゴイ	函館	1874年 9月 4日	函館	1874年 9月 3日	
4296	クマタカ	函館	12月 2日	函館	3月	
4300	オジロワシ	幌泉郡歌露布村	1877年 2月17日	幌泉	1877年 2月 7日	
4309	ハイイロチュウヒ	函館	1872年 4月 7日	函館	3月	

(1)スタイネガーによれば1873年2月1日採集。
(2)スタイネガーによれば1877年5月8日採集。
(3)スタイネガーによれば1877年5月5日採集。
(4)スタイネガーによれば函館，1873年2月1日採集。
(5)ラベル2には「4月21日」ともあり。

引用・参考文献

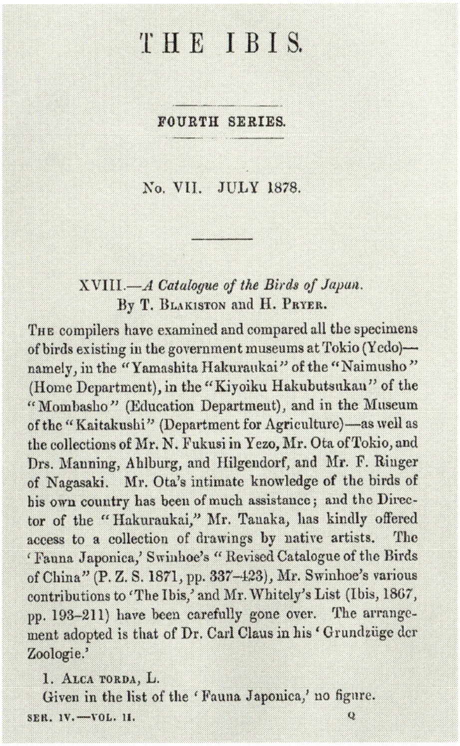

THE IBIS.

FOURTH SERIES.

No. VII. JULY 1878.

XVIII.—*A Catalogue of the Birds of Japan.*
By T. Blakiston and H. Pryer.

The compilers have examined and compared all the specimens of birds existing in the government museums at Tokio (Yedo)—namely, in the "Yamashita Hakuraukai" of the "Naimusho" (Home Department), in the "Kiyoiku Hakubutsukan" of the "Mombasho" (Education Department), and in the Museum of the "Kaitakushi" (Department for Agriculture)—as well as the collections of Mr. N. Fukusi in Yezo, Mr. Ota of Tokio, and Drs. Manning, Ahlburg, and Hilgendorf, and Mr. F. Ringer of Nagasaki. Mr. Ota's intimate knowledge of the birds of his own country has been of much assistance; and the Director of the "Hakuraukai," Mr. Tanaka, has kindly offered access to a collection of drawings by native artists. The 'Fauna Japonica,' Swinhoe's "Revised Catalogue of the Birds of China" (P. Z. S. 1871, pp. 337–423), Mr. Swinhoe's various contributions to 'The Ibis,' and Mr. Whitely's List (Ibis, 1867, pp. 193–211) have been carefully gone over. The arrangement adopted is that of Dr. Carl Claus in his 'Grundzüge der Zoologie.'

1. Alca torda, L.
Given in the list of the 'Fauna Japonica,' no figure.

SER. IV.—VOL. II. Q

ブラキストンとプライヤーによる
「Catalogue of the Birds of Japan」
(『Ibis』1878 より)

阿部たつを. 1957:「ブレキストン寄贈の鳥類剝製標本」(『海峡』34)
阿部たつを. 1958:「ブレキストン寄贈の鳥類標本」(『海峡』35)
H. W. Bates. 1873:「On the Geodephagous Coleoptera of Japan」(『Trans. of the Ent. Soc. of London』, 1873)
H. W. Bates. 1883:「Supplement to the Geodephagous Coleoptera of Japan, chiefly from the collection of Mr. George Lewis, made during his second visit, from February, 1880 to September, 1881.」(『Trans. of the Ent. Soc. of London』1883)
T. W. Blakiston. 1882:「Ornithological News」(『The Chrysanthemum』2)
T. W. Blakiston. 1883a:「Ornithological News」(『The Chrysanthemum』3)
T. W. Blakiston. 1883b:『Japan in Yezo: a series of papers descriptive of journeys undertaken in the Island of Yezo, at intervals between 1862 and 1882』(Japan Gazette Office)
T. W. Blakiston. 1884:『Amended List of the Birds of Japan According to Geographical Distribution; with Notes Concerning Additions and Corrections Since January 1882』(Taylor & Francis)
トーマス・W・ブラキストン(近藤唯一訳). 1979:『蝦夷地の中の日本』(八木書店)
T. W. Blakiston and H. J. Pryer. 1878:「Catalogue of the Birds of Japan」(『Ibis』2(7))
T. W. Blakiston and H. J. Pryer. 1880:「Catalogue of the Birds of Japan」(『Trans. Asiatic Soc. of Japan』8(2))
T. W. Blakiston and H. J. Pryer. 1882:「Birds of Japan」(『Trans. Asiatic Soc. of Japan』10(1))
千代肇. 1979:「明治の函館博物館」(『日本歴史』378)
ディアス・コバルビアス(大垣貴四郎・坂東省次訳). 1983:『日本旅行記』(『新異国叢書』2-7, 雄松堂)
江崎悌三. 1955a:「昆虫学のあけぼの」(『昆虫』23(3))
江崎悌三. 1955b:「蝶行脚奥の細道」(『昆虫』23(4))
江崎悌三. 1956a:「蟲愛ずる異人さん」(『昆虫』24(1))
江崎悌三. 1956b:「紅毛愛蝶家群像」(『昆虫』24(2))
芳賀良一. 1958:「博物館の動物標本—その歴史」(『北大季刊』15)
八田三郎・村田庄次郎. 1906:「北海道産鳥類目録」(『札幌博物学会報』1)
北海道大学文学研究科プロジェクト研究. 2001:『北海道大学農学部博物館の絵画—博物画・風景画・アイヌ絵・洋画』(北海道大学文学研究科平成12年度プロジェクト研究報告書, 北海道大学大学院文学研究科)
北海道大学附属図書館. 1992:『明治大正期の北海道:写真と目録』(北海道大学図書刊行会)
北海道大学北方生物圏フィールド科学センター植物園. 2002:「T. W. ブラキストン 鳥類目録」(『北大植物園資料目録』2)
飯島魁. 1891:「Nippon no Tori Mokuroku (List of the Birds of Japan)」(『動物学雑誌』3(36))
井上能孝. 1987:『箱館英学事始め』(北海道新聞社)
T. Inukai. 1932:「A Brief Biography of Captain Blakiston」(『札幌博物学会報』12(4))
犬飼哲夫. 1943:「北海道に於けるブラキストン氏とブラキストン線」(『北の風土と動物』北方文化出版社)
犬飼哲夫. 1988:「トーマス・ライト・ブラキストン」(木原均・篠遠吉人・磯野直秀監修

『近代日本生物学者小伝』平河出版社)
石井光太郎・東海林静男編. 1973:『横浜どんたく 上』(有隣堂)
石川千代松. 1931:「学会雑記 日本の動物学に関係ある外国人」(『岩波講座 生物学』岩波書店)
磯野直秀. 1992:「東京国立博物館蔵『博物館図譜』について」(『慶応義塾大学日吉紀要・自然科学』12)
磯野直秀. 1993:「日本博物学史覚え書(I)」(『慶應義塾大学日吉紀要・自然科学』14)
岩川友太郎. 1927:「甲蟲學者ルイス氏を偲びて」(『昆虫』2(2))
岩佐博敏. 1970:『北海道写真百年史』(札幌写真師会)
岩崎克己. 1935:『柴田昌吉伝』(一誠堂書店)
J. Jobling. 1991:『A Dictionary of Scientific Bird Names』(Oxford)
片桐一男. 1985:『阿蘭陀通詞の研究』(吉川弘文館)
加藤克. 2001:「北海道大学農学部博物館所蔵絵画資料の歴史的検討」(『北海道大学農学部博物館の絵画―博物画・風景画・アイヌ絵・洋画』北海道大学文学研究科平成 12 年度プロジェクト研究報告書, 北海道大学大学院文学研究科)
加藤克. 2002:「史料紹介『札幌農学校所属博物館標本採集日記』(1)」(『北大植物園研究紀要』2)
加藤克. 2003a:「ブラキストン標本と絵画資料」(『北大植物園研究紀要』3)
加藤克. 2003b:「史料紹介『札幌農学校所属博物館標本採集日記』(2)」(『北大植物園研究紀要』3)
加藤克. 2004:「札幌農学校所属博物館のアイヌ民族資料」(『北大植物園研究紀要』4)
加藤克. 2005:「ブラキストンと札幌博物場」(『北大植物園研究紀要』5)
加藤克. 2006:「史料紹介『札幌農学校所属博物館標本採集日記』(3)」(『北大植物園研究紀要』6)
加藤克. 2008:「北海道大学植物園所蔵アイヌ民族資料について：歴史的背景を中心に」(『北大植物園研究紀要』8)
加藤克. 2011:「札幌農学校所属博物館の利尻礼文調査資料について」(『利尻研究』30)
加藤克・市川秀雄. 2001:「折居彪二郎採集標本の歴史的検討」(『北海道大学農学部博物館研究紀要』1)
加藤克・市川秀雄. 2002:「北大植物園所蔵ブラキストン標本の受入過程とその現状」(『北大植物園研究紀要』2)
加藤克・市川秀雄. 2004:「北大植物園・博物館所蔵アメリカ自然史博物館鳥類標本について」(『北大植物園研究紀要』4)
加藤克・市川秀雄. 2005:「犬飼哲夫のブラキストン資料」(『北大植物園研究紀要』5)
加藤克・市川秀雄・高谷文仁. 2009:「札幌農学校所属博物館における鳥類標本管理史(1)：東京仮博物場から札幌農学校所属博物館初期まで」(『北大植物園研究紀要』9)
加藤克・市川秀雄・高谷文仁. 2010:「札幌農学校所属博物館における鳥類標本管理史(2)：明治期の札幌農学校所属博物館」(『北大植物園研究紀要』10)
北島佐一郎. 1985:「ブラキストンについて」(『こくがん』5)
古賀十二郎. 1947:『徳川時代に於ける長崎の英語研究』(九州書房)
国立科学博物館. 1977:『国立科学博物館百年史』(第一法規出版社)
越崎宗一. 1946:『北海道写真文化史』(新星社)
河野常吉. 1979:『北海道人名字彙』(北海道出版企画センター)
黒田長礼. 1958:『日本鳥類目録 第 4 版』(日本鳥学会)

草間慶一. 1971:「ジョージ・ルイスの足跡について(上)・(下)」(『月刊むし』8)
G. Lewis. 1879:『A Catalogue of Coleoptera from the Japanese Archipelago』(Taylor and Francis)
G. Lewis. 1883:「On the Lucanidae of Japan」(『Trans. of the Ent. Soc. of London』)
松浦啓一編. 2003:『標本学—自然史標本の収集と管理』(国立科学博物館叢書 3, 東海大学出版会)
リン・L・メリル(大橋洋一・照屋由香・原田祐貨訳). 2004:『博物学のロマンス』(国文社)
宮部金吾博士記念出版刊行会編. 1953:『宮部金吾』(岩波書店)
村井忠政. 1992:「トーマス・ブラキストンの研究(Ⅰ)」(『開発論集』50)
村井忠政. 1994:「トーマス・ブラキストンの研究(Ⅱ)」(『開発論集』53)
村井忠政. 1995:「トーマス・ブラキストンの研究(Ⅲ)」(『開発論集』55)
村井忠政. 1996:「トーマス・ブラキストンの研究(Ⅳ)」(『開発論集』57)
村田荘次郎. 1900a:「北海道鳥類一班(一)」(『動物学雑誌』12(142))
村田荘次郎. 1900b:「北海道鳥類一班(二)」(『動物学雑誌』12(144))
村田荘次郎. 1901a:「北海道鳥類一班」(『動物学雑誌』13(147))
村田荘次郎. 1901b:「北海道鳥類一班」(『動物学雑誌』13(153))
村田荘次郎. 1902:「北海道鳥類一班(續き)」(『動物学雑誌』14(169))
村田庄次郎編. 1910:『札幌博物館案内』(維新堂)
村田豊治. 2003:『堀達之助とその子孫』(同時代社)
長崎県立長崎図書館. 2002-2005:『幕末・明治期における長崎居留地外国人名簿Ⅰ〜Ⅲ』(長崎県立長崎図書館)
野村全・藤野直也. 1992:「GEORGE LEWIS 覚え書き(1)」(『昆虫学評論』47(2))
岡田健蔵. 1946:『箱館開講史話』(是空会, 1931 年 10 月に放送した原稿を刊行したもの)
大久保利謙. 1983:「神奈川裁判所の設置をめぐる内・外情況—国際関係からみた神奈川県の成立過程」(『神奈川県史 各論編 1』神奈川県)
ペルリ提督(土屋喬雄・玉城肇訳). 1953-1955:『日本遠征記』(岩波書店)
H. J. Pryer. 1883-1885:「A Catalogue of the Lepidoptera of Japan」(『Trans. Asiatic Soc. of Japan』9, 12, 13)
H. J. Pryer. 1886:『Rhopalocera nihonica: a description of the butterflies of Japan』(Japan mail)
斎藤兆史. 2001:『英語襲来と日本人 えげれす語事始』(講談社)
斉藤国治. 1974:「金星の太陽面通過について, 特に明治 7 年(1874)12 月 9 日横浜における観測について」(金星過日編集委員会編『金星過日』)
斉藤国治. 1982:『星の古記録』(岩波書店)
斉藤国治・篠沢志津代. 1973a:「金星の日面経過について, 特に明治七年(一八七四)十二月九日日本における観測についての調査 前編」(『東京天文台報』16(1))
斉藤国治・篠沢志津代. 1973b:「金星の日面経過について, 特に明治七年(一八七四)十二月九日日本における観測についての調査 後編」(『東京天文台報』16(2))
佐々木忠次郎. 1927:「英國の昆蟲學者レウヰス氏」(『昆虫』2(2))
佐々木利和. 2001:「博物館図譜とその世界—博物学の終焉」(『日本の博物図譜 十九世紀から現代まで』, 国立科学博物館叢書 1, 東海大学出版会)
アーネスト・サトウ(坂田精一訳). 1960:『一外交官の見た明治維新』(岩波書店)
H. Seebohm. 1887:「Notes on the Birds of the Loo-choo Islands.」(『Ibis』5(18))
H. Seebohm. 1890:『The Birds of the Japanese Empire』(R. H. Porter)

関秀夫. 2005:『博物館の誕生―町田久成と東京帝室博物館』(岩波書店)
関秀志. 1975:「明治初期〜中期における北海道の博物館―札幌を中心に」(『北海道開拓記念館研究年報』4)
関秀志. 1991:「明治期における北海道の博物館(2)」(『北海道開拓記念館調査報告』30)
関秀志・中田幹雄・千代肇. 1990:「明治期における北海道の博物館(1)」(『北海道開拓記念館調査報告』29)
椎名仙卓. 1989:『明治博物館事始め』(思文閣出版)
市立函館博物館. 1979:『函館博物館100年のあゆみ』(市立函館博物館)
市立函館図書館. 1935:『函館郷土史料目録：函館開港記念回顧展覧会出陳』(市立函館図書館)
Edgar A. Smith. 1874-1875:「A List of the Gasteropoda collected in Japanese Seas by Commander H. C. St. John, R. N」(『The Annals and Magazine of Natural History, including Zoology, Botany, and Geology』Vol. XV, No. XC, No. XCI)
H. C. St. John. 1880:『Notes and sketches from the wild coasts of Nipon: with chapters on cruising after pirates in Chinese waters』(David Douglas)
L. Stejneger. 1886a:「Review of Japanese Birds Ⅰ」(『Proc. U. S. Nat. Mus.』9)
L. Stejneger. 1886b:「Review of Japanese Birds Ⅱ」(『Proc. U. S. Nat. Mus.』9)
L. Stejneger. 1886c:「Review of Japanese Birds Ⅲ」(『Proc. U. S. Nat. Mus.』9)
L. Stejneger. 1886d:「On a Collection of Birds Made by Mr. M. Namiye, in the Liu Kiu Islands, Japan, with Descriptions of New Species」(『Proc. U. S. Nat. Mus.』9)
L. Stejneger. 1887a:「Review of Japanese Birds Ⅳ」(『Proc. U. S. Nat. Mus.』10)
L. Stejneger. 1887b:「Review of Japanese Birds Ⅴ」(『Proc. U. S. Nat. Mus.』10)
L. Stejneger. 1887c:「Further Contributions to the Avifauna of the Liu Kiu Islands, Japan, with Descriptions of New Species」(『Proc. U. S. Nat. Mus.』10)
L. Stejneger. 1887d:「Review of Japanese Birds Ⅵ」(『Proc. U. S. Nat. Mus.』10)
L. Stejneger. 1887e:「On a Collection of Birds Made by Mr. M. Namiye, in the Islands of Idzu, Japan」(『Proc. U. S. Nat. Mus.』10)
L. Stejneger. 1887f:「Review of Japanese Birds Ⅶ」(『Proc. U. S. Nat. Mus.』10)
L. Stejneger. 1887g:「Review of Japanese Birds Ⅷ」(『Proc. U. S. Nat. Mus.』10)
L. Stejneger. 1887h:「Further Notes on the Genus Acanthis」(『Auk』4(1))
L. Stejneger. 1888:「Review of Japanese Birds Ⅸ」(『Proc. U. S. Nat. Mus.』11)
L. Stejneger. 1892:「Captain Thomas Wright Blakiston」(『Auk』9(1))
菅原浩・柿澤亮三. 1993:『図説日本鳥名由来辞典』(柏書房)
水路部編. 1916:『水路部沿革史』(水路部)
田島達也. 2001:「北海道大学農学部博物館所蔵の絵画」(『北海道大学農学部博物館の絵画―博物画・風景画・アイヌ絵・洋画』北海道大学文学研究科平成12年度プロジェクト研究報告書)
田島達也. 2003:「ブラキストン標本の鳥類図について」(『北大植物園研究紀要』3)
高倉新一郎編. 1962:『エドウィン・ダン　日本における半世紀の回想』(エドウィン・ダン顕彰会)
高倉新一郎. 1969:「測量艦　シルヴィア号　未だ開けざる日本海岸見聞記」(『新しい道史』8(2))
高倉新一郎. 1970:「史料紹介　春日紀行　柳楢悦」(『新しい道史』8(4-6))
高倉新一郎. 1979:「北海道人名字彙について」(河野常吉編『北海道人名字彙』北海道出版

企画センター）
高倉新一郎・関秀志・笹木義友・門崎充昭. 1986:「幕末維新期における欧米科学技術の摂取について―福士成豊を中心に」（『北海道開拓記念館研究年報』14）
武部敏夫・中村一紀編. 2000:『明治の日本―宮内庁書陵部所蔵写真』（吉川弘文館）
田中和夫. 2001:『北海道の鉄道』（北海道新聞社）
東京国立博物館. 1973:『東京国立博物館百年史』（東京国立博物館）
内田清之助・島崎三郎. 1987:『鳥類学名辞典』（東京大学出版会）
上野益三. 1968:『お雇い外国人 3―自然科学』（鹿島研究所出版会）
上野益三. 1991:『博物学者列伝』（八坂書房）
梅森直之. 2001:「規律の旅程―明治初期警察制度の形成と植民地」（『政治経済學雑誌』354）
R. Warren. 1966:『Type-specimens of Birds in the British Museum (Natural History)』Vol.1（British Museum (Natural History)）
R. Warren and C. Harrison. 1971:『Type-specimens of Birds in the British Museum (Natural History)』Vol.2（British Museum (Natural History)）
Y. Yamashina, T. Inukai and B. Natori. 1932:「A List of Birds' Skins by Captain BLAKISTON in the University Museum of Natural History of Sapporo with a Brief Account of His Life in Hokkaido」（『札幌博物学会報』12（4））, 本書では犬飼ら（1932）と表記する
彌永芳子. 1979:「トーマス・W・ブラキストン伝」（『蝦夷地の中の日本』八木書店）
梁井貴文. 1997:「Henry Pryer の足跡とその功績―来日した欧米民間人による日本博物学への貢献」（『千葉短大紀要』24）
谷津直秀. 1908:「北海道の鳥学」（『動物学雑誌』20（240））
吉田倫子. 2002:「プライヤーの採集したノグチゲラ」（『国立科学博物館ニュース』400）
由井正臣・大日方純夫. 1990:『官僚制 警察』（『日本近代思想体系 3』岩波書店）

索　引

【ハ行】

【マ行】

【ヤ行】

【ラ行】

【ワ行】

【H】

加藤　克（かとう　まさる）
1972年　愛知県に生まれる
1999年　北海道大学大学院文学研究科博士課程中退
現　在　北海道大学北方生物圏フィールド科学センター助教
博士（文学，北海道大学）
主論文　加藤克．2003：「ブラキストン標本と絵画資料」（『北大植物園研究紀要』3：1-14），加藤克．2005：「ブラキストンと札幌博物場」（『北大植物園研究紀要』5：23-46），加藤克．2006：「明治初期の「自然史」通詞 野口源之助」（『北大植物園研究紀要』6：1-24），加藤克・市川秀雄．2002：「北大植物園所蔵ブラキストン標本の受入過程とその現状」（『北大植物園研究紀要』2：1-24），加藤克・市川秀雄．2005：「犬飼哲夫のブラキストン資料」（『北大植物園研究紀要』5：1-21），加藤克・市川秀雄．2007：「折居彪二郎雲南鳥類写生図とその標本について」（『北大植物園研究紀要』7：1-34），加藤克・市川秀雄・高谷文仁．2009：「札幌農学校所属博物館における鳥類標本管理史(1)—東京仮博物場から札幌農学校所属博物館初期まで」（『北大植物園研究紀要』9：29-94），加藤克・市川秀雄・高谷文仁．2010：「札幌農学校所属博物館における鳥類標本管理史(2)—明治期の札幌農学校所属博物館」（『北大植物園研究紀要』10：9-96）など

ブラキストン「標本」史
2012年9月25日　第1刷発行

著　者　加藤　克
発行者　櫻井義秀

発行所　北海道大学出版会
札幌市北区北9条西8丁目 北海道大学構内（〒060-0809）
Tel. 011(747)2308・Fax. 011(736)8605・http://www.hup.gr.jp/

㈱アイワード・石田製本㈱

ISBN978-4-8329-8209-3